大学数学教程

线性代数

第四版

山东大学数学学院

刘建亚 吴臻 主编

秦静 金辉 傅国华 编

中国教育出版传媒集团

高等教育出版社·北京

内容简介

本书根据高等学校非数学类专业线性代数课程的教学要求和教学大纲，在吸收国内外优秀教材的优点并结合多年教学经验的基础上编写而成。主要内容包括矩阵、n 维向量、线性方程组、矩阵的特征值与特征向量、二次型．本书兼顾不同专业、不同学时的需要，适当安排了一些选学章节。其中，加一个“*”号的内容为对数学要求较高的专业所用，加两个“*”号的内容可供教师选用或学有余力的学生课外阅读。书中每章配有 MATLAB 运算实例，书末附有思考题参考答案、部分习题参考答案、数学建模应用举例和相关阅读材料。

本书可供高等学校非数学类专业学生使用，也可供科技工作者学习参考。以本书为蓝本、由编者团队主讲的线性代数 MOOC 已在爱课程（中国大学 MOOC）平台上线，读者可登录平台观看学习。

图书在版编目（CIP）数据

大学数学教程．线性代数 / 刘建亚，吴臻主编；秦静，金辉，傅国华编．-- 4 版．-- 北京：高等教育出版社，2024.2

ISBN 978-7-04-061551-7

Ⅰ．①大… Ⅱ．①刘… ②吴… ③秦… ④金… ⑤傅… Ⅲ．①高等数学-高等学校-教材②线性代数-高等学校-教材 Ⅳ．①O13②O151.2

中国国家版本馆 CIP 数据核字（2024）第 020750 号

Xianxing Daishu

策划编辑	于丽娜	责任编辑	于丽娜	封面设计	张志奇	版式设计	李彩丽
责任绘图	邓　超	责任校对	张　然	责任印制	高　峰		

出版发行	高等教育出版社	网　　址	http://www.hep.edu.cn
社　　址	北京市西城区德外大街 4 号		http://www.hep.com.cn
邮政编码	100120	网上订购	http://www.hepmall.com.cn
印　　刷	廊坊十环印刷有限公司		http://www.hepmall.com
开　　本	787 mm×1092 mm　1/16		http://www.hepmall.cn
印　　张	13.5	版　　次	2003 年 1 月第 1 版
字　　数	250 千字		2024 年 2 月第 4 版
购书热线	010-58581118	印　　次	2024 年 2 月第 1 次印刷
咨询电话	400-810-0598	定　　价	32.50 元

物 料 号　61551-00

大学数学教程
编委会

第四版前言

本教材是普通高等教育“十五”国家级规划教材，自 2003 年出版第一版以来，得到了广大高等学校师生和社会学习者的一致好评。在经济社会与科技创新快速发展的新形势下，线性代数与计算机科学、密码学、运筹学等学科的联系更加紧密。为深入贯彻落实党的二十大精神，落实立德树人根本任务，更好地发挥教材育人功能，顺应新时代的科技发展，服务“四新”建设，我们对本教材第三版进行了修订。

本次修订工作主要为三个方面，一是为紧密联系现代科学的发展、拓展读者视野，补充了矩阵计算在深度学习中的应用、特征向量中心性、网络搜索引擎的 PageRank 算法等内容，由曲存全完成，亓兴勤提出了很多宝贵的建议和意见；二是在第一章增加了逆矩阵与加解密，又分别在第二章与第三章增加了实际应用例题，与高新科技和日常生活相结合，增强知识的实用性和趣味性，由秦静、程蕾晓完成；三是替换了一些例题，增加了 50 余道习题，力求给读者提供知识点融会贯通的练习选择，并增加了教学视频“行列式概念的引进”，由金辉、秦静完成。最后由秦静修改统稿并定稿。

本次修订得到山东大学本科生院、山东大学数学学院领导及同事的大力支持。感谢刘建亚教授、吴臻教授对修订框架提出了高屋建瓴的方向指引，感谢修订小组成员秦静、金辉、曲存全、程蕾晓的辛苦工作。

由于编者水平有限，书中难免有不妥之处，敬请读者批评指正。

编　者

2023 年 10 月

第三版前言

在“互联网+”的发展背景下，传统的课堂教学模式及学生学习方式正在悄然发生变化，仅以纸质教材作为课堂教学载体已不能很好地适应当前的教育观念，尤其是以“慕课”为代表的在线开放课程的兴起，对大学数学课程的内容和形式提出了新的要求，开发新形态教材成为教材改革的新趋势。本次修订正是在这种形势下进行的。

编者的话

本套教材由山东大学大学数学国家级教学团队精心打造，目前本团队在“中国大学MOOC”平台已上线5门课程，分别是高等数学——微积分(1)、高等数学——微积分(2)、线性代数、线性代数解题技巧及典型题分析、概率论与数理统计，受到全国不同层次学习者的好评。其中，高等数学——微积分(1)、高等数学——微积分(2)、线性代数2017年入选首批“国家精品在线开放课程”。

在“慕课”建设过程中，我们特别注重体现现代教育思想与教学观念，在教学体系、教学内容与教学方法上借鉴多年教学改革的优秀成果；注重以学生为中心，让学生在学习上实现自适应，力求满足学生自己思考、自主学习、终身学习的大趋势。本次教材修订结合已上线“慕课”，将教学视频资源的建设和应用作为修订的重点。

大学数学系列课程中的线性代数课程是“中国大学MOOC”平台上开设的第一门线性代数课程，由本教材编者讲授。学习者在使用本教材时，可结合“慕课”中的资源进行学习。本次修订实现了教材建设与课程建设的对接，线性代数中重要知识点的相关视频资源也在纸质教材中呈现，学习者可以通过扫描二维码观看视频。多种形式的媒体资源极大丰富了知识的呈现形式，期望通过这些视频资源的设计和支持，在帮助教师提升课程教学效果的同时，为学生自主学习提供思考与探索的空间。

我们特别感谢山东大学本科生院、山东大学数学学院对“慕课”建设的高度重视和热情指导，感谢课程组全体老师的辛勤付出和大力支持，感谢“爱课程”及其团队、“中国大学MOOC”平台为我们的课程与教材提供了展示的舞台。本教材修订得到山东大学教务处、山东大学数学学院领导及同事的大力支持，他们对此次修订也给出了不少宝贵的建议，我们在修订时都作了认真考虑。在此，表示衷心的感谢。

限于编者水平，新版中难免存在不足，欢迎广大专家、同行与读者批评指正。

编　者

2017年6月

第二版前言

本套教材是由山东大学数学学院具有丰富教学经验的一线教师编写的，第一版是普通高等教育“十五”国家级规划教材，包括《微积分 1》《微积分 2》《线性代数》《概率论与数理统计》《复变函数与积分变换》五册。经过多年的教学实践，山东大学数学学院在大学数学课程建设和教学改革方面取得了可喜的成绩。微积分与数学实验、线性代数、复变函数与积分变换分别于 2007 年、2006 年、2010 年被评为国家精品课程，由刘建亚教授作为带头人的大学数学系列课程教学团队被评为 2007 年度国家级教学团队。

为更好地将优秀教学改革成果运用并推广开来，根据当前的教学实际，山东大学数学学院组织中坚力量，对第一版进行了修订。在保持本书第一版优点、特色的前提下，新版教材注重与中学数学内容的衔接，增加了与中学数学接轨的部分内容；增选一些国外教材中的案例、例题和习题，力求题型新颖。为更好地将数学建模思想融入教学，培养学生的建模思想和意识，通过增设有关章节介绍与教学内容相关的建模案例，全方位提升学生的综合素质和创新能力。新版教材力求做到符合大学数学课程教学基本要求，知识结构符合认知规律，同时渗透现代数学思想，加强应用能力培养，便于学生学习和教师教学。

本书为《线性代数》分册，在第一版的基础上，对教材中定义、定理的表述和论证不同程度地有所加强，并重新编写了部分章节，不仅有效地启发了学生的数学思维，还能使学生学以致用。新版对例题、习题做了增加或修改，根据不同难度和类别，一些问题给出详尽的证明，让学生模仿学习；一些问题仅给出证明概要，让学生给出证明的细节；还有一些问题交给学生练习。同时注意兼容各种基本知识与题型，难易结合，为学生留有选择的空间，满足各层次学生的需求。

本次修订工作由秦静、金辉完成，有关 MATLAB 的内容由傅国华编写。刘建亚教授、吴臻教授按照丛书总体要求对修改框架提出了具体建议，刘桂真教授审定了本书。在本书修订过程中，我们得到山东大学教务处、山东大学数学学院领导及同事们的大力支持，兄弟院校的同行也对此次修订提出了不少宝贵建议，在此，我们表示衷心感谢！

限于编者水平，新版中难免存在不足，欢迎广大专家、同行与读者批评指正。

编　者

2011 年 2 月

第一版前言

按传统的观点，在大学里除数学类各专业外，数学只是理、工类专业学生的基础课，是学习后续课程和解决某些实际问题的工具。随着社会的进步、科学技术的发展和高等教育水平的不断提高，数学已渗透到包括经济、金融、信息、社会等各个领域，人们越来越深刻地认识到过去看法的不足，越来越深刻地认识到数学教育在高等教育中的重要性，数学不仅是基础、是工具，更重要的，数学是探索物质世界运动机理的重要手段，是一种思维模式——数学思维模式，数学教育是培养大学生理性思维品格和思辨能力的重要载体，是开发大学生潜在能动性和创造力的重要基础；同时，数学又是一种文化——数学文化，它显示着千百年来人类文化的缩微景象，也是当代大学生必须具备的文化修养之一。因此大学数学不仅是理工类学生应该学习的，而且也是大学各类专业都应该学习的课程，数学教育是大学生素质教育的重要组成部分。当然，不同类型专业对数学的要求和内容会有所不同。

为了适应新世纪我国高等教育迅速发展的形势和实行学分制的需要，满足新时期高等教育人才培养拓宽口径、增强适应性对数学教育的要求，山东大学数学与系统科学学院从 2000 年开始按照教育部《高等教育面向 21 世纪教学内容和课程体系改革计划》的精神和要求，在学院领导的亲自参与下，组织部分教师对非数学类专业大学数学的课程体系进行了认真深入的研究和论证。针对大学数学是高校非数学类专业所有大学生应当具有的素质，又考虑到不同专业的要求深浅不同，内容多少各异的实际情况，制订了适应这种情况的新课程体系。新课程体系的主要特点是采取平台加模块的结构，整个大学数学的课程共分三个平台，不同平台反映了不同专业对数学知识的不同层次、级别要求，体现数学知识结构和大学生认知结构的统一。鉴于人类认识是从感性到理性，由易到难，由浅入深的，因此第一平台(包括微积分(一)、线性代数和概率统计)是体现高等数学的普及和基础，体现所有各专业应当具有的数学素质教育，主要侧重基本概念和基本方法，加强基本运算，努力渗透基本数学思想；第二平台是对第一平台基本概念的加深和知识方法的拓宽，在本平台中还适当体现出数学理论的系统性和严谨性；第三平台(包括数学建模、数值分析、数理方程、复变函数和积分变换、运筹学等)则是为满足某些对数学知识和方法有特殊要求的专业而设置。各平台的教学内容由浅入深，反映不同专业对数学知识和内容的不同要求；各平台的内容又采取模块组合的方式，模块间相对独立，各专业亦可根据本专业的需要，选用不同的模块组合，这样就使得新的课程体系具有更大的灵活性，能够满足不同层次、不同要求的专业对数学教学的需求。另外，新课程体系还将利用计算机解决数学问题的数学实验融入其中，做到理论和实践的有机结合。

山东大学教务处对新课程体系给予充分的肯定，并大力支持按新课程体系编写相应的教材。在我们初稿完成之后，教务处安排几个专业的学生先行试用，并在此基础上加以修改完善。目前，已完成了前两个平台共计四册的教材编写和修改。其中，微积分为两册，分属两个平台；线性代数和概率统计各一册。这套教材的特点除上述平台加模块的结构外，还有以下特色：

1. 内容少而精，体现素质教育，突出数学思想。我们重点介绍大学数学中的基本概念和基本方法；从培养读者的能力和提高素质的着眼点，有选择地保留了部分定理、性质的证明，对那些用类似的技巧方法，或者读者举一反三可以理解或自学的证明部分省略或简化处理。

2. 扩大了读者的知识面。我们将各专业的不同需求的数学内容融进了一套教材中。主要的做法是：用“*”号标明了不同层次对数学的要求，从不同的学科例题分析中引进基本概念，阐述基本内容在各主要学科中的应用，习题中涉及多学科。这使不同专业的读者可以了解到大学数学中的相关知识在其他专业中的应用。这在知识经济时代是非常必要的。另一方面，可以满足目前多数读者希望跨学科获取更多知识的愿望。如在数学要求较低的专业学习的读者希望学习更多的数学知识（如跨学科考研或工作需要）时，可以从同一本书中按“*”号的标示中获取。当然，教师在授课时可按本专业的要求有选择地使用。

3. 与中学知识相衔接，易教易学。对一些较困难，不易被刚进大学的学生所接受的内容，如极限的“$\varepsilon-N$”“$\varepsilon-\delta$”定义，以及部分不影响整体结构的较困难内容，如泰勒中值定理等均放入第二平台。希望这使读者对数学增添兴趣，提高学习的自信心。

4. 总学时减少，可在原定学时中学习更多、更新的知识。

5. 各节后的习题配置除基本练习外，还有部分综合练习题，以提高读者分析问题、解决问题的能力。综合练习题多置于每节习题后且配以“*”号标示。

6. 增添了利用计算机解决数学问题的内容，在每章后均有解决本章主要问题的MATLAB程序和例题演示。书后附有通用数学软件MATLAB简介并附有软盘。

7. 本套书附有在数学发展史中一些著名数学家的简介。从这些数学家辉煌成就背后的艰苦奋斗故事中，希望可以激发读者学习的热情和兴趣。

本套书由山东大学数学与系统科学学院组织部分有较高水平和丰富教学经验的教师集体编写，最后聘请有关专家审定。在长达近两年的编写过程中，学院领导给予了极大的关注、支持和具体指导，为此曾多次召开各种类型的会议反复论证，几易手稿。

大学数学教程的主编是刘建亚。线性代数部分由秦静（第1,3,4,5章）、潘建勋（第2

章)编写,由秦静完成统稿及改写工作,刘桂真教授审定。各册的数学实验内容由傅国华编写,数学家简介由包芳勋编写。

本套教材作为普通高等教育"十五"国家级规划教材正式出版,是教育改革的产物。在此,我们感谢山东大学教务处、山东大学出版基金委、山东大学数学学院领导的远见卓识,以及对教学改革和教材出版的鼎力支持。感谢仪洪勋、江守礼教授对我们的鼓励和帮助。我们特别感谢高等教育出版社,由于他们的指导和帮助才使本书顺利与读者见面。

新时期大学数学的教学改革是一项非常紧迫、非常重要,也是非常艰巨的工作。限于编者水平,本书肯定会有许多不足和缺点,乃至问题,恳请读者批评指正。

编　者

2002 年 4 月

目　录

第1章 矩阵

矩阵是线性代数的主要研究对象之一.它的理论在自然科学、工程技术、社会科学等各个领域都有着广泛的应用.矩阵作为一些抽象数学结构的具体表现,在数学研究中占有极重要的位置.

本章从实际问题出发,引出矩阵的概念,进而介绍矩阵的运算、矩阵运算的性质及一些特殊类型的矩阵.

§1.1 矩阵的概念

矩阵是什么

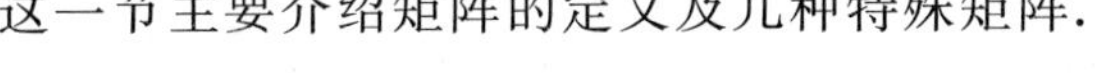

这一节主要介绍矩阵的定义及几种特殊矩阵.

1. 矩阵概念的引进

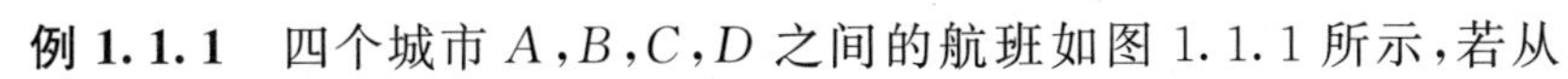

例 1.1.1 四个城市 A,B,C,D 之间的航班如图 1.1.1 所示,若从城市 A 到城市 B 有航班,则用线段连接 A,B,并在线段上从 A 到 B 的方向画一个箭头.图 1.1.1 表示了四城市间的航班图.

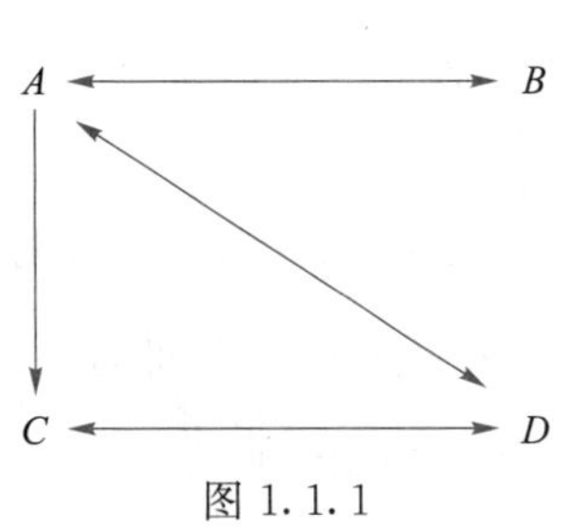

图 1.1.1

通常可由一个数表来表示四城市间的航班情况.在表 1.1.1 中,用“1”表示此城市到彼城市有航班,“0”表示没有.

表 1.1.1

进　港

出港	A	B	C	D
A	0	1	1	1
B	1	0	0	0
C	0	0	0	1
D	1	0	1	0

例 1.1.2 在某地区有一种物资,有 m 个产地 $A_1,A_2,\cdots,A_m$ 和 n 个销地 B_1, $B_2,\cdots,B_n$,用 a_{ij} 表示由产地 A_i 运到销地 B_j 的数量,则调运方案可排成一个数表,见表 1.1.2.

表 1.1.2

	B_1	B_2	$\cdots$	B_n
A_1	a_{11}	a_{12}	$\cdots$	a_{1n}
A_2	a_{21}	a_{22}	$\cdots$	a_{2n}
$\vdots$	$\vdots$	$\vdots$		$\vdots$
A_m	a_{m1}	a_{m2}	$\cdots$	a_{mn}

例 1.1.3 某地有一个煤矿、一个电厂和一条铁路,经成本核算,每生产价值 1 元钱的煤,需消耗 0.3 元的电,为了把这 1 元钱的煤运出去,需要花费 0.2 元的运费;每生产价值 1 元钱的电,需要 0.6 元的煤作燃料,为了运行电厂的辅助设备,要消耗本身 0.1 元的电,还需花费 0.1 元的运费;作为铁路部门,每提供 1 元钱运费的运输,要消耗 0.5 元的煤,辅助设备要消耗 0.1 元的电.煤矿、电厂与铁路部门之间的消耗可用表 1.1.3 表示.

表 1.1.3

	煤矿	电厂	铁路
煤矿	0	0.6	0.5
电厂	0.3	0.1	0.1
铁路	0.2	0.1	0

这些例子表明,不只是数学本身,而且在各种自然科学和社会科学中都经常通过数表来表达相互之间的关系.从这些数表中,我们抽象出矩阵的概念.

2. 矩阵的定义

定义 1.1.1 **由 $m\times n$ 个数 $a_{ij}(i=1,2,\cdots,m;j=1,2,\cdots,n)$ 按一定顺序排成的 m 行 n 列的矩形数表**

$$\begin{pmatrix} a_{11} & a_{12} & \cdots & a_{1n} \\ a_{21} & a_{22} & \cdots & a_{2n} \\ \vdots & \vdots & & \vdots \\ a_{m1} & a_{m2} & \cdots & a_{mn} \end{pmatrix} \tag{1.1.1}$$

称为 $m\times n$ 矩阵(或 m 行 n 列矩阵),简称矩阵.横的各排称为矩阵的行,竖的各排称为矩阵的列,a_{ij} 称为矩阵的第 i 行第 j 列的元素.

元素为实数的矩阵称为实矩阵.我们主要讨论实矩阵.

矩阵通常用大写字母 $\boldsymbol{A},\boldsymbol{B},\boldsymbol{C}$ 等表示,例如,

$$\boldsymbol{A}=\begin{pmatrix} a_{11} & a_{12} & \cdots & a_{1n} \\ a_{21} & a_{22} & \cdots & a_{2n} \\ \vdots & \vdots & & \vdots \\ a_{m1} & a_{m2} & \cdots & a_{mn} \end{pmatrix}.$$

有时上面的矩阵也可简记为 $\boldsymbol{A}=(a_{ij})_{m\times n}$,下标 $m\times n$ 表示矩阵的行数为 m,列数为 n.

当 $m=n$,即矩阵的行数与列数相同时,称矩阵为 n 阶方阵或 n 阶矩阵,在 n 阶方阵 $\boldsymbol{A}$ 中,元素 $a_{ii}(i=1,2,\cdots,n)$ 排成的对角线称为方阵 $\boldsymbol{A}$ 的**主对角线**.

当 $m=1$ 时,得到一个 1 行 n 列的矩阵

$$\boldsymbol{A}_{1\times n}=(a_{11} \quad a_{12} \quad \cdots \quad a_{1n}),$$

称它为**行矩阵**.

当 $n=1$ 时,得到一个 m 行 1 列的矩阵

$$\boldsymbol{A}_{m\times 1}=\begin{pmatrix} a_{11} \\ a_{21} \\ \vdots \\ a_{m1} \end{pmatrix},$$

称它为列矩阵.

由矩阵的定义 1.1.1 知,例 1.1.1 的数表可表示为一个 4 阶方阵

$$\boldsymbol{P}=\begin{pmatrix} 0 & 1 & 1 & 1 \\ 1 & 0 & 0 & 0 \\ 0 & 0 & 0 & 1 \\ 1 & 0 & 1 & 0 \end{pmatrix}.$$

一般地,若干个点之间的单向通道都可用这样的矩阵表示.

例 1.1.2 的数表可表示为一个 $m\times n$ 矩阵 $\boldsymbol{A}=(a_{ij})_{m\times n}$,例 1.1.3 的数表可表示为一个 3 阶方阵:

$$\boldsymbol{M}=\begin{pmatrix} 0 & 0.6 & 0.5 \\ 0.3 & 0.1 & 0.1 \\ 0.2 & 0.1 & 0 \end{pmatrix}.$$

这个矩阵被称作**消耗矩阵**,是投入产出问题中一个非常重要的矩阵.

必须注意:矩阵表示的是一个数表,不是一个具体的数.

3. 几种特殊矩阵

在使用矩阵解决问题时，我们经常会遇到以下几种特殊矩阵.

(1) 零矩阵

当一个矩阵的元素 a_{ij} 全部为零时，这个矩阵称为**零矩阵**，简称**零阵**，记为 $\boldsymbol{O}$ 或 $\boldsymbol{O}_{m\times n}$.

(2) 对角矩阵

一个 n 阶方阵，若除主对角线上的元素 $a_{ii}(i=1,2,\cdots,n)$ 外，其余元素全部为零，则称这个矩阵为**对角矩阵**，对角矩阵通常用 $\boldsymbol{\Lambda}$ 表示，即

$$\boldsymbol{\Lambda}=\begin{pmatrix} a_{11} & & & \\ & a_{22} & & \\ & & \ddots & \\ & & & a_{nn} \end{pmatrix},$$

其中，非主对角线上的零元素可省略不写. 对角矩阵也可记为

$$\operatorname{diag}(a_{11},a_{22},\cdots,a_{nn}).$$

(3) 单位矩阵

主对角线上的元素全为1的对角矩阵称为**单位矩阵**. n 阶单位矩阵通常用 $\boldsymbol{E}_n$ 表示，下标 n 表示单位矩阵的阶数，有时也简记为 $\boldsymbol{E}$，即

$$\boldsymbol{E}_n=\begin{pmatrix} 1 & & & \\ & 1 & & \\ & & \ddots & \\ & & & 1 \end{pmatrix}.$$

(4) 标量矩阵

主对角线上的元素全为常数 k 的对角矩阵称为**标量矩阵**，即

$$\begin{pmatrix} k & & & \\ & k & & \\ & & \ddots & \\ & & & k \end{pmatrix}.$$

(5) 三角形矩阵

主对角线下(上)面的元素全为零的方阵称为**上(下)三角形矩阵**. 上、下三角形矩阵统称为**三角形矩阵**.

(6) 阶梯形矩阵

设 $\boldsymbol{A}=(a_{ij})_{m\times n}$ 为非零矩阵，若非零行(即至少有一个非零元素的行)全在零行的前面，且 $\boldsymbol{A}$ 中各非零行第一个(最后一个)非零元素前(后)面零元素的个数随行数

增大而增加(减少),则称 $\boldsymbol{A}$ 为**上(下)阶梯形矩阵**.

换言之,对上(下)阶梯形矩阵,可画出一条阶梯线,线的下(上)方全为0;每个台阶只有一行,台阶数即是非零行的行数,阶梯线的竖线(每段竖线的长度为一行)后(前)面的第一个元素为非零元,也就是非零行的第一个(最后一个)非零元. 例如

$$\begin{bmatrix} 1 & 1 & 1 & 2 \\ 0 & 2 & 3 & 1 \\ 0 & 0 & 1 & 2 \end{bmatrix}, \quad \begin{bmatrix} 2 & 1 & 0 & 0 & 1 \\ 0 & 0 & 0 & 1 & 2 \\ 0 & 0 & 0 & 0 & 0 \end{bmatrix}$$

都是上阶梯形矩阵;而

$$\begin{bmatrix} 1 & 0 & 0 & 0 \\ 1 & 2 & 0 & 0 \\ -2 & 1 & 2 & 0 \end{bmatrix}, \quad \begin{bmatrix} 3 & 0 & 0 & 0 & 0 \\ 2 & 4 & 0 & 0 & 0 \\ 0 & 1 & 2 & 0 & 0 \\ 0 & 0 & 0 & 0 & 0 \end{bmatrix}$$

都是下阶梯形矩阵.

阶梯形矩阵简称为梯形阵.

§1.2 矩阵的运算

矩阵的运算主要包括矩阵的线性运算、乘法运算与矩阵的转置. 这些运算有的与通常数的运算相似,有的则有很大区别.

1. 矩阵的线性运算

矩阵的加、减法与数乘运算称为**线性运算**,在介绍这些运算之前,我们先介绍矩阵相等的概念.

(1) 矩阵的相等

定义 1.2.1 **若矩阵 $\boldsymbol{A}$ 与 $\boldsymbol{B}$ 的行数与列数分别相等,则称矩阵 $\boldsymbol{A}$ 与 $\boldsymbol{B}$ 是同型矩阵;若 $\boldsymbol{A}$ 与 $\boldsymbol{B}$ 是同型矩阵且对应元素相同,则称矩阵 $\boldsymbol{A}$ 与 $\boldsymbol{B}$ 相等,即**

设 $\boldsymbol{A}=(a_{ij})_{m\times n}$, $\boldsymbol{B}=(b_{ij})_{m\times n}$, 则 $\boldsymbol{A}$ 与 $\boldsymbol{B}$ 为同型矩阵;若还有 $a_{ij}=b_{ij}$, $(i=1,2,\cdots,m;j=1,2,\cdots,n)$, 则 $\boldsymbol{A}=\boldsymbol{B}$.

例 1.2.1 设

$$\begin{pmatrix} x+y & 2z+w \\ x-y & z-w \end{pmatrix}=\begin{pmatrix} 1 & 2 \\ 3 & 4 \end{pmatrix},$$

求 x,y,z,w.

解 由定义 1.2.1,知

$$\begin{cases} x+y=1, \\ x-y=3, \\ 2z+w=2, \\ z-w=4, \end{cases}$$

解得 $x=2, y=-1, z=2, w=-2$.

(2) 矩阵的加、减法

先看一个例子.

例 1.2.2 将两种物资(单位:t)从两个产地运往三个销地,调运方案分别用矩阵表示如下:

$$\begin{array}{cc} & \begin{array}{ccc} 销地1 & 销地2 & 销地3 \end{array} \\ \boldsymbol{A}= & \begin{pmatrix} 10 & 8 & 8 \\ 7 & 3 & 0 \end{pmatrix} \begin{array}{l} 产地1 \\ 产地2 \end{array} \end{array}$$

(第1种物资)

$$\begin{array}{cc} & \begin{array}{ccc} 销地1 & 销地2 & 销地3 \end{array} \\ \boldsymbol{B}= & \begin{pmatrix} 5 & 10 & 8 \\ 15 & 0 & 4 \end{pmatrix} \begin{array}{l} 产地1 \\ 产地2 \end{array} \end{array}$$

(第2种物资)

现在问从产地1运往销地3的两种物资的总量是多少?

解 将两个矩阵中对应的分量 $a_{13}=8$ 与 $b_{13}=8$ 相加,即知从产地1运往销地3的两种物资的总量为16t.

同理可求得从产地1运往销地1与销地2的两种物资的总量,从产地2运往销地1,2,3的两种物资的总量.并进一步可得到从各产地运往各销地的两种物资的总调运方案.用矩阵表示如下:

$$\begin{array}{cc} & \begin{array}{ccc} 销地1 & 销地2 & 销地3 \end{array} \\ \boldsymbol{C}= & \begin{pmatrix} 10+5 & 8+10 & 8+8 \\ 7+15 & 3+0 & 0+4 \end{pmatrix} \begin{array}{l} 产地1 \\ 产地2 \end{array} \end{array}$$

定义 1.2.2 **设同型矩阵 $\boldsymbol{A}=(a_{ij})_{m\times n}$ 与 $\boldsymbol{B}=(b_{ij})_{m\times n}$,称矩阵 $\boldsymbol{C}=(c_{ij})_{m\times n}=(a_{ij}+b_{ij})_{m\times n}$ 为矩阵 $\boldsymbol{A}$ 与 $\boldsymbol{B}$ 的和,记为 $\boldsymbol{C}=\boldsymbol{A}+\boldsymbol{B}$.**

由此定义,例1.2.2中从各产地运往各销地的总调运方案就是两个矩阵的和,即

$$\boldsymbol{C}=\boldsymbol{A}+\boldsymbol{B}=\begin{pmatrix} 10+5 & 8+10 & 8+8 \\ 7+15 & 3+0 & 0+4 \end{pmatrix}=\begin{pmatrix} 15 & 18 & 16 \\ 22 & 3 & 4 \end{pmatrix}.$$

必须注意,只有同型矩阵才能相加,其和矩阵仍是与它们同型的矩阵,并且和矩阵的元素是两个矩阵对应元素的和.

称矩阵

$$\begin{pmatrix} -a_{11} & -a_{12} & \cdots & -a_{1n} \\ -a_{21} & -a_{22} & \cdots & -a_{2n} \\ \vdots & \vdots & & \vdots \\ -a_{m1} & -a_{m2} & \cdots & -a_{mn} \end{pmatrix}$$

为矩阵 $\boldsymbol{A}=(a_{ij})_{m\times n}$ 的**负矩阵**，记作 $-\boldsymbol{A}$，即 $-\boldsymbol{A}=(-a_{ij})_{m\times n}$.

同型矩阵 $\boldsymbol{A}$ 与 $-\boldsymbol{B}$ 的和称为矩阵 $\boldsymbol{A}$ 与 $\boldsymbol{B}$ 的差，记作 $\boldsymbol{A}-\boldsymbol{B}$，即矩阵的减法定义为

$$\boldsymbol{A}-\boldsymbol{B}=\boldsymbol{A}+(-\boldsymbol{B}).$$

矩阵的加、减法与实数的加、减法有一些类似的运算性质.

性质 1.2.1 设矩阵 $\boldsymbol{A},\boldsymbol{B},\boldsymbol{C},\boldsymbol{O}$ 为同型矩阵，则有

(1) $\boldsymbol{A}+\boldsymbol{B}=\boldsymbol{B}+\boldsymbol{A}$ （交换律），

(2) $(\boldsymbol{A}+\boldsymbol{B})+\boldsymbol{C}=\boldsymbol{A}+(\boldsymbol{B}+\boldsymbol{C})$ （结合律），

(3) $\boldsymbol{A}+\boldsymbol{O}=\boldsymbol{O}+\boldsymbol{A}=\boldsymbol{A}$，

(4) $\boldsymbol{A}+(-\boldsymbol{A})=(-\boldsymbol{A})+\boldsymbol{A}=\boldsymbol{O}$.

由定义 1.2.2 即可证明上面的等式成立.

例 1.2.3 设

$$\boldsymbol{A}=\begin{pmatrix} 1 & 2 & 3 & -1 \\ 2 & 0 & 1 & 2 \end{pmatrix}, \quad \boldsymbol{B}=\begin{pmatrix} 0 & -1 & 2 & 3 \\ 3 & 0 & 1 & -1 \end{pmatrix}.$$

求 $\boldsymbol{A}+\boldsymbol{B}$ 与 $\boldsymbol{A}-\boldsymbol{B}$.

解 由定义 1.2.2 知

$$\boldsymbol{A}+\boldsymbol{B}=\begin{pmatrix} 1+0 & 2-1 & 3+2 & -1+3 \\ 2+3 & 0+0 & 1+1 & 2-1 \end{pmatrix}=\begin{pmatrix} 1 & 1 & 5 & 2 \\ 5 & 0 & 2 & 1 \end{pmatrix}.$$

$$\boldsymbol{A}-\boldsymbol{B}=\begin{pmatrix} 1-0 & 2-(-1) & 3-2 & -1-3 \\ 2-3 & 0-0 & 1-1 & 2-(-1) \end{pmatrix}=\begin{pmatrix} 1 & 3 & 1 & -4 \\ -1 & 0 & 0 & 3 \end{pmatrix}.$$

(3) 矩阵的数量乘法

定义 1.2.3 **设矩阵 $\boldsymbol{A}=(a_{ij})_{m\times n}$，$k$ 为常数，以 k 乘矩阵 $\boldsymbol{A}$ 的每一个元素得到的矩阵称为数 k 与矩阵 $\boldsymbol{A}$ 的数量乘积，简称数乘，记作 $k\boldsymbol{A}$，即 $k\boldsymbol{A}=(ka_{ij})_{m\times n}$.**

例如，$\boldsymbol{A}=\begin{pmatrix} 1 & 2 & -1 \\ 3 & 0 & 4 \end{pmatrix}$，则 $2\boldsymbol{A}=\begin{pmatrix} 2 & 4 & -2 \\ 6 & 0 & 8 \end{pmatrix}$.

性质 1.2.2 设 $\boldsymbol{A},\boldsymbol{B}$ 为同型矩阵，k,l 为任意常数，则矩阵数乘满足如下运算性质：

(1) $k(\boldsymbol{A}+\boldsymbol{B})=k\boldsymbol{A}+k\boldsymbol{B}$ （对矩阵的分配律），

(2) $(k+l)\boldsymbol{A}=k\boldsymbol{A}+l\boldsymbol{A}$ （对数的分配律），

(3) $(kl)\boldsymbol{A}=k(l\boldsymbol{A})$，

(4) $1\boldsymbol{A}=\boldsymbol{A}$，$(-1)\boldsymbol{A}=-\boldsymbol{A}$，$0\boldsymbol{A}=\boldsymbol{O}$.

例 1.2.4 设

$$\boldsymbol{A}=\begin{pmatrix}2&1&3\\3&0&-2\end{pmatrix},\quad \boldsymbol{B}=\begin{pmatrix}1&-2&-3\\-1&0&5\end{pmatrix},\quad \boldsymbol{C}=\begin{pmatrix}1&0&-2\\1&-1&1\end{pmatrix}.$$

求 $2\boldsymbol{A}+3\boldsymbol{B}-4\boldsymbol{C}$.

解 由定义 1.2.3 有

$$2\boldsymbol{A}=\begin{pmatrix}4&2&6\\6&0&-4\end{pmatrix},\quad 3\boldsymbol{B}=\begin{pmatrix}3&-6&-9\\-3&0&15\end{pmatrix},\quad 4\boldsymbol{C}=\begin{pmatrix}4&0&-8\\4&-4&4\end{pmatrix},$$

故

$$\begin{aligned}&2\boldsymbol{A}+3\boldsymbol{B}-4\boldsymbol{C}\\&=\begin{pmatrix}4&2&6\\6&0&-4\end{pmatrix}+\begin{pmatrix}3&-6&-9\\-3&0&15\end{pmatrix}-\begin{pmatrix}4&0&-8\\4&-4&4\end{pmatrix}\\&=\begin{pmatrix}4+3-4&2-6-0&6-9-(-8)\\6-3-4&0+0-(-4)&-4+15-4\end{pmatrix}\\&=\begin{pmatrix}3&-4&5\\-1&4&7\end{pmatrix}.\end{aligned}$$

2. 矩阵的乘法运算

矩阵的乘法运算是比较复杂，也是用得比较多的一种运算. 矩阵乘法的概念是人们从实践中抽象出来的.

在定义矩阵乘法之前，我们先观察两个例子.

例 1.2.5 设变量 x 与 y，y 与 z 之间有关系：$x=ay$，$y=bz$，则 x 与 z 之间有关系 $x=cz$，其中 $c=ab$.

若情况稍微复杂一点，设变量 x_1，x_2 与变量 y_1，y_2，y_3 之间有关系

$$\begin{cases}x_1=a_{11}y_1+a_{12}y_2+a_{13}y_3,\\x_2=a_{21}y_1+a_{22}y_2+a_{23}y_3.\end{cases}$$

显然，这个关系完全由矩阵

$$\boldsymbol{A}=\begin{pmatrix}a_{11}&a_{12}&a_{13}\\a_{21}&a_{22}&a_{23}\end{pmatrix}$$

确定.

再设变量 y_1，y_2，y_3 与变量 z_1，z_2 之间有关系

$$\begin{cases}y_1=b_{11}z_1+b_{12}z_2,\\y_2=b_{21}z_1+b_{22}z_2,\\y_3=b_{31}z_1+b_{32}z_2.\end{cases}$$

同样，这个关系由矩阵

$$\boldsymbol{B}=\begin{pmatrix} b_{11} & b_{12} \\ b_{21} & b_{22} \\ b_{31} & b_{32} \end{pmatrix}$$

确定.

变量 x_1,x_2 与 z_1,z_2 之间的关系应为

$$\begin{cases} x_1=(a_{11}b_{11}+a_{12}b_{21}+a_{13}b_{31})z_1+(a_{11}b_{12}+a_{12}b_{22}+a_{13}b_{32})z_2, \\ x_2=(a_{21}b_{11}+a_{22}b_{21}+a_{23}b_{31})z_1+(a_{21}b_{12}+a_{22}b_{22}+a_{23}b_{32})z_2, \end{cases}$$

这个关系也完全由矩阵

$$\boldsymbol{C}=\begin{pmatrix} a_{11}b_{11}+a_{12}b_{21}+a_{13}b_{31} & a_{11}b_{12}+a_{12}b_{22}+a_{13}b_{32} \\ a_{21}b_{11}+a_{22}b_{21}+a_{23}b_{31} & a_{21}b_{12}+a_{22}b_{22}+a_{23}b_{32} \end{pmatrix}$$

确定. 仿照前面的简单情形，很自然地定义矩阵 $\boldsymbol{C}$ 为矩阵 $\boldsymbol{A}$ 与 $\boldsymbol{B}$ 的乘积，此时矩阵 $\boldsymbol{C}$ 的元素为

$$c_{ij}=a_{i1}b_{1j}+a_{i2}b_{2j}+a_{i3}b_{3j}=\sum_{k=1}^{3}a_{ik}b_{kj}, \quad i=1,2; \quad j=1,2.$$

例 1.2.6　甲、乙两个工厂生产三种产品Ⅰ,Ⅱ,Ⅲ，且产量（单位：件）用矩阵表示为

$$\begin{matrix} & \text{Ⅰ} & \text{Ⅱ} & \text{Ⅲ} & \\ \boldsymbol{A}= & \left(\begin{matrix} 24 \\ 23 \end{matrix}\right. & \begin{matrix} 25 \\ 18 \end{matrix} & \left.\begin{matrix} 28 \\ 26 \end{matrix}\right) & \begin{matrix} \text{甲} \\ \text{乙} \end{matrix}. \end{matrix}$$

若生产这三种产品每件的利润（单位：万元/件）用矩阵表示为

$$\boldsymbol{B}=\begin{pmatrix} 1 \\ 0.5 \\ 0.8 \end{pmatrix}\begin{matrix} \text{Ⅰ} \\ \text{Ⅱ} \\ \text{Ⅲ} \end{matrix},$$

则这两个工厂的月利润用矩阵表示应为（单位：万元）

$$\begin{aligned} \boldsymbol{M} &= \begin{pmatrix} a_{11}\times b_{11}+a_{12}\times b_{21}+a_{13}\times b_{31} \\ a_{21}\times b_{11}+a_{22}\times b_{21}+a_{23}\times b_{31} \end{pmatrix} \\ &= \begin{pmatrix} 24\times 1+25\times 0.5+28\times 0.8 \\ 23\times 1+18\times 0.5+26\times 0.8 \end{pmatrix} \\ &= \begin{pmatrix} 58.9 \\ 52.8 \end{pmatrix}. \end{aligned}$$

例 1.2.6 中的矩阵 $\boldsymbol{M}$ 与例 1.2.5 中的矩阵 $\boldsymbol{C}$ 类似，都是由两个矩阵按某种运算得到的. 这种运算我们称为矩阵的**乘法运算**. 一般地，有

定义 1.2.4　**设矩阵** $\boldsymbol{A}=(a_{ik})_{m\times s}$，$\boldsymbol{B}=(b_{kj})_{s\times n}$，**则由元素**

$$c_{ij}=a_{i1}b_{1j}+a_{i2}b_{2j}+\cdots+a_{is}b_{sj}=\sum_{k=1}^{s}a_{ik}b_{kj},$$

$(i=1,2,\cdots,m;j=1,2,\cdots,n)$**组成的矩阵** $\boldsymbol{C}=(c_{ij})_{m\times n}$ **称为矩阵** $\boldsymbol{A}$ **与** $\boldsymbol{B}$ **的乘积,记作** $\boldsymbol{AB}$**,即** $\boldsymbol{C}=\boldsymbol{AB}$.

由定义 1.2.4 可知,作矩阵乘法时须注意下列几点:

(1) 左矩阵 $\boldsymbol{A}$ 的列数要等于右矩阵 $\boldsymbol{B}$ 的行数,否则 $\boldsymbol{A}$ 与 $\boldsymbol{B}$ 不能相乘.

(2) 乘积矩阵 $\boldsymbol{C}$ 的元素 c_{ij} 等于左矩阵 $\boldsymbol{A}$ 的第 i 行与右矩阵 $\boldsymbol{B}$ 的第 j 列对应元素乘积之和,用下图表示 c_{ij} 的特征:

$$\begin{pmatrix}\cdots & \cdots & \cdots\\ \cdots & c_{ij} & \cdots\\ \cdots & \cdots & \cdots\end{pmatrix}=\begin{pmatrix}\cdots & \cdots & \cdots & \cdots\\ a_{i1} & a_{i2} & \cdots & a_{is}\\ \cdots & \cdots & \cdots & \cdots\end{pmatrix}\begin{pmatrix}\cdots & b_{1j} & \cdots\\ \cdots & b_{2j} & \cdots\\ \vdots & \vdots & \vdots\\ \cdots & b_{sj} & \cdots\end{pmatrix}.$$

(3) 乘积矩阵 $\boldsymbol{C}$ 的行数等于左矩阵 $\boldsymbol{A}$ 的行数,列数等于右矩阵 $\boldsymbol{B}$ 的列数.

(4) 一个 $1\times n$ 的行矩阵与一个 $n\times 1$ 的列矩阵的乘积是一个 1 阶矩阵,也就是一个数,即

$$(a_1\quad a_2\quad\cdots\quad a_n)\begin{pmatrix}b_1\\ b_2\\ \vdots\\ b_n\end{pmatrix}=a_1b_1+a_2b_2+\cdots+a_nb_n.$$

但是一个 $n\times 1$ 的列矩阵与一个 $1\times n$ 的行矩阵的乘积是一个 n 阶方阵,请读者自己写出来.

例 1.2.7　设

$$\boldsymbol{A}=\begin{pmatrix}4 & 0 & -3\\ -1 & -2 & 3\end{pmatrix},\quad \boldsymbol{B}=\begin{pmatrix}2\\ -1\\ 3\end{pmatrix}.$$

求 $\boldsymbol{AB}$ 及 $\boldsymbol{BA}$.

解　因为 $\boldsymbol{A}$ 为 2×3 矩阵,$\boldsymbol{B}$ 为 3×1 矩阵,所以 $\boldsymbol{A}$ 与 $\boldsymbol{B}$ 可以相乘,且乘积为 2×1 矩阵,即

$$\boldsymbol{AB}=\begin{pmatrix}4 & 0 & -3\\ -1 & -2 & 3\end{pmatrix}\begin{pmatrix}2\\ -1\\ 3\end{pmatrix}=\begin{pmatrix}-1\\ 9\end{pmatrix}.$$

因为 $\boldsymbol{B}$ 是 3×1 矩阵,$\boldsymbol{A}$ 是 2×3 矩阵,由定义 1.2.4 知,$\boldsymbol{B}$ 与 $\boldsymbol{A}$ 不能相乘.

例 1.2.8 设

$$A=\begin{pmatrix}1 & 1\\ -1 & -1\end{pmatrix},\quad B=\begin{pmatrix}1 & -1\\ -1 & 1\end{pmatrix}.$$

求 $\boldsymbol{AB}$ 及 $\boldsymbol{BA}$.

解 因为 $\boldsymbol{A},\boldsymbol{B}$ 均为 2 阶方阵,故 $\boldsymbol{AB}$ 与 $\boldsymbol{BA}$ 都有意义,且都为 2 阶方阵. 于是

$$AB=\begin{pmatrix}1 & 1\\ -1 & -1\end{pmatrix}\begin{pmatrix}1 & -1\\ -1 & 1\end{pmatrix}=\begin{pmatrix}0 & 0\\ 0 & 0\end{pmatrix},$$

$$BA=\begin{pmatrix}1 & -1\\ -1 & 1\end{pmatrix}\begin{pmatrix}1 & 1\\ -1 & -1\end{pmatrix}=\begin{pmatrix}2 & 2\\ -2 & -2\end{pmatrix}.$$

例 1.2.9 设

$$A=\begin{pmatrix}2 & 4\\ -3 & -6\end{pmatrix},\quad B=\begin{pmatrix}-1 & 4\\ 2 & -1\end{pmatrix},\quad C=\begin{pmatrix}1 & 0\\ 1 & 1\end{pmatrix}.$$

求 $\boldsymbol{AB}$ 及 $\boldsymbol{AC}$.

解 因为 $\boldsymbol{A},\boldsymbol{B},\boldsymbol{C}$ 均为 2 阶方阵,故 $\boldsymbol{AB}$ 与 $\boldsymbol{AC}$ 都有意义,且都为 2 阶方阵. 我们有

$$AB=\begin{pmatrix}2 & 4\\ -3 & -6\end{pmatrix}\begin{pmatrix}-1 & 4\\ 2 & -1\end{pmatrix}=\begin{pmatrix}6 & 4\\ -9 & -6\end{pmatrix},$$

$$AC=\begin{pmatrix}2 & 4\\ -3 & -6\end{pmatrix}\begin{pmatrix}1 & 0\\ 1 & 1\end{pmatrix}=\begin{pmatrix}6 & 4\\ -9 & -6\end{pmatrix}.$$

由例 1.2.7、例 1.2.8 及例 1.2.9 易见下面的结论成立:

(1) $\boldsymbol{AB}$ 与 $\boldsymbol{BA}$ 不一定都有意义,或者说任两个矩阵不一定都能作乘法运算.

(2) 一般地说 $\boldsymbol{AB}\neq\boldsymbol{BA}$,即矩阵乘法不满足交换律.

(3) 由 $\boldsymbol{AB}=\boldsymbol{O}$ 不能推出 $\boldsymbol{A}=\boldsymbol{O}$ 或 $\boldsymbol{B}=\boldsymbol{O}$,即两个非零矩阵的乘积可以是零矩阵.

(4) 由 $\boldsymbol{AB}=\boldsymbol{AC}$ 且 $\boldsymbol{A}\neq\boldsymbol{O}$,不能推出 $\boldsymbol{B}=\boldsymbol{C}$,即矩阵乘法不满足消去律.

以上所述是矩阵乘法与数的乘法的不同之处,读者应当牢记. 除此之外,矩阵乘法与数的乘法仍有一些相似之处.

性质 1.2.3 矩阵乘法满足下列运算性质(假设以下矩阵相乘时均有意义):

(1) $(\boldsymbol{AB})\boldsymbol{C}=\boldsymbol{A}(\boldsymbol{BC})$ (结合律),

(2) $\boldsymbol{A}(\boldsymbol{B}+\boldsymbol{C})=\boldsymbol{AB}+\boldsymbol{AC}$ (左分配律),

(3) $(\boldsymbol{B}+\boldsymbol{C})\boldsymbol{A}=\boldsymbol{BA}+\boldsymbol{CA}$ (右分配律),

(4) $k(\boldsymbol{AB})=(k\boldsymbol{A})\boldsymbol{B}=\boldsymbol{A}(k\boldsymbol{B})$ (k 为常数),

(5) $\boldsymbol{E}_m\boldsymbol{A}_{m\times n}=\boldsymbol{A}_{m\times n}\boldsymbol{E}_n=\boldsymbol{A}_{m\times n}$.

由定义 1.2.4 即可证明以上算式成立.

例 1.2.10 用矩阵形式表示方程组

$$\begin{cases} a_{11}x_1+a_{12}x_2+\cdots+a_{1n}x_n=b_1, \\ a_{21}x_1+a_{22}x_2+\cdots+a_{2n}x_n=b_2, \\ \cdots\cdots\cdots\cdots \\ a_{m1}x_1+a_{m2}x_2+\cdots+a_{mn}x_n=b_m. \end{cases} \tag{1.2.1}$$

解 显然 $a_{i1}x_1+a_{i2}x_2+\cdots+a_{in}x_n=b_i$ 可以写成

$$(a_{i1} \quad a_{i2} \quad \cdots \quad a_{in})\begin{pmatrix} x_1 \\ x_2 \\ \vdots \\ x_n \end{pmatrix}=b_i, \quad i=1,2,\cdots,m.$$

设

$$\boldsymbol{A}=\begin{pmatrix} a_{11} & a_{12} & \cdots & a_{1n} \\ a_{21} & a_{22} & \cdots & a_{2n} \\ \vdots & \vdots & & \vdots \\ a_{m1} & a_{m2} & \cdots & a_{mn} \end{pmatrix}, \quad \boldsymbol{X}=\begin{pmatrix} x_1 \\ x_2 \\ \vdots \\ x_n \end{pmatrix}, \quad \boldsymbol{b}=\begin{pmatrix} b_1 \\ b_2 \\ \vdots \\ b_m \end{pmatrix},$$

则由定义 1.2.4,方程组(1.2.1)可以写为 $\boldsymbol{AX}=\boldsymbol{b}$.

类似于数的方幂与多项式,也有方阵的方幂与多项式.

定义 1.2.5 设 $\boldsymbol{A}$ 为 n 阶方阵,k 为正整数,则 k 个 $\boldsymbol{A}$ 的连乘积称为 $\boldsymbol{A}$ 的 k 次幂,记作 $\boldsymbol{A}^k$,即

$$\boldsymbol{A}^k=\underbrace{\boldsymbol{AA}\cdots\boldsymbol{A}}_{k\text{ 个}}.$$

由矩阵乘法的结合律知,对于任意正整数 k,l,下列等式成立:

$$\boldsymbol{A}^k\boldsymbol{A}^l=\boldsymbol{A}^{k+l}, \qquad (\boldsymbol{A}^k)^l=\boldsymbol{A}^{kl}.$$

由矩阵乘法不满足交换律知,$(\boldsymbol{AB})^k$ 与 $\boldsymbol{A}^k\boldsymbol{B}^k$ 一般不相等,而且与两个矩阵有关的因式分解及二项式定理也不成立,如 $(\boldsymbol{A}+\boldsymbol{B})^2$ 一般不等于 $\boldsymbol{A}^2+2\boldsymbol{AB}+\boldsymbol{B}^2$;但当 $\boldsymbol{AB}=\boldsymbol{BA}$ 时,$(\boldsymbol{A}+\boldsymbol{B})^2=\boldsymbol{A}^2+2\boldsymbol{AB}+\boldsymbol{B}^2$ 且二项式定理也成立,即

$$(\boldsymbol{A}+\boldsymbol{B})^n=\boldsymbol{A}^n+\mathrm{C}_n^1\boldsymbol{A}^{n-1}\boldsymbol{B}+\cdots+\mathrm{C}_n^{n-1}\boldsymbol{AB}^{n-1}+\boldsymbol{B}^n.$$

定义 1.2.6 设

$$f(x)=a_mx^m+a_{m-1}x^{m-1}+\cdots+a_1x+a_0$$

是 x 的多项式,$\boldsymbol{A}$ 是 n 阶方阵,则称

$$f(\boldsymbol{A})=a_m\boldsymbol{A}^m+a_{m-1}\boldsymbol{A}^{m-1}+\cdots+a_1\boldsymbol{A}+a_0\boldsymbol{E}_n$$

为 $\boldsymbol{A}$ 的多项式.

$\boldsymbol{A}$ 的多项式 $f(\boldsymbol{A})$是和 $\boldsymbol{A}$ 同型的方阵. 若 $g(x)$是一个多项式,容易验证

$$f(\boldsymbol{A})g(\boldsymbol{A})=g(\boldsymbol{A})f(\boldsymbol{A}).$$

例 1.2.11　计算 $\boldsymbol{A}^n$，其中 $\boldsymbol{A}=\begin{pmatrix}\lambda & 1 & 0\\ 0 & \lambda & 1\\ 0 & 0 & \lambda\end{pmatrix}$.

解　由

$$\boldsymbol{A}^2=\begin{pmatrix}\lambda & 1 & 0\\ 0 & \lambda & 1\\ 0 & 0 & \lambda\end{pmatrix}\begin{pmatrix}\lambda & 1 & 0\\ 0 & \lambda & 1\\ 0 & 0 & \lambda\end{pmatrix}=\begin{pmatrix}\lambda^2 & 2\lambda & 1\\ 0 & \lambda^2 & 2\lambda\\ 0 & 0 & \lambda^2\end{pmatrix},$$

$$\boldsymbol{A}^3=\boldsymbol{A}^2\boldsymbol{A}=\begin{pmatrix}\lambda^2 & 2\lambda & 1\\ 0 & \lambda^2 & 2\lambda\\ 0 & 0 & \lambda^2\end{pmatrix}\begin{pmatrix}\lambda & 1 & 0\\ 0 & \lambda & 1\\ 0 & 0 & \lambda\end{pmatrix}=\begin{pmatrix}\lambda^3 & 3\lambda^2 & 3\lambda\\ 0 & \lambda^3 & 3\lambda^2\\ 0 & 0 & \lambda^3\end{pmatrix},$$

可归纳出

$$\boldsymbol{A}^k=\begin{pmatrix}\lambda^k & k\lambda^{k-1} & \dfrac{k(k-1)}{2}\lambda^{k-2}\\ 0 & \lambda^k & k\lambda^{k-1}\\ 0 & 0 & \lambda^k\end{pmatrix},k\geqslant 2.$$

我们用数学归纳法来证明.

当 $k=2$ 时，上式显然成立；假设当 $k=n-1$ 时，有

$$\boldsymbol{A}^{n-1}=\begin{pmatrix}\lambda^{n-1} & (n-1)\lambda^{n-2} & \dfrac{(n-1)(n-2)}{2}\lambda^{n-3}\\ 0 & \lambda^{n-1} & (n-1)\lambda^{n-2}\\ 0 & 0 & \lambda^{n-1}\end{pmatrix},$$

则当 $k=n$ 时，

$$\boldsymbol{A}^n=\begin{pmatrix}\lambda^{n-1} & (n-1)\lambda^{n-2} & \dfrac{(n-1)(n-2)}{2}\lambda^{n-3}\\ 0 & \lambda^{n-1} & (n-1)\lambda^{n-2}\\ 0 & 0 & \lambda^{n-1}\end{pmatrix}\begin{pmatrix}\lambda & 1 & 0\\ 0 & \lambda & 1\\ 0 & 0 & \lambda\end{pmatrix}$$

$$=\begin{pmatrix}\lambda^n & n\lambda^{n-1} & \dfrac{n(n-1)}{2}\lambda^{n-2}\\ 0 & \lambda^n & n\lambda^{n-1}\\ 0 & 0 & \lambda^n\end{pmatrix},$$

由归纳原理上式对所有不小于 2 的自然数都成立，从而

$$\boldsymbol{A}^n=\begin{pmatrix}\lambda^n & n\lambda^{n-1} & \dfrac{n(n-1)}{2}\lambda^{n-2}\\ 0 & \lambda^n & n\lambda^{n-1}\\ 0 & 0 & \lambda^n\end{pmatrix},n\geqslant 2.$$

或者,由

$$A=\begin{pmatrix}\lambda & 1 & 0\\0 & \lambda & 1\\0 & 0 & \lambda\end{pmatrix}=\begin{pmatrix}\lambda & 0 & 0\\0 & \lambda & 0\\0 & 0 & \lambda\end{pmatrix}+\begin{pmatrix}0 & 1 & 0\\0 & 0 & 1\\0 & 0 & 0\end{pmatrix}=\lambda E+B,$$

则

$$A^n=(\lambda E+B)^n=\lambda^n E+n\lambda^{n-1}B+\frac{n(n-1)}{2}\lambda^{n-2}B^2+\cdots+B^n,$$

而

$$B^2=\begin{pmatrix}0 & 0 & 1\\0 & 0 & 0\\0 & 0 & 0\end{pmatrix},B^3=B^4=\cdots=O,$$

因此,

$$A^n=\lambda^n E+n\lambda^{n-1}B+\frac{n(n-1)}{2}\lambda^{n-2}B^2=\begin{pmatrix}\lambda^n & n\lambda^{n-1} & \frac{n(n-1)}{2}\lambda^{n-2}\\0 & \lambda^n & n\lambda^{n-1}\\0 & 0 & \lambda^n\end{pmatrix}.$$

例 1.2.12 设

$$A=\begin{pmatrix}1 & 0\\1 & 1\end{pmatrix},\quad f(x)=x^2-2x+1.$$

求 $f(A)$.

解 由矩阵多项式的定义知

$$\begin{aligned}f(A)&=A^2-2A+E=(A-E)^2\\&=\begin{pmatrix}1-1 & 0\\1 & 1-1\end{pmatrix}^2=\begin{pmatrix}0 & 0\\1 & 0\end{pmatrix}^2=\begin{pmatrix}0 & 0\\0 & 0\end{pmatrix}.\end{aligned}$$

3. 矩阵的转置

下面我们研究矩阵的转置及其性质.

定义 1.2.7 将矩阵 $A=(a_{ij})_{m\times n}$ 的行列互换得到的矩阵

$$\begin{pmatrix}a_{11} & a_{21} & \cdots & a_{m1}\\a_{12} & a_{22} & \cdots & a_{m2}\\\vdots & \vdots & & \vdots\\a_{1n} & a_{2n} & \cdots & a_{mn}\end{pmatrix}$$

称为矩阵 A 的转置矩阵,记作 A^T. 例如,

$$A=\begin{pmatrix}1&2&3&4\\-2&0&1&-1\\3&1&0&2\end{pmatrix},$$

则

$$A^{\mathrm{T}}=\begin{pmatrix}1&-2&3\\2&0&1\\3&1&0\\4&-1&2\end{pmatrix}.$$

矩阵的转置运算具有如下性质.

性质 1.2.4 假设以下矩阵的运算均有意义,则下面的结论成立:

(1) $(\boldsymbol{A}^{\mathrm{T}})^{\mathrm{T}}=\boldsymbol{A}$,

(2) $(\boldsymbol{A}+\boldsymbol{B})^{\mathrm{T}}=\boldsymbol{A}^{\mathrm{T}}+\boldsymbol{B}^{\mathrm{T}}$,

(3) $(k\boldsymbol{A})^{\mathrm{T}}=k\boldsymbol{A}^{\mathrm{T}}$($k$ 是常数),

(4) $(\boldsymbol{AB})^{\mathrm{T}}=\boldsymbol{B}^{\mathrm{T}}\boldsymbol{A}^{\mathrm{T}}$.

其中性质(1)—(3)可由定义 1.2.7 直接证明,下面证明性质(4).

证 设 $\boldsymbol{A}=(a_{ik})_{m\times s}$,$\boldsymbol{B}=(b_{kj})_{s\times n}$,则 $\boldsymbol{A}^{\mathrm{T}}=(a_{ki})_{s\times m}$,$\boldsymbol{B}^{\mathrm{T}}=(b_{jk})_{n\times s}$. 记 $\boldsymbol{AB}=\boldsymbol{C}=(c_{ij})_{m\times n}$,$\boldsymbol{G}=\boldsymbol{B}^{\mathrm{T}}\boldsymbol{A}^{\mathrm{T}}=(g_{ij})_{n\times m}$.

要证性质(4)只需证明 $g_{ij}=c_{ji}$.

由矩阵乘法定义 1.2.4,有

$$c_{ji}=\sum_{k=1}^{s}a_{jk}b_{ki},\quad g_{ij}=\sum_{k=1}^{s}b_{ki}a_{jk}=\sum_{k=1}^{s}a_{jk}b_{ki},$$

性质(4)的证明

故 $c_{ji}=g_{ij}$,因此 $(\boldsymbol{AB})^{\mathrm{T}}=\boldsymbol{B}^{\mathrm{T}}\boldsymbol{A}^{\mathrm{T}}$.

性质(4)可以推广到有限多个矩阵的情形,一般地,有

$$(\boldsymbol{A}_1\boldsymbol{A}_2\cdots\boldsymbol{A}_m)^{\mathrm{T}}=\boldsymbol{A}_m^{\mathrm{T}}\cdots\boldsymbol{A}_2^{\mathrm{T}}\boldsymbol{A}_1^{\mathrm{T}}.$$

定义 1.2.8 设 $\boldsymbol{A}$ 为 n 阶方阵,若 $\boldsymbol{A}^{\mathrm{T}}=\boldsymbol{A}$,则称 $\boldsymbol{A}$ 为对称矩阵;若 $\boldsymbol{A}^{\mathrm{T}}=-\boldsymbol{A}$,则称 $\boldsymbol{A}$ 为反对称矩阵.

对称矩阵的特点是 $a_{ij}=a_{ji}$,$i,j=1,2,\cdots,n$. 对反对称矩阵,由 $\boldsymbol{A}^{\mathrm{T}}=-\boldsymbol{A}$ 知 $a_{ij}=-a_{ji}$,由此可推得 $a_{ii}=0$,$i=1,2,\cdots,n$.

例如,

$\boldsymbol{A}=\begin{pmatrix}1&2&3\\2&2&1\\3&1&3\end{pmatrix}$ 是 3 阶对称矩阵,而 $\boldsymbol{B}=\begin{pmatrix}0&1&-2\\-1&0&3\\2&-3&0\end{pmatrix}$ 是 3 阶反对称矩阵.

容易验证,对任一 n 阶方阵 $\boldsymbol{A}$,$\boldsymbol{A}+\boldsymbol{A}^{\mathrm{T}}$,$\boldsymbol{A}\boldsymbol{A}^{\mathrm{T}}$ 及 $\boldsymbol{A}^{\mathrm{T}}\boldsymbol{A}$ 都是对称矩阵,而 $\boldsymbol{A}-\boldsymbol{A}^{\mathrm{T}}$ 是反对称矩阵.又因为

$$\boldsymbol{A}=\frac{\boldsymbol{A}+\boldsymbol{A}^{\mathrm{T}}}{2}+\frac{\boldsymbol{A}-\boldsymbol{A}^{\mathrm{T}}}{2},$$

故任一方阵 $\boldsymbol{A}$ 都可以写成对称矩阵与反对称矩阵的和.

例 1.2.13 设 $\boldsymbol{A}$ 和 $\boldsymbol{M}$ 均为 n 阶方阵且 $\boldsymbol{A}$ 为对称矩阵,证明 $\boldsymbol{M}^{\mathrm{T}}\boldsymbol{A}\boldsymbol{M}$ 也是对称矩阵.

证 由于

$$(\boldsymbol{M}^{\mathrm{T}}\boldsymbol{A}\boldsymbol{M})^{\mathrm{T}}=\boldsymbol{M}^{\mathrm{T}}\boldsymbol{A}^{\mathrm{T}}(\boldsymbol{M}^{\mathrm{T}})^{\mathrm{T}}=\boldsymbol{M}^{\mathrm{T}}\boldsymbol{A}^{\mathrm{T}}\boldsymbol{M}=\boldsymbol{M}^{\mathrm{T}}\boldsymbol{A}\boldsymbol{M},$$

故 $\boldsymbol{M}^{\mathrm{T}}\boldsymbol{A}\boldsymbol{M}$ 为对称矩阵.

例 1.2.14 设

$$\boldsymbol{A}=\begin{pmatrix}1&1&2\\1&0&3\\2&3&1\end{pmatrix},\quad \boldsymbol{B}=\begin{pmatrix}1&0&1\\0&2&1\\1&1&4\end{pmatrix}.$$

求 $\boldsymbol{AB}$ 及 $(\boldsymbol{AB})^{\mathrm{T}}$.

解 因为 $\boldsymbol{A}$ 和 $\boldsymbol{B}$ 均为 3 阶方阵,故 $\boldsymbol{AB}$ 有意义且为 3 阶方阵,由矩阵乘法的定义得

$$\boldsymbol{AB}=\begin{pmatrix}1&1&2\\1&0&3\\2&3&1\end{pmatrix}\begin{pmatrix}1&0&1\\0&2&1\\1&1&4\end{pmatrix}=\begin{pmatrix}3&4&10\\4&3&13\\3&7&9\end{pmatrix}.$$

由矩阵转置的定义知

$$(\boldsymbol{AB})^{\mathrm{T}}=\begin{pmatrix}3&4&3\\4&3&7\\10&13&9\end{pmatrix}.$$

由例 1.2.14 易见,虽然 $\boldsymbol{A}$,$\boldsymbol{B}$ 均为对称矩阵,但 $(\boldsymbol{AB})^{\mathrm{T}}\neq\boldsymbol{AB}$,即 $\boldsymbol{AB}$ 不是对称矩阵.也就是说:对称矩阵的乘积不一定是对称矩阵.

可以证明:若 $\boldsymbol{A}$,$\boldsymbol{B}$ 为同型对称矩阵,则 $\boldsymbol{AB}$ 为对称矩阵的充要条件为 $\boldsymbol{AB}=\boldsymbol{BA}$.请读者自己证明这一结论.

§1.3 方阵的行列式及其性质

矩阵行列式的概念只是对于方阵引入的.行列式是线性代数中的一个重要工具,

在数学本身和其他科学分支上都有广泛的应用.

1. **方阵的行列式**

行列式概念的引进

假设已知二阶方阵

$$\boldsymbol{A}=\begin{pmatrix} a_{11} & a_{12} \\ a_{21} & a_{22} \end{pmatrix},$$

由方阵的元素所确定的数

$$a_{11}a_{22}-a_{12}a_{21}$$

称为二阶方阵 $\boldsymbol{A}$ 的行列式,记为

$$|\boldsymbol{A}|=\begin{vmatrix} a_{11} & a_{12} \\ a_{21} & a_{22} \end{vmatrix}=a_{11}a_{22}-a_{12}a_{21}. \tag{1.3.1}$$

有时 $|\boldsymbol{A}|$ 也可记作 $D=\det \boldsymbol{A}=a_{11}a_{22}-a_{12}a_{21}$.

假设已知三阶方阵

$$\boldsymbol{A}=\begin{pmatrix} a_{11} & a_{12} & a_{13} \\ a_{21} & a_{22} & a_{23} \\ a_{31} & a_{32} & a_{33} \end{pmatrix},$$

由它的元素所确定的数

$$a_{11}a_{22}a_{33}+a_{12}a_{23}a_{31}+a_{13}a_{21}a_{32}-a_{13}a_{22}a_{31}-a_{12}a_{21}a_{33}-a_{11}a_{23}a_{32}$$

称为三阶方阵 $\boldsymbol{A}$ 的行列式,记为

$$\begin{aligned}|\boldsymbol{A}|&=\begin{vmatrix} a_{11} & a_{12} & a_{13} \\ a_{21} & a_{22} & a_{23} \\ a_{31} & a_{32} & a_{33} \end{vmatrix}\\ &=a_{11}a_{22}a_{33}+a_{12}a_{23}a_{31}+a_{13}a_{21}a_{32}-\\ &\quad a_{13}a_{22}a_{31}-a_{12}a_{21}a_{33}-a_{11}a_{23}a_{32}.\end{aligned} \tag{1.3.2}$$

可由两种方式确定(1.3.2)式.

一是利用“对角线规则”(或称“沙流氏规则”),如图 1.3.1 所示,将实线上的三个数之积所成的项前加正号,虚线上的三个数之积所成的项前加负号,求各项的代数和.

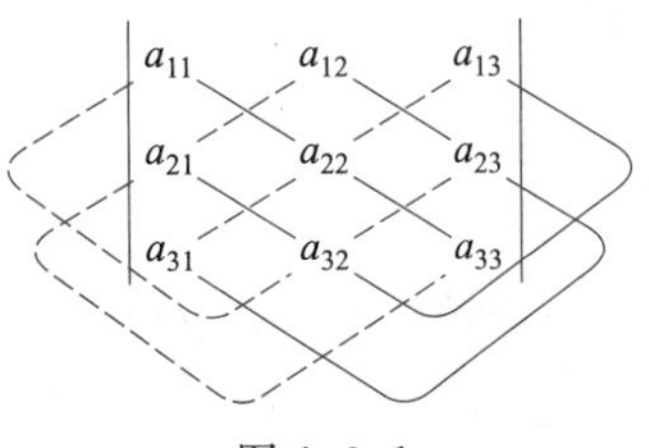

图 1.3.1

二是利用二阶方阵的行列式. 显然(1.3.2)式可以写为

$$\begin{aligned}|\boldsymbol{A}|&=\begin{vmatrix} a_{11} & a_{12} & a_{13} \\ a_{21} & a_{22} & a_{23} \\ a_{31} & a_{32} & a_{33} \end{vmatrix}\\ &=a_{11}(a_{22}a_{33}-a_{23}a_{32})+a_{12}(a_{23}a_{31}-a_{21}a_{33})+a_{13}(a_{21}a_{32}-a_{22}a_{31})\end{aligned}$$

$$=a_{11}\begin{vmatrix} a_{22} & a_{23} \\ a_{32} & a_{33} \end{vmatrix}-a_{12}\begin{vmatrix} a_{21} & a_{23} \\ a_{31} & a_{33} \end{vmatrix}+a_{13}\begin{vmatrix} a_{21} & a_{22} \\ a_{31} & a_{32} \end{vmatrix}$$

$$=(-1)^{1+1}a_{11}\begin{vmatrix} a_{22} & a_{23} \\ a_{32} & a_{33} \end{vmatrix}+(-1)^{1+2}a_{12}\begin{vmatrix} a_{21} & a_{23} \\ a_{31} & a_{33} \end{vmatrix}+$$

$$(-1)^{1+3}a_{13}\begin{vmatrix} a_{21} & a_{22} \\ a_{31} & a_{32} \end{vmatrix}. \tag{1.3.3}$$

记

$$(-1)^{1+1}\begin{vmatrix} a_{22} & a_{23} \\ a_{32} & a_{33} \end{vmatrix}=A_{11},(-1)^{1+2}\begin{vmatrix} a_{21} & a_{23} \\ a_{31} & a_{33} \end{vmatrix}=A_{12},$$

$$(-1)^{1+3}\begin{vmatrix} a_{21} & a_{22} \\ a_{31} & a_{32} \end{vmatrix}=A_{13},$$

则(1.3.3)式可写为

$$|\boldsymbol{A}|=a_{11}A_{11}+a_{12}A_{12}+a_{13}A_{13}. \tag{1.3.4}$$

容易看出:在三阶方阵 $\boldsymbol{A}$ 的行列式

$$|\boldsymbol{A}|=\begin{vmatrix} a_{11} & a_{12} & a_{13} \\ a_{21} & a_{22} & a_{23} \\ a_{31} & a_{32} & a_{33} \end{vmatrix}$$

中划掉元素 a_{11} 所在的行与列,由剩下的元素组成的二阶行列式

$$\begin{vmatrix} a_{22} & a_{23} \\ a_{32} & a_{33} \end{vmatrix}$$

并赋以符号 $(-1)^{1+1}$,即为 A_{11};同样地可得到 A_{12},A_{13}. A_{11},A_{12},A_{13} 分别称为元素 a_{11},a_{12},a_{13} 的代数余子式.类似地有

$$|\boldsymbol{A}|=a_{i1}A_{i1}+a_{i2}A_{i2}+a_{i3}A_{i3},\quad i=1,2,3;$$

$$|\boldsymbol{A}|=a_{1j}A_{1j}+a_{2j}A_{2j}+a_{3j}A_{3j},\quad j=1,2,3.$$

一般地,由 n 阶方阵 $\boldsymbol{A}=(a_{ij})_{n\times n}$ 所确定的行列式称为 **n 阶行列式**,记为

$$|\boldsymbol{A}|=\begin{vmatrix} a_{11} & a_{12} & \cdots & a_{1n} \\ a_{21} & a_{22} & \cdots & a_{2n} \\ \vdots & \vdots & & \vdots \\ a_{n1} & a_{n2} & \cdots & a_{nn} \end{vmatrix}. \tag{1.3.5}$$

在 n 阶行列式(1.3.5)中选定元素 a_{ij},并将 a_{ij} 所在的第 i 行与第 j 列划掉,剩下的元素按照原来的位置组成一个 $n-1$ 阶行列式,称为元素 a_{ij} 的余子式,记为 M_{ij},即

$$M_{ij}=\begin{vmatrix} a_{11} & \cdots & a_{1,j-1} & a_{1,j+1} & \cdots & a_{1n} \\ \vdots & & \vdots & \vdots & & \vdots \\ a_{i-1,1} & \cdots & a_{i-1,j-1} & a_{i-1,j+1} & \cdots & a_{i-1,n} \\ a_{i+1,1} & \cdots & a_{i+1,j-1} & a_{i+1,j+1} & \cdots & a_{i+1,n} \\ \vdots & & \vdots & \vdots & & \vdots \\ a_{n1} & \cdots & a_{n,j-1} & a_{n,j+1} & \cdots & a_{n,n} \end{vmatrix}$$

称 $A_{ij}=(-1)^{i+j}M_{ij}$ 为元素 a_{ij} 的**代数余子式**,并可递归地得到

$$\begin{aligned} |\boldsymbol{A}| &= a_{i1}A_{i1}+a_{i2}A_{i2}+\cdots+a_{in}A_{in}, \quad i=1,2,\cdots,n; \\ |\boldsymbol{A}| &= a_{1j}A_{1j}+a_{2j}A_{2j}+\cdots+a_{nj}A_{nj}, \quad j=1,2,\cdots,n. \end{aligned} \tag{1.3.6}$$

(1.3.6)式也称作行列式按行(列)展开公式.

例 1.3.1 计算三阶行列式

$$D=|\boldsymbol{A}|=\begin{vmatrix} 1 & 1 & 1 \\ 1 & 2 & 3 \\ 1 & 3 & 6 \end{vmatrix}.$$

解法Ⅰ 用对角线规则.

$$D=1\times2\times6+1\times3\times1+1\times1\times3-1\times2\times1-1\times1\times6-1\times3\times3=18-17=1.$$

解法Ⅱ 用递归式(1.3.4).

$$D=1\times\begin{vmatrix} 2 & 3 \\ 3 & 6 \end{vmatrix}-1\times\begin{vmatrix} 1 & 3 \\ 1 & 6 \end{vmatrix}+1\times\begin{vmatrix} 1 & 2 \\ 1 & 3 \end{vmatrix}=1\times3-1\times3+1\times1=1.$$

例 1.3.2 计算四阶行列式

$$D=\begin{vmatrix} -1 & 0 & 3 & 1 \\ 0 & 2 & -4 & -2 \\ 0 & -1 & 1 & 1 \\ 0 & 2 & -9 & 1 \end{vmatrix}.$$

解 由递归式(1.3.6),将该行列式按第一列展开,得

$$D=a_{11}A_{11}+a_{21}A_{21}+a_{31}A_{31}+a_{41}A_{41}.$$

由于 $a_{21}=a_{31}=a_{41}=0$,故

$$D=a_{11}A_{11}=(-1)\times(-1)^{1+1}\begin{vmatrix} 2 & -4 & -2 \\ -1 & 1 & 1 \\ 2 & -9 & 1 \end{vmatrix}=6.$$

例 1.3.3 计算行列式

$$D=\begin{vmatrix} a_{11} & a_{12} & \cdots & a_{1n} \\ 0 & a_{22} & \cdots & a_{2n} \\ \vdots & \vdots & & \vdots \\ 0 & 0 & \cdots & a_{nn} \end{vmatrix}.$$

解 由递归式(1.3.6),将行列式按第一列展开,并注意到 $a_{21}=a_{31}=\cdots=a_{n1}=0$,得

$$D=a_{11}\begin{vmatrix} a_{22} & \cdots & a_{2n} \\ \vdots & & \vdots \\ 0 & \cdots & a_{nn} \end{vmatrix}=\cdots=a_{11}a_{22}\cdots a_{nn}.$$

这个行列式称为**上三角形行列式**.类似地,可得**下三角形行列式**

$$\begin{vmatrix} a_{11} & 0 & \cdots & 0 \\ a_{21} & a_{22} & \cdots & 0 \\ \vdots & \vdots & & \vdots \\ a_{n1} & a_{n2} & \cdots & a_{nn} \end{vmatrix}=a_{11}a_{22}\cdots a_{nn}$$

与对角行列式

$$\begin{vmatrix} a_{11} & & & \\ & a_{22} & & \\ & & \ddots & \\ & & & a_{nn} \end{vmatrix}=a_{11}a_{22}\cdots a_{nn}.$$

例 1.3.4 计算 n 阶行列式

$$D_n=\begin{vmatrix} x & y & 0 & \cdots & 0 & 0 \\ 0 & x & y & \cdots & 0 & 0 \\ 0 & 0 & x & \cdots & 0 & 0 \\ \vdots & \vdots & \vdots & & \vdots & \vdots \\ 0 & 0 & 0 & \cdots & x & y \\ y & 0 & 0 & \cdots & 0 & x \end{vmatrix}.$$

特殊行列式的计算

解 由递归式(1.3.6),按第一列展开得

$$D_n=x\begin{vmatrix} x & y & \cdots & 0 & 0 \\ 0 & x & \cdots & 0 & 0 \\ \vdots & \vdots & & \vdots & \vdots \\ 0 & 0 & \cdots & x & y \\ 0 & 0 & \cdots & 0 & x \end{vmatrix}+(-1)^{n+1}y\begin{vmatrix} y & 0 & \cdots & 0 & 0 \\ x & y & \cdots & 0 & 0 \\ \vdots & \vdots & & \vdots & \vdots \\ 0 & 0 & \cdots & y & 0 \\ 0 & 0 & \cdots & x & y \end{vmatrix}$$

$$=x^n+(-1)^{n+1}y^n.$$

2. 行列式的性质

由方阵行列式的按行(列)展开公式(1.3.6)式很容易得到下列行列式的性质.

性质 1.3.1 当方阵 $\boldsymbol{A}$ 转置为 $\boldsymbol{A}^{\mathrm{T}}$ 时,行列式的值不变,即

$$|\boldsymbol{A}|=\begin{vmatrix} a_{11} & a_{12} & \cdots & a_{1n} \\ a_{21} & a_{22} & \cdots & a_{2n} \\ \vdots & \vdots & & \vdots \\ a_{n1} & a_{n2} & \cdots & a_{nn} \end{vmatrix}=\begin{vmatrix} a_{11} & a_{21} & \cdots & a_{n1} \\ a_{12} & a_{22} & \cdots & a_{n2} \\ \vdots & \vdots & & \vdots \\ a_{1n} & a_{2n} & \cdots & a_{nn} \end{vmatrix}=|\boldsymbol{A}^{\mathrm{T}}|.$$

这表明,在行列式中行与列的地位是平等的,因此对行成立的性质,对列同样成立,反之亦然.

性质 1.3.2 互换行列式的两行(列),行列式变号,即

$$\begin{vmatrix} a_{11} & a_{12} & \cdots & a_{1n} \\ \vdots & \vdots & & \vdots \\ a_{i1} & a_{i2} & \cdots & a_{in} \\ \vdots & \vdots & & \vdots \\ a_{j1} & a_{j2} & \cdots & a_{jn} \\ \vdots & \vdots & & \vdots \\ a_{n1} & a_{n2} & \cdots & a_{nn} \end{vmatrix}=-\begin{vmatrix} a_{11} & a_{12} & \cdots & a_{1n} \\ \vdots & \vdots & & \vdots \\ a_{j1} & a_{j2} & \cdots & a_{jn} \\ \vdots & \vdots & & \vdots \\ a_{i1} & a_{i2} & \cdots & a_{in} \\ \vdots & \vdots & & \vdots \\ a_{n1} & a_{n2} & \cdots & a_{nn} \end{vmatrix}.$$

推论 1 若行列式中有两行(列)其对应元素相等,则此行列式的值为零.

推论 2 $a_{i1}A_{s1}+a_{i2}A_{s2}+\cdots+a_{in}A_{sn}=0,\quad i\neq s;$ (1.3.7)

$a_{1j}A_{1t}+a_{2j}A_{2t}+\cdots+a_{nj}A_{nt}=0,\quad j\neq t,$ (1.3.8)

其中 A_{ij} 为元素 a_{ij} 的代数余子式.

即行列式中某一行(列)元素与另一行(列)对应元素的代数余子式的乘积之和为零.

性质 1.3.3 用数 k 乘行列式某一行(列)中的所有元素,等于用 k 乘此行列式,即

$$\begin{vmatrix} a_{11} & a_{12} & \cdots & a_{1n} \\ \vdots & \vdots & & \vdots \\ ka_{i1} & ka_{i2} & \cdots & ka_{in} \\ \vdots & \vdots & & \vdots \\ a_{n1} & a_{n2} & \cdots & a_{nn} \end{vmatrix}=k\begin{vmatrix} a_{11} & a_{12} & \cdots & a_{1n} \\ \vdots & \vdots & & \vdots \\ a_{i1} & a_{i2} & \cdots & a_{in} \\ \vdots & \vdots & & \vdots \\ a_{n1} & a_{n2} & \cdots & a_{nn} \end{vmatrix}.$$

推论 行列式中某一行(列)的所有元素的公因子可以提到行列式符号的外面.

性质 1.3.4 若行列式中有两行(列)其对应元素成比例,则此行列式的值为零.

性质 1.3.5 若行列式中某一行(列)的所有元素都是两个数的和,则此行列式可以写成两个行列式的和,即

$$\begin{vmatrix} a_{11} & a_{12} & \cdots & a_{1n} \\ \vdots & \vdots & & \vdots \\ a_{i1}+a'_{i1} & a_{i2}+a'_{i2} & \cdots & a_{in}+a'_{in} \\ \vdots & \vdots & & \vdots \\ a_{n1} & a_{n2} & \cdots & a_{nn} \end{vmatrix} = \begin{vmatrix} a_{11} & a_{12} & \cdots & a_{1n} \\ \vdots & \vdots & & \vdots \\ a_{i1} & a_{i2} & \cdots & a_{in} \\ \vdots & \vdots & & \vdots \\ a_{n1} & a_{n2} & \cdots & a_{nn} \end{vmatrix} + \begin{vmatrix} a_{11} & a_{12} & \cdots & a_{1n} \\ \vdots & \vdots & & \vdots \\ a'_{i1} & a'_{i2} & \cdots & a'_{in} \\ \vdots & \vdots & & \vdots \\ a_{n1} & a_{n2} & \cdots & a_{nn} \end{vmatrix}.$$

请读者思考,若行列式中有两行(列),每个元素都是两个数的和,结果如何?

推论 若行列式中某一行(列)的所有元素都是 $m(\geqslant 2)$ 个数的和,则此行列式可以写成 m 个行列式的和.

性质 1.3.6 在行列式某一行(列)元素上加上另一行(列)对应元素的 k 倍,行列式的值不变,即

$$\begin{vmatrix} a_{11} & a_{12} & \cdots & a_{1n} \\ \vdots & \vdots & & \vdots \\ a_{i1}+ka_{j1} & a_{i2}+ka_{j2} & \cdots & a_{in}+ka_{jn} \\ \vdots & \vdots & & \vdots \\ a_{j1} & a_{j2} & \cdots & a_{jn} \\ \vdots & \vdots & & \vdots \\ a_{n1} & a_{n2} & \cdots & a_{nn} \end{vmatrix} = \begin{vmatrix} a_{11} & a_{12} & \cdots & a_{1n} \\ a_{21} & a_{22} & \cdots & a_{2n} \\ \vdots & \vdots & & \vdots \\ a_{n1} & a_{n2} & \cdots & a_{nn} \end{vmatrix}.$$

我们常以 r_i 表示行列式的第 i 行,c_i 表示第 i 列;交换两行记作 $r_i \leftrightarrow r_j$,交换两列记作 $c_i \leftrightarrow c_j$;第 i 行(列)乘 k 记作 $kr_i(kc_i)$;第 i 行(列)加上第 j 行(列)的 k 倍记作 $r_i+kr_j(c_i+kc_j)$.

$r_i \leftrightarrow r_j(c_i \leftrightarrow c_j)$,$kr_i(kc_i)$,$r_i+kr_j(c_i+kc_j)$是行列式关于行(列)的三种基本运算.利用这些运算可简化行列式的计算;特别利用运算 r_i+kr_j 可以将行列式中的某些元素化为0,并进一步将行列式化为三角形行列式,从而求出行列式的值.

例 1.3.5 计算

$$D=\begin{vmatrix} 3 & 2 & 5 & 1 \\ 1 & 0 & 3 & 1 \\ -1 & -1 & -2 & 0 \\ 3 & 2 & 0 & 4 \end{vmatrix}.$$

解 利用上面的符号及行列式的性质得

$$D \xlongequal{r_1 \leftrightarrow r_2} -\begin{vmatrix} 1 & 0 & 3 & 1 \\ 3 & 2 & 5 & 1 \\ -1 & -1 & -2 & 0 \\ 3 & 2 & 0 & 4 \end{vmatrix} \quad \text{(性质 1.3.2)}$$

$$\xlongequal[\substack{r_3+r_1 \\ r_4-3r_1}]{r_2-3r_1} -\begin{vmatrix} 1 & 0 & 3 & 1 \\ 0 & 2 & -4 & -2 \\ 0 & -1 & 1 & 1 \\ 0 & 2 & -9 & 1 \end{vmatrix} \quad \text{(性质 1.3.6)}$$

$$\xlongequal{r_2 \leftrightarrow r_3} \begin{vmatrix} 1 & 0 & 3 & 1 \\ 0 & -1 & 1 & 1 \\ 0 & 2 & -4 & -2 \\ 0 & 2 & -9 & 1 \end{vmatrix} \quad \text{(性质 1.3.2)}$$

$$\xlongequal[r_4+2r_2]{r_3+2r_2} \begin{vmatrix} 1 & 0 & 3 & 1 \\ 0 & -1 & 1 & 1 \\ 0 & 0 & -2 & 0 \\ 0 & 0 & -7 & 3 \end{vmatrix} \quad \text{(性质 1.3.6)}$$

$$\xlongequal{\frac{1}{2}r_3} 2\begin{vmatrix} 1 & 0 & 3 & 1 \\ 0 & -1 & 1 & 1 \\ 0 & 0 & -1 & 0 \\ 0 & 0 & -7 & 3 \end{vmatrix} \quad \text{(性质 1.3.3)}$$

$$\xlongequal{r_4-7r_3} 2\begin{vmatrix} 1 & 0 & 3 & 1 \\ 0 & -1 & 1 & 1 \\ 0 & 0 & -1 & 0 \\ 0 & 0 & 0 & 3 \end{vmatrix} \quad \text{(性质 1.3.6)}$$

$$=2\times 3=6. \quad \text{(例 1.3.3 上三角形行列式计算公式)}$$

例 1.3.6 计算

$$D=\begin{vmatrix} a & b & b & b & b \\ b & a & b & b & b \\ b & b & a & b & b \\ b & b & b & a & b \\ b & b & b & b & a \end{vmatrix}.$$

解 利用行列式的性质可得

$$D \xlongequal{r_1+r_2+r_3+r_4+r_5} \begin{vmatrix} a+4b & a+4b & a+4b & a+4b & a+4b \\ b & a & b & b & b \\ b & b & a & b & b \\ b & b & b & a & b \\ b & b & b & b & a \end{vmatrix}$$

$$=(a+4b)\begin{vmatrix} 1 & 1 & 1 & 1 & 1 \\ b & a & b & b & b \\ b & b & a & b & b \\ b & b & b & a & b \\ b & b & b & b & a \end{vmatrix}$$

$$\xlongequal[i=2,3,4,5]{r_i-br_1}(a+4b)\begin{vmatrix} 1 & 1 & 1 & 1 & 1 \\ 0 & a-b & 0 & 0 & 0 \\ 0 & 0 & a-b & 0 & 0 \\ 0 & 0 & 0 & a-b & 0 \\ 0 & 0 & 0 & 0 & a-b \end{vmatrix}$$

$$=(a+4b)(a-b)^4.$$

一般地,可以用类似于上面的方法计算

$$D_n=\begin{vmatrix} a & b & \cdots & b \\ b & a & \cdots & b \\ \vdots & \vdots & & \vdots \\ b & b & \cdots & a \end{vmatrix}.$$

例 1.3.7 设 n 为奇数,证明 n 阶行列式

$$D_n=\begin{vmatrix} 0 & a_{12} & a_{13} & \cdots & a_{1n} \\ -a_{12} & 0 & a_{23} & \cdots & a_{2n} \\ -a_{13} & -a_{23} & 0 & \cdots & a_{3n} \\ \vdots & \vdots & \vdots & & \vdots \\ -a_{1n} & -a_{2n} & -a_{3n} & \cdots & 0 \end{vmatrix}=0.$$

证 由于

$$D_n^{\mathrm{T}}=\begin{vmatrix} 0 & -a_{12} & -a_{13} & \cdots & -a_{1n} \\ a_{12} & 0 & -a_{23} & \cdots & -a_{2n} \\ a_{13} & a_{23} & 0 & \cdots & -a_{3n} \\ \vdots & \vdots & \vdots & & \vdots \\ a_{1n} & a_{2n} & a_{3n} & \cdots & 0 \end{vmatrix}$$

$$\xlongequal{\text{性质 1.3.3}}(-1)^n\begin{vmatrix}0 & a_{12} & a_{13} & \cdots & a_{1n}\\ -a_{12} & 0 & a_{23} & \cdots & a_{2n}\\ -a_{13} & -a_{23} & 0 & \cdots & a_{3n}\\ \vdots & \vdots & \vdots & & \vdots\\ -a_{1n} & -a_{2n} & -a_{3n} & \cdots & 0\end{vmatrix}$$

$$=(-1)^n D_n,$$

又由性质 1.3.1，$D_n^{\mathrm{T}}=D_n$，故

$$(-1)^n D_n=D_n.$$

因为 n 为奇数，得 $D_n=-D_n$，从而 $D_n=0$.

这个行列式称为反对称行列式，其特点是：$a_{ij}=-a_{ji}, a_{ii}=0$. 例 1.3.7 说明：奇数阶反对称行列式的值为零.

由方阵 $\boldsymbol{A}$ 所确定的行列式作为一种运算满足如下性质.

性质 1.3.7 设 $\boldsymbol{A},\boldsymbol{B}$ 均为 n 阶方阵，k 为常数，则

(1) $|k\boldsymbol{A}|=k^n|\boldsymbol{A}|$，

(2) $|\boldsymbol{AB}|=|\boldsymbol{A}||\boldsymbol{B}|$.

其中，性质(2)可以推广到有限个同阶方阵的情形，一般地，有，

$$|\boldsymbol{A}_1\boldsymbol{A}_2\cdots\boldsymbol{A}_m|=|\boldsymbol{A}_1||\boldsymbol{A}_2|\cdots|\boldsymbol{A}_m| \text{ 及 } |\boldsymbol{A}^k|=|\boldsymbol{A}|^k.$$

思考题 1-1

对任意矩阵 $\boldsymbol{A},\boldsymbol{B}$，都有 $|\boldsymbol{AB}|=|\boldsymbol{BA}|$ 成立吗?

若方阵 $\boldsymbol{A}$ 的行列式 $|\boldsymbol{A}|\neq 0$，则称 $\boldsymbol{A}$ 为**非奇异方阵**；若 $|\boldsymbol{A}|=0$，则称 $\boldsymbol{A}$ 为**奇异方阵**.

例如单位矩阵 $\boldsymbol{E}$ 是非奇异方阵，而方阵 $\boldsymbol{A}=\begin{pmatrix}1 & 2\\ -1 & -2\end{pmatrix}$ 是奇异方阵.

例 1.3.8 设 n 阶方阵 $\boldsymbol{A}$ 满足 $\boldsymbol{A}^2-\boldsymbol{A}-2\boldsymbol{E}=\boldsymbol{O}$，求证 $\boldsymbol{A}$ 为非奇异方阵.

证 由 $\boldsymbol{A}^2-\boldsymbol{A}-2\boldsymbol{E}=\boldsymbol{O}$，可得

$$\boldsymbol{A}(\boldsymbol{A}-\boldsymbol{E})=2\boldsymbol{E}.$$

两边取行列式，得

$$|\boldsymbol{A}||\boldsymbol{A}-\boldsymbol{E}|=|2\boldsymbol{E}|=2^n,$$

故 $|\boldsymbol{A}|\neq 0$，即 $\boldsymbol{A}$ 为非奇异方阵.

思考题 1-2

设 4 阶方阵 $\boldsymbol{A}=(\boldsymbol{\alpha}\quad \boldsymbol{\gamma}_2\quad \boldsymbol{\gamma}_3\quad \boldsymbol{\gamma}_4)$，$\boldsymbol{B}=(\boldsymbol{\beta}\quad \boldsymbol{\gamma}_2\quad \boldsymbol{\gamma}_3\quad \boldsymbol{\gamma}_4)$，其中 $\boldsymbol{\alpha},\boldsymbol{\beta},\boldsymbol{\gamma}_2,\boldsymbol{\gamma}_3,\boldsymbol{\gamma}_4$ 均为 4×1 的列矩阵，且 $|\boldsymbol{A}|=4$，$|\boldsymbol{B}|=1$，则 $|\boldsymbol{A}+\boldsymbol{B}|=$ ________.

例 1.3.9 设 $\boldsymbol{A}=(a_{ij})_{n\times n}$，行列式 $|\boldsymbol{A}|$ 的各个元素的代数余子式 A_{ij} 所构成的矩阵

$$\begin{pmatrix} A_{11} & A_{21} & \cdots & A_{n1} \\ A_{12} & A_{22} & \cdots & A_{n2} \\ \vdots & \vdots & & \vdots \\ A_{1n} & A_{2n} & \cdots & A_{nn} \end{pmatrix}$$

称为矩阵 $\boldsymbol{A}$ 的**伴随矩阵**,记作 $\boldsymbol{A}^*$,试证明

$$\boldsymbol{AA}^* = \boldsymbol{A}^*\boldsymbol{A} = |\boldsymbol{A}|\boldsymbol{E}.$$

证 显然 $\boldsymbol{A}$ 与 $\boldsymbol{A}^*$ 均为 n 阶方阵,故 $\boldsymbol{AA}^*$ 与 $\boldsymbol{A}^*\boldsymbol{A}$ 都有意义且都为 n 阶方阵.由行列式的递归式(1.3.6)及式(1.3.7),(1.3.8)可得

$$\boldsymbol{AA}^* = \begin{pmatrix} a_{11} & a_{12} & \cdots & a_{1n} \\ a_{21} & a_{22} & \cdots & a_{2n} \\ \vdots & \vdots & & \vdots \\ a_{n1} & a_{n2} & \cdots & a_{nn} \end{pmatrix} \begin{pmatrix} A_{11} & A_{21} & \cdots & A_{n1} \\ A_{12} & A_{22} & \cdots & A_{n2} \\ \vdots & \vdots & & \vdots \\ A_{1n} & A_{2n} & \cdots & A_{nn} \end{pmatrix}$$

$$= \begin{pmatrix} |\boldsymbol{A}| & & & \\ & |\boldsymbol{A}| & & \\ & & \ddots & \\ & & & |\boldsymbol{A}| \end{pmatrix} = |\boldsymbol{A}|\boldsymbol{E}.$$

同理得 $\boldsymbol{A}^*\boldsymbol{A} = |\boldsymbol{A}|\boldsymbol{E}$.

伴随矩阵 $\boldsymbol{A}^*$ 是一类非常重要的矩阵,在矩阵的运算和理论证明中有着重要的应用.

3. 行列式的应用

用高斯消元法求解二元一次方程组

$$\begin{cases} a_{11}x_1 + a_{12}x_2 = b_1, \\ a_{21}x_1 + a_{22}x_2 = b_2 \end{cases}$$

及三元一次方程组

$$\begin{cases} a_{11}x_1 + a_{12}x_2 + a_{13}x_3 = b_1, \\ a_{21}x_1 + a_{22}x_2 + a_{23}x_3 = b_2, \\ a_{31}x_1 + a_{32}x_2 + a_{33}x_3 = b_3 \end{cases}$$

时,可以得到求解公式

$$x_j = \frac{D_j}{D},$$

其中 D 为系数行列式,D_j 是用常数项替换系数行列式中的第 j 列后得到的行列式.

在学完 n 阶行列式之后,我们很自然地要问:对一般的 n 元一次方程组

$$\begin{cases} a_{11}x_1+a_{12}x_2+\cdots+a_{1n}x_n=b_1, \\ a_{21}x_1+a_{22}x_2+\cdots+a_{2n}x_n=b_2, \\ \cdots\cdots\cdots\cdots \\ a_{n1}x_1+a_{n2}x_2+\cdots+a_{nn}x_n=b_n, \end{cases} \tag{1.3.9}$$

是否有类似的求解公式?

回答是肯定的,这就是我们下面要介绍的克拉默法则.

定理 1.3.1　若 n 元一次方程组(1.3.9)的系数行列式 $D=|a_{ij}|\neq 0$,则方程组(1.3.9)有惟一解

$$x_j=\frac{D_j}{D}\quad (j=1,2,\cdots,n). \tag{1.3.10}$$

其中 D_j 是将 D 中的第 j 列换为方程组(1.3.9)的常数项而得到的 n 阶行列式,即

$$D_j=\begin{vmatrix} a_{11} & \cdots & a_{1,j-1} & b_1 & a_{1,j+1} & \cdots & a_{1n} \\ a_{21} & \cdots & a_{2,j-1} & b_2 & a_{2,j+1} & \cdots & a_{2n} \\ \vdots & & \vdots & \vdots & \vdots & & \vdots \\ a_{n1} & \cdots & a_{n,j-1} & b_n & a_{n,j+1} & \cdots & a_{nn} \end{vmatrix}.$$

这个定理常被称为克拉默法则.

*证　首先证明

$$x_j=\frac{D_j}{D}\quad (j=1,2,\cdots,n)$$

为方程组(1.3.9)的解.为此,构造 $n+1$ 阶行列式

$$D_{n+1}=\begin{vmatrix} b_1 & a_{11} & a_{12} & \cdots & a_{1n} \\ b_1 & a_{11} & a_{12} & \cdots & a_{1n} \\ \vdots & \vdots & \vdots & & \vdots \\ b_n & a_{n1} & a_{n2} & \cdots & a_{nn} \end{vmatrix},$$

将 D_{n+1} 按第一行展开,得

$$D_{n+1}=b_1D-a_{11}D_1-a_{12}D_2-\cdots-a_{1n}D_n,$$

又 $D_{n+1}=0$,故

$$a_{11}D_1+a_{12}D_2+\cdots+a_{1n}D_n=b_1D.$$

由于 $D\neq 0$,从而

$$a_{11}\frac{D_1}{D}+a_{12}\frac{D_2}{D}+\cdots+a_{1n}\frac{D_n}{D}=b_1.$$

因此 $x_j=\dfrac{D_j}{D}(j=1,2,\cdots,n)$满足方程组(1.3.9)中的第一个方程.同理可证明它满

足其余方程，因此 $x_j=\frac{D_j}{D}(j=1,2,\cdots,n)$ 是方程组(1.3.9)的解.

再证明若方程组(1.3.9)有解，则它必具有(1.3.10)的形式.

设 $c_1,c_2,\cdots,c_n$ 是方程组(1.3.9)的一组解，由行列式性质1.3.3及1.3.6，有

$$
\begin{aligned}
Dc_j &= \begin{vmatrix} a_{11} & \cdots & a_{1,j-1} & a_{1j}c_j & a_{1,j+1} & \cdots & a_{1n} \\ a_{21} & \cdots & a_{2,j-1} & a_{2j}c_j & a_{2,j+1} & \cdots & a_{2n} \\ \vdots & & \vdots & \vdots & \vdots & & \vdots \\ a_{n1} & \cdots & a_{n,j-1} & a_{nj}c_j & a_{n,j+1} & \cdots & a_{nn} \end{vmatrix} \\
&= \begin{vmatrix} a_{11} & \cdots & a_{1,j-1} & a_{11}c_1+\cdots+a_{1j}c_j+\cdots+a_{1n}c_n & a_{1,j+1} & \cdots & a_{1n} \\ a_{21} & \cdots & a_{2,j-1} & a_{21}c_1+\cdots+a_{2j}c_j+\cdots+a_{2n}c_n & a_{2,j+1} & \cdots & a_{2n} \\ \vdots & & \vdots & \vdots & \vdots & & \vdots \\ a_{n1} & \cdots & a_{n,j-1} & a_{n1}c_1+\cdots+a_{nj}c_j+\cdots+a_{nn}c_n & a_{n,j+1} & \cdots & a_{nn} \end{vmatrix} \\
&= \begin{vmatrix} a_{11} & \cdots & a_{1,j-1} & b_1 & a_{1,j+1} & \cdots & a_{1n} \\ a_{21} & \cdots & a_{2,j-1} & b_2 & a_{2,j+1} & \cdots & a_{2n} \\ \vdots & & \vdots & \vdots & \vdots & & \vdots \\ a_{n1} & \cdots & a_{n,j-1} & b_n & a_{n,j+1} & \cdots & a_{nn} \end{vmatrix} \\
&= D_j.
\end{aligned}
$$

由 $D\neq 0$，得

$$c_j=\frac{D_j}{D}(j=1,2,\cdots,n).$$

撇开(1.3.10)式，克拉默法则可以叙述为：

定理1.3.1′ 若线性方程组(1.3.9)的系数行列式 $D\neq 0$，则它一定有解，而且解是惟一的.

若方程组(1.3.9)右端的常数项 $b_1,b_2,\cdots,b_n$ 全为0，得到方程组

$$
\begin{cases} a_{11}x_1+a_{12}x_2+\cdots+a_{1n}x_n=0, \\ a_{21}x_1+a_{22}x_2+\cdots+a_{2n}x_n=0, \\ \cdots\cdots\cdots\cdots \\ a_{n1}x_1+a_{n2}x_2+\cdots+a_{nn}x_n=0, \end{cases} \tag{1.3.11}
$$

称为 n **元齐次线性方程组**. 显然 $x_1=x_2=\cdots=x_n=0$ 一定是它的一组解，这个解称为**零解**；若有一组不全为零的数是方程组(1.3.11)的解，则称其为齐次线性方程组的**非零解**.

将定理1.3.1应用于方程组(1.3.11)，立即可得下面的定理：

定理 1.3.2 **若齐次线性方程组**(1.3.11)**的系数行列式** $D\neq 0$,**则它仅有零解**.

这个定理也可叙述为:

定理 1.3.3 **若齐次线性方程组**(1.3.11)**有非零解,则它的系数行列式** $D=0$.

例 1.3.10 λ 取何值时,方程组

$$\begin{cases}\lambda x+y-z=0,\\ x+\lambda y-z=0,\\ 2x-y+\lambda z=0\end{cases}$$

有非零解?

解 由定理 1.3.3,要使方程组有非零解,则方程组的系数行列式

$$D=\begin{vmatrix}\lambda & 1 & -1\\ 1 & \lambda & -1\\ 2 & -1 & \lambda\end{vmatrix}=0.$$

由于 $D=\lambda^3-1$,故 $\lambda=1$;即当 $\lambda=1$ 时,方程组有非零解.

例 1.3.11 用克拉默法则(定理 1.3.1)求解方程组

$$\begin{cases}2x_1-3x_2+x_3=-1,\\ x_1+x_2+x_3=6,\\ 3x_1+x_2-2x_3=-1.\end{cases}$$

解 系数行列式

$$D=\begin{vmatrix}2 & -3 & 1\\ 1 & 1 & 1\\ 3 & 1 & -2\end{vmatrix}=-23.$$

而

$$D_1=\begin{vmatrix}-1 & -3 & 1\\ 6 & 1 & 1\\ -1 & 1 & -2\end{vmatrix}=-23,$$

$$D_2=\begin{vmatrix}2 & -1 & 1\\ 1 & 6 & 1\\ 3 & -1 & -2\end{vmatrix}=-46,$$

$$D_3=\begin{vmatrix}2 & -3 & -1\\ 1 & 1 & 6\\ 3 & 1 & -1\end{vmatrix}=-69,$$

由定理 1.3.1,得 $x_1=1,x_2=2,x_3=3$.

克拉默法则有很重要的理论价值,它告诉我们,当方程组的系数行列式不为零时,方程组的解可由系数和常数项组成的行列式表示出来,这在分析论证问题时是很

方便的.但是,从例 1.3.11 我们可以看出:用克拉默法则求解 n 元方程组,需计算 $n+1$ 个 n 阶行列式;当 n 较大时,计算量相当大.同时,克拉默法则只适用于方程个数与未知量个数相同且系数行列式不为零的方程组.因此,在未知量个数 n 较大或方程个数不等于未知量个数或系数行列式等于零时,如何简便地求出方程组的解仍是需要解决的问题.这些我们将在第 3 章讨论.

§1.4 初等变换与矩阵的秩

矩阵的初等变换是矩阵的一种十分重要的运算,而矩阵的秩是矩阵的一个重要参数,它们在矩阵理论的研究与应用中起着十分重要的作用.本节主要研究矩阵的初等变换和矩阵的秩的性质及应用.

1. 高斯消元法

在初等代数中我们已经学会了用高斯消元法求解三元一次方程组.我们先看一个例子.

例 1.4.1 解方程组

$$\begin{cases} 2x_1+x_2-x_3=2, & ① \\ x_1+x_2-2x_3=4, & ② \\ 3x_1+6x_2-9x_3=9. & ③ \end{cases} \tag{1.4.1}$$

解 将方程组(1.4.1)中第①与②个方程对调,第③个方程除以 3,得到方程组

$$\begin{cases} x_1+x_2-2x_3=4, & ① \\ 2x_1+x_2-x_3=2, & ② \\ x_1+2x_2-3x_3=3. & ③ \end{cases} \tag{1.4.2}$$

首先消去(1.4.2)中第②,③两个方程中含 x_1 的项,为此将(1.4.2)中的第①个方程乘 -2 加到第②个方程上,乘 -1 加到第③个方程上,得到

$$\begin{cases} x_1+x_2-2x_3=4, & ① \\ -x_2+3x_3=-6, & ② \\ x_2-x_3=-1. & ③ \end{cases} \tag{1.4.3}$$

再消去(1.4.3)中第③个方程中含 x_2 的项,为此将(1.4.3)中的第②个方程加到第③个方程上,得

$$\begin{cases} x_1+x_2-2x_3=4, & ① \\ -x_2+3x_3=-6, & ② \\ 2x_3=-7. & ③ \end{cases} \tag{1.4.4}$$

由(1.4.4)容易求得

$$x_1=\frac{3}{2},x_2=-\frac{9}{2},x_3=-\frac{7}{2}. \tag{1.4.5}$$

分析上述消元过程，可以看到，我们实际上是反复对方程组进行下面三种变换：

(1) 交换两个方程的位置；

(2) 用一个非零的数乘某个方程；

(3) 将一个方程的 k 倍加到另一个方程上.

而且这三种变换都是可逆的变换，因此变换前的方程组与变换后的方程组是同解的，所以最后求得的解(1.4.5)是方程组(1.4.1)的解.

以上三种变换称为线性方程组的**同解变换**或线性方程组的**初等变换**. 高斯消元法就是通过方程组的初等变换把多元的一次方程组逐步消元，化成同解的一元一次方程，从而把解求出来的. 再看一个例子.

例 1.4.2 用高斯消元法求解方程组

$$\begin{cases} x_1-x_2-x_3+x_4=0, & ① \\ x_1-x_2+x_3-3x_4=1, & ② \\ x_1-x_2-2x_3+3x_4=-\dfrac{1}{2}. & ③ \end{cases} \tag{1.4.6}$$

解 首先消去(1.4.6)中第②，③两个方程中含 x_1 的项. 为此，将(1.4.6)中的第①个方程乘 -1 后分别加到第②，③个方程上，得

$$\begin{cases} x_1-x_2-x_3+x_4=0, & ① \\ 2x_3-4x_4=1, & ② \\ -x_3+2x_4=-\dfrac{1}{2}. & ③ \end{cases} \tag{1.4.7}$$

再将(1.4.7)中第③个方程乘 -1 并与第②个方程对调，得

$$\begin{cases} x_1-x_2-x_3+x_4=0, & ① \\ x_3-2x_4=\dfrac{1}{2}, & ② \\ 2x_3-4x_4=1. & ③ \end{cases} \tag{1.4.8}$$

消去(1.4.8)中第③个方程中含 x_3 的项，为此，将第②个方程乘 -2 后加到第③个方程上，得

$$\begin{cases} x_1-x_2-x_3+x_4=0, & ① \\ x_3-2x_4=\dfrac{1}{2}, & ② \\ 0=0. & ③ \end{cases} \tag{1.4.9}$$

去掉第③个方程，并将第一个方程中含 x_2 与 x_4 的项移到等式右端，得

$$\begin{cases} x_1-x_3= x_2-x_4, & ① \\ \quad\quad x_3=2x_4+\dfrac{1}{2}. & ② \end{cases} \tag{1.4.10}$$

将(1.4.10)中第②个方程加到第①个方程上，得

$$\begin{cases} x_1=x_2+x_4+\dfrac{1}{2}, & ① \\ x_3=2x_4+\dfrac{1}{2}. & ② \end{cases} \tag{1.4.11}$$

这个方程组有无穷多组解，任意给定 x_2 与 x_4 的值，就能求出惟一的 x_1 和 x_3，构成(1.4.6)的一组解. 故(1.4.6)的一般解可写为

$$\begin{cases} x_1=c_1+c_2+\dfrac{1}{2}, \\ x_2=c_1, \\ x_3=2c_2+\dfrac{1}{2}, \\ x_4=c_2, \end{cases} \tag{1.4.12}$$

其中 c_1,c_2 为任意常数.

在上述两个例子的变换过程中，实际上只对方程组的系数和常数进行了运算，未知量并未参与运算. 因此可以简化运算的表达形式，将方程组的系数表示成矩阵形式，并将对方程组的三种初等变换移植到矩阵上，从而得到矩阵的三种初等变换.

2. 矩阵的初等变换

定义 1.4.1　以下三种变换分别称为矩阵的第一、第二、第三种初等行(列)变换：

(1) 对换矩阵中第 i,j 两行(列)的位置，记作 $r_{ij}(c_{ij})$ 或 $r_i\leftrightarrow r_j(c_i\leftrightarrow c_j)$；

(2) 用非零常数 k 乘矩阵第 i 行(列)的各元素，记作 $kr_i(kc_i)$；

(3) 将矩阵的第 j 行(列)各元素乘常数 k 后加到第 i 行(列)的各对应元素上，记作 $r_i+kr_j(c_i+kc_j)$.

矩阵的初等行变换与初等列变换统称为矩阵的**初等变换**.

显然，三种初等变换都是可逆的，且其逆变换是同一类型的初等变换. 第一种变换的逆变换是其本身，第二种变换 $kr_i(kc_i)$ 的逆变换为 $\dfrac{1}{k}r_i\left(\dfrac{1}{k}c_i\right)$，第三种变换 $r_i+kr_j(c_i+kc_j)$ 的逆变换为 $r_i+(-k)r_j(c_i+(-k)c_j)$ 或记作 $r_i-kr_j(c_i-kc_j)$.

对矩阵作初等变换是对矩阵的一种演变,得到的是一个新矩阵,这个新矩阵与原矩阵一般并不相等.

定义 1.4.2 **若对矩阵 $\boldsymbol{A}$ 进行有限次初等变换得到矩阵 $\boldsymbol{B}$,则称矩阵 $\boldsymbol{A}$ 与矩阵 $\boldsymbol{B}$ 等价,记作 $\boldsymbol{A}\cong\boldsymbol{B}$ 或 $\boldsymbol{A}\leftrightarrow\boldsymbol{B}$.**

矩阵之间的等价关系具有下列性质:

(1) **反身性**:$\boldsymbol{A}\cong\boldsymbol{A}$.

(2) **对称性**:若 $\boldsymbol{A}\cong\boldsymbol{B}$,则 $\boldsymbol{B}\cong\boldsymbol{A}$.

(3) **传递性**:若 $\boldsymbol{A}\cong\boldsymbol{B}$ 且 $\boldsymbol{B}\cong\boldsymbol{C}$,则 $\boldsymbol{A}\cong\boldsymbol{C}$.

数学上把具有上述三条性质的关系称为等价关系.

下面用矩阵的初等变换来求解例 1.4.2 中的方程组(1.4.6),其过程可与方程组(1.4.6)的消元过程一一对应.

由方程组的系数和常数项组成矩阵 $\boldsymbol{B}$,我们有

$$\boldsymbol{B}=\left(\begin{array}{cccc:c}1&-1&-1&1&0\\1&-1&1&-3&1\\1&-1&-2&3&-\dfrac{1}{2}\end{array}\right)$$

$$\xrightarrow[r_3-r_1]{r_2-r_1}\left(\begin{array}{cccc:c}1&-1&-1&1&0\\0&0&2&-4&1\\0&0&-1&2&-\dfrac{1}{2}\end{array}\right)$$

$$\xrightarrow{(-1)r_3\leftrightarrow r_2}\left(\begin{array}{cccc:c}1&-1&-1&1&0\\0&0&1&-2&\dfrac{1}{2}\\0&0&2&-4&1\end{array}\right)$$

$$\xrightarrow{r_3-2r_2}\left(\begin{array}{cccc:c}1&-1&-1&1&0\\0&0&1&-2&\dfrac{1}{2}\\0&0&0&0&0\end{array}\right)$$

$$\xrightarrow{r_1+r_2}\left(\begin{array}{cccc:c}1&-1&0&-1&\dfrac{1}{2}\\0&0&1&-2&\dfrac{1}{2}\\0&0&0&0&0\end{array}\right)=\boldsymbol{I}_B,$$

$\boldsymbol{I}_B$ 对应的方程组为

$$\begin{cases} x_1 - x_2 - x_4 = \dfrac{1}{2}, \\ x_3 - 2x_4 = \dfrac{1}{2}, \end{cases}$$

或写为

$$\begin{cases} x_1 = x_2 + x_4 + \dfrac{1}{2}, \\ x_3 = 2x_4 + \dfrac{1}{2}. \end{cases}$$

令 $x_2 = c_1, x_4 = c_2$，即得方程组的解(1.4.12).

从求解过程可以看出：用初等变换法比用消元法表达形式更简单.

例 1.4.3 用初等行变换将矩阵

$$\boldsymbol{A} = \begin{pmatrix} 4 & -3 & 3 & 12 \\ 1 & 2 & -2 & 3 \\ 3 & -1 & 1 & 9 \end{pmatrix}$$

化为阶梯形矩阵.

解 对 $\boldsymbol{A}$ 进行初等行变换得

$$\boldsymbol{A} \xrightarrow{r_1 \leftrightarrow r_2} \begin{pmatrix} 1 & 2 & -2 & 3 \\ 4 & -3 & 3 & 12 \\ 3 & -1 & 1 & 9 \end{pmatrix} \xrightarrow[r_3 - 3r_1]{r_2 - 4r_1} \begin{pmatrix} 1 & 2 & -2 & 3 \\ 0 & -11 & 11 & 0 \\ 0 & -7 & 7 & 0 \end{pmatrix}$$

$$\xrightarrow[\left(-\frac{1}{7}\right) r_3]{\left(-\frac{1}{11}\right) r_2} \begin{pmatrix} 1 & 2 & -2 & 3 \\ 0 & 1 & -1 & 0 \\ 0 & 1 & -1 & 0 \end{pmatrix} \xrightarrow{r_3 - r_2} \begin{pmatrix} 1 & 2 & -2 & 3 \\ 0 & 1 & -1 & 0 \\ 0 & 0 & 0 & 0 \end{pmatrix} = \boldsymbol{B}, \qquad (1.4.13)$$

易知 $\boldsymbol{A} \cong \boldsymbol{B}$.

利用初等列变换，或者同时用初等行、列变换也可以把矩阵 $\boldsymbol{A}$ 化为阶梯形矩阵，且方法和结果均不惟一. 用初等变换将矩阵化为阶梯形矩阵是一种基本的矩阵运算，在线性代数中有着广泛的应用，读者须熟练掌握.

对(1.4.13)中的矩阵 $\boldsymbol{B}$ 再施以初等变换，可变成一种形状更简单的矩阵.

$$\boldsymbol{B} \xrightarrow{r_1 - 2r_2} \begin{pmatrix} 1 & 0 & 0 & 3 \\ 0 & 1 & -1 & 0 \\ 0 & 0 & 0 & 0 \end{pmatrix} \xrightarrow[c_3 + c_2]{c_4 - 3c_1} \begin{pmatrix} 1 & 0 & 0 & 0 \\ 0 & 1 & 0 & 0 \\ 0 & 0 & 0 & 0 \end{pmatrix} = \boldsymbol{I}.$$

显然 $\boldsymbol{A} \cong \boldsymbol{B} \cong \boldsymbol{I}$. $\boldsymbol{I}$ 称为矩阵 $\boldsymbol{A}$ 的**标准形**，其特点是，左上角为一单位矩阵，其余元

素全为零.

对于 $m\times n$ 矩阵 $\boldsymbol{A}$,总可经过一系列初等行、列变换将其化为标准形

$$\boldsymbol{I}=\begin{pmatrix}1 & & & & & & \\ & 1 & & & & & \\ & & \ddots & & & & \\ & & & 1 & & & \\ & & & & 0 & & \\ & & & & & \ddots & \\ & & & & & & 0\end{pmatrix}_{m\times n},$$

其中未写出的元素全为 0,1 的个数为 r. 标准形 $\boldsymbol{I}$ 由 m,n,r 三个数确定,其中 r 就是阶梯形矩阵中非零行的行数,它是惟一确定的一个数.

所有与 $\boldsymbol{A}$ 等价的矩阵组成的集合称为一个**等价类**,标准形 $\boldsymbol{I}$ 就是这个等价类中形状最简单的矩阵.

3. 矩阵的秩

我们已经知道,任意一个矩阵都可经初等变换化为阶梯形矩阵,进一步还可化为标准形. 标准形中 1 的个数等于阶梯形矩阵中非零行的行数,这是一个很重要的数,现在我们就来讨论这个数.

定义 1.4.3 在一个 $m\times n$ 矩阵 $\boldsymbol{A}$ 中,任取 k 行 k 列($k\leqslant\min\{m,n\}$),位于这些行列相交处的元素按原来的次序所构成的 k 阶行列式,称为矩阵 $\boldsymbol{A}$ 的 k 阶子式.

例如,$\boldsymbol{A}=\begin{pmatrix}1 & 2 & 3 & 4 & 5\\ -1 & 0 & 2 & 1 & 1\\ 3 & 2 & 0 & 0 & 4\end{pmatrix}$,取定第 1,2 两行及第 1,3 两列,得到一个 2 阶子式 $\begin{vmatrix}1 & 3\\ -1 & 2\end{vmatrix}$;若取第 1,2,3 行及第 2,4,5 列,则得到一个 3 阶子式 $\begin{vmatrix}2 & 4 & 5\\ 0 & 1 & 1\\ 2 & 0 & 4\end{vmatrix}$.

一个 $m\times n$ 矩阵中的 k 阶子式共有 $C_m^k\cdot C_n^k$ 个.

定义 1.4.4 矩阵 $\boldsymbol{A}_{m\times n}$ 中所有不等于零的子式的最高阶数称为矩阵 $\boldsymbol{A}$ 的秩,记为 $r(\boldsymbol{A})$.

显然,$r(\boldsymbol{A}_{m\times n})\leqslant\min\{m,n\}$;且若 $\boldsymbol{A}$ 中有一 r 阶子式不为零,则 $r(\boldsymbol{A})\geqslant r$.

因为零矩阵的所有子式都为零,故零矩阵的秩为零. 又由于行列式转置后其值不变(行列式性质 1.3.1),而 $\boldsymbol{A}^{\mathrm{T}}$ 的每个子式都是 $\boldsymbol{A}$ 的某个子式的转置. 因此 $\boldsymbol{A}$ 的非零子式的最高阶数与 $\boldsymbol{A}^{\mathrm{T}}$ 的非零子式的最高阶数相同,于是 $r(\boldsymbol{A}^{\mathrm{T}})=r(\boldsymbol{A})$,即矩阵转置后其秩不变.

例 1.4.4 求下列矩阵的秩.

(1) $A=\begin{pmatrix}1&2&-2&3\\4&-3&3&12\\3&-1&1&9\end{pmatrix}$, (2) $B=\begin{pmatrix}a_{11}&a_{12}&\cdots&a_{1r}&\cdots&a_{1n}\\0&a_{22}&\cdots&a_{2r}&\cdots&a_{2n}\\\vdots&\vdots&&\vdots&&\vdots\\0&0&\cdots&a_{rr}&\cdots&a_{rn}\\0&0&\cdots&0&\cdots&0\\\vdots&\vdots&&\vdots&&\vdots\\0&0&\cdots&0&\cdots&0\end{pmatrix}$,

其中 $a_{11}a_{22}\cdots a_{rr}\neq 0$.

解 (1) A 的二阶子式 $D_2=\begin{vmatrix}1&2\\4&-3\end{vmatrix}=-11\neq 0$.

矩阵 A 共有 4 个 3 阶子式

$$\begin{vmatrix}1&2&-2\\4&-3&3\\3&-1&1\end{vmatrix},\begin{vmatrix}1&2&3\\4&-3&12\\3&-1&9\end{vmatrix},\begin{vmatrix}1&-2&3\\4&3&12\\3&1&9\end{vmatrix}\text{和}\begin{vmatrix}2&-2&3\\-3&3&12\\-1&1&9\end{vmatrix}.$$

经计算知,这 4 个 3 阶行列式全为零,故 $r(A)=2$.

(2) 因为 B 有一 r 阶子式

$$D_r=\begin{vmatrix}a_{11}&a_{12}&\cdots&a_{1r}\\&a_{22}&\cdots&a_{2r}\\&&\ddots&\vdots\\&&&a_{rr}\end{vmatrix}$$

不为 0,而所有的 $j(j>r)$ 阶子式全为 0,故 $r(B)=r$.

由例 1.4.4(1)可知,用秩的定义即用 k 阶子式求矩阵的秩,需计算较多的行列式,计算量很大,特别当矩阵阶数较高时,计算量更大.注意到例 1.4.4(2)中的 B 实际上是一个阶梯形矩阵,非零的行数为 r,恰好是其秩.我们已经知道任一矩阵都可经初等变换化为阶梯形矩阵,故可以考虑用初等变换法求矩阵的秩,但是我们必须首先解决一个问题:初等变换是否改变矩阵的秩?也就是说,等价的矩阵是否有相同的秩?下面的定理将对此作出肯定的回答.

定理 1.4.1 若 $A\cong B$,则 $r(A)=r(B)$.

该定理的另一种叙述为:初等变换不改变矩阵的秩.

证 我们仅证明 A 经一次初等行变换化为 B 后,$r(A)=r(B)$即可.

当 A 经一次初等变换 $r_i\leftrightarrow r_j$ 或 kr_i 化为 B 时,它的任何子式等于零或不等于零的性质不会改变,故 $r(\boldsymbol{B})=r(\boldsymbol{A})$.

当 $\boldsymbol{A}$ 经初等变换 r_i+kr_j 化为 $\boldsymbol{B}$ 时,即

$$\boldsymbol{A}=\begin{pmatrix} \cdots\cdots \\ \cdots a_{il}\cdots \\ \vdots \\ \cdots a_{jl}\cdots \\ \cdots\cdots \end{pmatrix} \xrightarrow{r_i+kr_j} \begin{pmatrix} \cdots\cdots \\ \cdots a_{il}+ka_{jl}\cdots \\ \vdots \\ \cdots a_{jl}\cdots \\ \cdots\cdots \end{pmatrix}=\boldsymbol{B}.$$

设 $r(\boldsymbol{A})=r$,故 $\boldsymbol{A}$ 中所有 $r+1$ 阶及其 $r+1$ 阶以上的子式都等于零.我们来看 $\boldsymbol{B}$ 中 $r+1$ 及其 $r+1$ 阶以上子式的值.先看 $\boldsymbol{B}$ 中的 $r+1$ 阶子式,用 D 表示 $\boldsymbol{B}$ 中任意一个 $r+1$ 阶子式,则 D 有三种情况:

(1) D 不包含 $\boldsymbol{B}$ 的第 i 行元素;

(2) D 包含 $\boldsymbol{B}$ 的第 i 行与第 j 行元素;

(3) D 包含 $\boldsymbol{B}$ 的第 i 行元素但不包含 $\boldsymbol{B}$ 的第 j 行元素.

对(1)(2)两种情形,显然 $\boldsymbol{B}$ 中的 $r+1$ 阶子式与 $\boldsymbol{A}$ 中对应的 $r+1$ 阶子式相同,都为零;对(3)由行列式性质可知

$$D=\begin{vmatrix} \cdots\cdots \\ \cdots a_{il}+ka_{jl}\cdots \\ \cdots\cdots \end{vmatrix}=\begin{vmatrix} \cdots\cdots \\ \cdots\ a_{il}\cdots \\ \cdots\cdots \end{vmatrix}+k\begin{vmatrix} \cdots\cdots \\ \cdots\ a_{jl}\cdots \\ \cdots\cdots \end{vmatrix}=D_1+kD_2,$$

其中 D_1 为 $\boldsymbol{A}$ 的一个 $r+1$ 阶子式,D_2 是由 $\boldsymbol{A}$ 的某个 $r+1$ 阶子式经若干次行变换后得到的,故 $D_1=D_2=0$,从而 $D=0$.

这说明 $\boldsymbol{B}$ 中所有 $r+1$ 阶子式均为零,对 $\boldsymbol{B}$ 中任意一个 $r+2$ 阶子式,由行列式的递归式(1.3.6)式可知这个 $r+2$ 阶子式一定为零;依此下去可知,$\boldsymbol{B}$ 中所有 $r+1$ 阶以上的子式都为零.故 $r(\boldsymbol{B})\leqslant r=r(\boldsymbol{A})$.

变换 r_i+kr_j 是可逆的,故又有 $\boldsymbol{B}\xrightarrow{r_i-kr_j}\boldsymbol{A}$,从而有 $r(\boldsymbol{A})\leqslant r(\boldsymbol{B})$.于是推得 $r(\boldsymbol{A})=r(\boldsymbol{B})$.

由定理 1.4.1 得到求矩阵秩的方法如下:用初等变换将矩阵 $\boldsymbol{A}$ 化为阶梯形矩阵 $\boldsymbol{B}$,则 $\boldsymbol{B}$ 的非零行的行数就是矩阵 $\boldsymbol{A}$ 的秩.

例 1.4.5 求矩阵

$$\boldsymbol{A}=\begin{pmatrix} 1 & 1 & 1 & 1 & 2 \\ 2 & 1 & 3 & 2 & 3 \\ 2 & 3 & 2 & 2 & 5 \\ 1 & 3 & -1 & 1 & 4 \end{pmatrix}$$

的秩.

解 利用初等变换,将矩阵 $\boldsymbol{A}$ 化为阶梯形矩阵得

$$\boldsymbol{A}\xrightarrow[r_4-r_1]{\substack{r_2-2r_1\\ r_3-2r_1}}\begin{pmatrix}1&1&1&1&2\\0&-1&1&0&-1\\0&1&0&0&1\\0&2&-2&0&2\end{pmatrix}\xrightarrow[r_4+2r_2]{r_3+r_2}\begin{pmatrix}1&1&1&1&2\\0&-1&1&0&-1\\0&0&1&0&0\\0&0&0&0&0\end{pmatrix},$$

故 $r(\boldsymbol{A})=3$.

*__例 1.4.6__ k 取何值时,矩阵

$$\boldsymbol{A}=\begin{pmatrix}1&1&k&1\\1&-9k&1&0\\k&1&1&-1\end{pmatrix}$$

的秩 $r(\boldsymbol{A})<3$? k 取何值时,$r(\boldsymbol{A})=3$?

解 将第 4 列依次与第 3,2,1 列交换,得

$$\boldsymbol{A}\longrightarrow\begin{pmatrix}1&1&1&k\\0&1&-9k&1\\-1&k&1&1\end{pmatrix}\xrightarrow{r_3+r_1}\begin{pmatrix}1&1&1&k\\0&1&-9k&1\\0&k+1&2&k+1\end{pmatrix}$$

$$\xrightarrow{r_3-(k+1)r_2}\begin{pmatrix}1&1&1&k\\0&1&-9k&1\\0&0&2+9k(k+1)&0\end{pmatrix},$$

故当 $2+9k(k+1)=0$,即 $k=-\dfrac{1}{3}$ 或 $k=-\dfrac{2}{3}$ 时,$r(\boldsymbol{A})=2<3$;当 $k\neq-\dfrac{1}{3}$ 且 $k\neq-\dfrac{2}{3}$ 时,$r(\boldsymbol{A})=3$.

思考题 1-3

矩阵求秩可以使用初等行变换,也可以使用初等列变换,而且交替使用也没问题. 对吗?

由定理 1.4.1 及前面的讨论,易见下面的定理成立.

定理 1.4.2 两个同型矩阵 $\boldsymbol{A}$ 与 $\boldsymbol{B}$ 等价的充要条件是它们的秩相同.

这说明矩阵的秩是矩阵的一个十分重要的数字参数.

4. 满秩矩阵

定义 1.4.5 设 $\boldsymbol{A}$ 为 n 阶方阵,若 $r(\boldsymbol{A})=n$,则称 $\boldsymbol{A}$ 为满秩矩阵;若 $r(\boldsymbol{A})<n$,则称 $\boldsymbol{A}$ 为降秩矩阵.

例如,单位矩阵 $\boldsymbol{E}$ 是满秩矩阵,而矩阵 $\begin{pmatrix}2&3&0\\0&1&2\\0&0&0\end{pmatrix}$ 是降秩矩阵. 显然非奇异矩阵是满秩矩阵,而奇异矩阵是降秩矩阵.

定理 1.4.3 满秩矩阵可经一系列初等变换化为单位矩阵，也就是说，满秩矩阵的标准形为同阶单位矩阵.

证 设 $\boldsymbol{A}$ 为 n 阶满秩矩阵，则 $r(\boldsymbol{A})=r(\boldsymbol{E}_n)=n$，由定理 1.4.2 知：$\boldsymbol{A}\cong\boldsymbol{E}_n$，即 $\boldsymbol{A}$ 可经一系列初等变换化为单位矩阵.

推论 下列命题等价：

(1) $\boldsymbol{A}$ 是 n 阶满秩矩阵；

(2) $\boldsymbol{A}\cong\boldsymbol{E}_n$；

(3) $|\boldsymbol{A}|\neq 0$；

(4) $\boldsymbol{A}$ 是非奇异矩阵.

§1.5 初等矩阵与逆矩阵

对单位矩阵作一次初等变换会得到什么样的矩阵？对任意一个非零矩阵 $\boldsymbol{A}$，是否一定有矩阵 $\boldsymbol{B}$，使 $\boldsymbol{AB}=\boldsymbol{BA}=\boldsymbol{E}$？本节将回答这些问题.

1. 初等矩阵

定义 1.5.1 对单位矩阵作一次初等变换后得到的矩阵称为初等矩阵.

三种初等行变换对应着下面三种初等矩阵.

(1) 初等行变换 $r_i\leftrightarrow r_j$ 对应的初等矩阵记为 $\boldsymbol{E}(i,j)$，则

$$\boldsymbol{E}(i,j)=\begin{pmatrix}1&&&&&&&\\&\ddots&&&&&&\\&&1&&&&&\\&&&0&\cdots&1&&&\\&&&\vdots&\ddots&\vdots&&&\\&&&1&\cdots&0&&&\\&&&&&&1&&\\&&&&&&&\ddots&\\&&&&&&&&1\end{pmatrix}\begin{matrix}\\\\\\\leftarrow\text{第 } i \text{ 行}\\\\\leftarrow\text{第 } j \text{ 行}\\\\\\\\\end{matrix}.$$

(2) 初等行变换 kr_i 对应的初等矩阵记为 $\boldsymbol{E}(i(k))$，则

$$\boldsymbol{E}(i(k))=\begin{pmatrix}1&&&&&&\\&\ddots&&&&&\\&&1&&&&\\&&&k&&&\\&&&&1&&\\&&&&&\ddots&\\&&&&&&1\end{pmatrix}\begin{matrix}\\\\\\\leftarrow\text{第 } i \text{ 行}.\\\\\\\\\end{matrix}$$

(3) 初等行变换 r_i+kr_j 对应的初等矩阵记为 $\boldsymbol{E}(i,j(k))$，则

$$\boldsymbol{E}(i,j(k))=\begin{pmatrix}1 & & & & & & \\ & \ddots & & & & & \\ & & 1 & \cdots & k & & \\ & & & \ddots & \vdots & & \\ & & & & 1 & & \\ & & & & & \ddots & \\ & & & & & & 1\end{pmatrix}\begin{matrix} \\ \\ \leftarrow 第\ i\ 行 \\ \\ \leftarrow 第\ j\ 行 \\ \\ \\ \end{matrix}.$$

同样可以得到与初等列变换对应的初等矩阵. 但应指出，对单位矩阵作一次初等列变换所得到的矩阵已包括在上面三种矩阵之中. 例如把单位矩阵 $\boldsymbol{E}$ 的第 i 列的 k 倍加到第 j 列仍得到 $\boldsymbol{E}(i,j(k))$. 因此，上述三种矩阵就是全部的初等矩阵.

初等矩阵具有如下性质.

性质 1.5.1 初等矩阵的转置仍为同类型的初等矩阵. 我们有

$$\boldsymbol{E}^{\mathrm{T}}(i,j)=\boldsymbol{E}(i,j),\boldsymbol{E}^{\mathrm{T}}(i(k))=\boldsymbol{E}(i(k))\text{及 }\boldsymbol{E}^{\mathrm{T}}(i,j(k))=\boldsymbol{E}(j,i(k)).$$

性质 1.5.2 初等矩阵都是非奇异矩阵. 我们有

$$|\boldsymbol{E}(i,j)|=-1,|\boldsymbol{E}(i(k))|=k\text{ 及 }|\boldsymbol{E}(i,j(k))|=1.$$

性质 1.5.3 初等矩阵都是满秩矩阵.

例 1.5.1 设

$$\boldsymbol{A}=\begin{pmatrix}a_{11} & a_{12} & a_{13}\\ a_{21} & a_{22} & a_{23}\\ a_{31} & a_{32} & a_{33}\end{pmatrix}.$$

求 $\boldsymbol{E}(1,3)\boldsymbol{A}$ 及 $\boldsymbol{A}\boldsymbol{E}(1,3)$.

解 由矩阵乘法知

$$\boldsymbol{E}(1,3)\boldsymbol{A}=\begin{pmatrix}0 & 0 & 1\\ 0 & 1 & 0\\ 1 & 0 & 0\end{pmatrix}\begin{pmatrix}a_{11} & a_{12} & a_{13}\\ a_{21} & a_{22} & a_{23}\\ a_{31} & a_{32} & a_{33}\end{pmatrix}=\begin{pmatrix}a_{31} & a_{32} & a_{33}\\ a_{21} & a_{22} & a_{23}\\ a_{11} & a_{12} & a_{13}\end{pmatrix}=\boldsymbol{B}.$$

而

$$\boldsymbol{A}\boldsymbol{E}(1,3)=\begin{pmatrix}a_{11} & a_{12} & a_{13}\\ a_{21} & a_{22} & a_{23}\\ a_{31} & a_{32} & a_{33}\end{pmatrix}\begin{pmatrix}0 & 0 & 1\\ 0 & 1 & 0\\ 1 & 0 & 0\end{pmatrix}=\begin{pmatrix}a_{13} & a_{12} & a_{11}\\ a_{23} & a_{22} & a_{21}\\ a_{33} & a_{32} & a_{31}\end{pmatrix}=\boldsymbol{C}.$$

易见，$\boldsymbol{E}(1,3)\boldsymbol{A}$ 相当于对 $\boldsymbol{A}$ 作交换第一行与第三行的初等变换，即

$$\boldsymbol{A}\xrightarrow{r_1\leftrightarrow r_3}\boldsymbol{B}.$$

而 $\boldsymbol{AE}(1,3)$ 相当于对 $\boldsymbol{A}$ 作交换第一列与第三列的初等变换，即

$$\boldsymbol{A} \xrightarrow{c_1 \leftrightarrow c_3} \boldsymbol{C}.$$

一般地，初等矩阵与初等变换有如下关系：

定理 1.5.1 **对 $m\times n$ 矩阵 $\boldsymbol{A}$ 作一次初等行（列）变换，相当于用一个相应的 m 阶（n 阶）初等矩阵左（右）乘矩阵 $\boldsymbol{A}$.**

例 1.5.2 计算

$$\begin{pmatrix} 1 & 2 & 3 \\ 2 & 3 & 1 \\ 1 & 3 & 2 \end{pmatrix}\begin{pmatrix} 1 & 0 & 0 \\ 0 & 1 & 2 \\ 0 & 0 & 1 \end{pmatrix}.$$

解 右边的矩阵为初等矩阵 $\boldsymbol{E}(2,3(2))$，即将单位矩阵的第二列乘 2 后加到第三列上所得的矩阵，故我们可以由定理 1.5.1，不用作矩阵乘法，而将左边矩阵的第二列乘 2 后加到第三列上，得到两矩阵之积.

$$\begin{pmatrix} 1 & 2 & 3 \\ 2 & 3 & 1 \\ 1 & 3 & 2 \end{pmatrix}\begin{pmatrix} 1 & 0 & 0 \\ 0 & 1 & 2 \\ 0 & 0 & 1 \end{pmatrix}=\begin{pmatrix} 1 & 2 & 7 \\ 2 & 3 & 7 \\ 1 & 3 & 8 \end{pmatrix}.$$

例 1.5.3 设

$$\boldsymbol{A}=\begin{pmatrix} a_{11} & a_{12} & a_{13} \\ a_{21} & a_{22} & a_{23} \\ a_{31} & a_{32} & a_{33} \end{pmatrix},$$

$$\boldsymbol{B}=\begin{pmatrix} a_{21} & a_{22} & a_{23} \\ a_{11} & a_{12} & a_{13} \\ a_{31}+a_{11} & a_{32}+a_{12} & a_{33}+a_{13} \end{pmatrix},$$

$$\boldsymbol{P}_1=\begin{pmatrix} 0 & 1 & 0 \\ 1 & 0 & 0 \\ 0 & 0 & 1 \end{pmatrix} \text{ 及 } \boldsymbol{P}_2=\begin{pmatrix} 1 & 0 & 0 \\ 0 & 1 & 0 \\ 1 & 0 & 1 \end{pmatrix}.$$

写出 $\boldsymbol{A},\boldsymbol{B},\boldsymbol{P}_1,\boldsymbol{P}_2$ 之间的关系式.

解 先将矩阵 $\boldsymbol{A}$ 的第一行加到第三行上，再将第一行与第二行交换即得到 $\boldsymbol{B}$. $\boldsymbol{P}_1,\boldsymbol{P}_2$ 均是初等矩阵，$\boldsymbol{P}_1$ 是将单位矩阵的第一行与第二行交换后得到的，$\boldsymbol{P}_2$ 是将单位矩阵的第一行加到第三行上得到的. 由定理 1.5.1，得

$$\boldsymbol{B}=\boldsymbol{P}_1\boldsymbol{P}_2\boldsymbol{A}.$$

由性质 1.5.3 知，初等矩阵全为满秩矩阵，由此可以推知初等矩阵与满秩矩阵应

当有密切的关系.我们有下面的定理成立.

定理 1.5.2 满秩矩阵可以表示成一组同阶初等矩阵的乘积.

证 设 $\boldsymbol{A}$ 为满秩矩阵,则由定理 1.4.3 的推论(2)知:$\boldsymbol{E}\cong\boldsymbol{A}$,即 $\boldsymbol{E}$ 可经一系列初等变换化为 $\boldsymbol{A}$,再由定理 1.5.1 知

$$\boldsymbol{A}=\boldsymbol{P}_1\boldsymbol{P}_2\cdots\boldsymbol{P}_l\boldsymbol{E}\boldsymbol{P}_{l+1}\cdots\boldsymbol{P}_m=\boldsymbol{P}_1\boldsymbol{P}_2\cdots\boldsymbol{P}_m,$$

其中 $\boldsymbol{P}_1,\boldsymbol{P}_2,\cdots,\boldsymbol{P}_m$ 为初等矩阵.

由定理 1.5.1 及定理 1.5.2 还可得到下面的定理.

定理 1.5.3 两个 $m\times n$ 矩阵 $\boldsymbol{A}$ 与 $\boldsymbol{B}$ 等价的充要条件是存在 m 阶满秩矩阵 $\boldsymbol{P}$ 及 n 阶满秩矩阵 $\boldsymbol{Q}$,使

$$\boldsymbol{B}=\boldsymbol{P}\boldsymbol{A}\boldsymbol{Q}.$$

并由此推得 $r(\boldsymbol{B})=r(\boldsymbol{PAQ})=r(\boldsymbol{PA})=r(\boldsymbol{AQ})=r(\boldsymbol{A})$,其中 $\boldsymbol{P},\boldsymbol{Q}$ 为满秩矩阵.

以上 3 个定理在矩阵理论的研究与应用中起着重要作用,读者应熟练掌握.

2. 逆矩阵

由矩阵乘法知,对任意 n 阶矩阵 $\boldsymbol{A}$ 及 n 阶单位矩阵 $\boldsymbol{E}$,都有

$$\boldsymbol{AE}=\boldsymbol{EA}=\boldsymbol{A}.$$

这说明在矩阵乘法中,单位矩阵 $\boldsymbol{E}$ 的作用类似于数 1 在数的乘法中的作用.在数的乘法中,一个不等于零的数 a,其倒数为 a^{-1} 且有 $aa^{-1}=a^{-1}a=1$.很自然地我们要问:对非零方阵 $\boldsymbol{A}$,是否存在一个矩阵 $\boldsymbol{B}$,使 $\boldsymbol{AB}=\boldsymbol{BA}=\boldsymbol{E}$ 呢?要解决这一问题,就要引进逆矩阵的概念.

定义 1.5.2 设 $\boldsymbol{A}$ 为 n 阶方阵,若存在一个 n 阶方阵 $\boldsymbol{B}$,使得

$$\boldsymbol{AB}=\boldsymbol{BA}=\boldsymbol{E} \tag{1.5.1}$$

成立,则称 $\boldsymbol{A}$ 是可逆矩阵,$\boldsymbol{B}$ 称为 $\boldsymbol{A}$ 的逆矩阵.

由定义可推知,若 $\boldsymbol{A}$ 有逆矩阵,则逆矩阵是惟一的.这是因为:若 $\boldsymbol{B},\boldsymbol{C}$ 都是 $\boldsymbol{A}$ 的逆矩阵,即

$$\boldsymbol{AB}=\boldsymbol{BA}=\boldsymbol{E},\boldsymbol{AC}=\boldsymbol{CA}=\boldsymbol{E},$$

则

$$\boldsymbol{B}=\boldsymbol{EB}=(\boldsymbol{CA})\boldsymbol{B}=\boldsymbol{C}(\boldsymbol{AB})=\boldsymbol{CE}=\boldsymbol{C}.$$

因逆矩阵的惟一性,故将矩阵 $\boldsymbol{A}$ 的逆矩阵记为 $\boldsymbol{A}^{-1}$.

例 1.5.4 证明 $\boldsymbol{A}=\begin{pmatrix}1&0\\0&0\end{pmatrix}$ 无逆矩阵.

证 若 $\boldsymbol{A}$ 有逆矩阵 $\boldsymbol{B}=\begin{pmatrix}b_{11}&b_{12}\\b_{21}&b_{22}\end{pmatrix}$,则必有 $\boldsymbol{AB}=\boldsymbol{E}$,即

$$\begin{pmatrix}1&0\\0&0\end{pmatrix}\begin{pmatrix}b_{11}&b_{12}\\b_{21}&b_{22}\end{pmatrix}=\begin{pmatrix}b_{11}&b_{12}\\0&0\end{pmatrix}=\begin{pmatrix}1&0\\0&1\end{pmatrix}.$$

由矩阵相等的定义推得 $0=1$,这是不可能的,故 $\boldsymbol{A}$ 无逆矩阵.

此例告诉我们并非所有的非零矩阵都有逆矩阵,那么,一个 n 阶矩阵满足什么条件才可逆呢?

在例 1.3.9 中,我们介绍了一个特殊的矩阵——伴随矩阵 $\boldsymbol{A}^*$,并且证明了

$$\boldsymbol{A}\boldsymbol{A}^*=\boldsymbol{A}^*\boldsymbol{A}=|\boldsymbol{A}|\boldsymbol{E}.$$

由这一结果,便可得到下面的定理.

定理 1.5.4 n **阶方阵 $\boldsymbol{A}$ 可逆的充要条件是 $\boldsymbol{A}$ 为非奇异方阵,即 $|\boldsymbol{A}|\neq 0$ 且**

$$\boldsymbol{A}^{-1}=\frac{1}{|\boldsymbol{A}|}\boldsymbol{A}^*.$$

证 必要性.

由 $\boldsymbol{A}$ 可逆知 $\boldsymbol{A}^{-1}$ 存在且 $\boldsymbol{A}\boldsymbol{A}^{-1}=\boldsymbol{E}$,两边取行列式,得

$$|\boldsymbol{A}\boldsymbol{A}^{-1}|=|\boldsymbol{A}|\,|\boldsymbol{A}^{-1}|=|\boldsymbol{E}|=1,$$

故 $|\boldsymbol{A}|\neq 0$.

充分性.

由 $|\boldsymbol{A}|\neq 0$ 及 $\boldsymbol{A}\boldsymbol{A}^*=\boldsymbol{A}^*\boldsymbol{A}=|\boldsymbol{A}|\boldsymbol{E}$,得

$$\boldsymbol{A}\left(\frac{1}{|\boldsymbol{A}|}\boldsymbol{A}^*\right)=\left(\frac{1}{|\boldsymbol{A}|}\boldsymbol{A}^*\right)\boldsymbol{A}=\boldsymbol{E},$$

故 $\boldsymbol{A}$ 可逆且 $\boldsymbol{A}^{-1}=\dfrac{1}{|\boldsymbol{A}|}\boldsymbol{A}^*$.

定理 1.5.4 给出了判定矩阵 $\boldsymbol{A}$ 可逆的充要条件并给出了求逆公式. 由定理 1.5.4,定理 1.4.3 的推论及定理 1.5.2 知:$\boldsymbol{A}$ 可逆,$\boldsymbol{A}$ 为非奇异矩阵,$\boldsymbol{A}$ 为满秩矩阵,$\boldsymbol{A}$ 可以表示成一组初等矩阵的乘积,$\boldsymbol{A}$ 的标准形为单位矩阵,这五个结论是等价的.

例 1.5.5 设 $\boldsymbol{A}=\begin{pmatrix}a&b\\c&d\end{pmatrix}$,$ad-bc\neq 0$,求 $\boldsymbol{A}^{-1}$.

解 因为 $ad-bc\neq 0$,故 $\boldsymbol{A}$ 可逆,又因为

$$\boldsymbol{A}^*=\begin{pmatrix}A_{11}&A_{21}\\A_{12}&A_{22}\end{pmatrix}=\begin{pmatrix}d&-b\\-c&a\end{pmatrix},$$

故

$$\boldsymbol{A}^{-1}=\frac{1}{ad-bc}\begin{pmatrix}d&-b\\-c&a\end{pmatrix}.$$

由逆矩阵定义,容易推得逆矩阵有如下一些性质:

性质 1.5.4 (1) 若 $\boldsymbol{A}$ 可逆,则 $|\boldsymbol{A}^{-1}|=\dfrac{1}{|\boldsymbol{A}|}$;

(2) 若 $\boldsymbol{A}$ 可逆,则 $\boldsymbol{A}^{-1}$ 也可逆且 $(\boldsymbol{A}^{-1})^{-1}=\boldsymbol{A}$;

(3) 若 $\boldsymbol{AB}=\boldsymbol{E}$,则 $\boldsymbol{B}=\boldsymbol{A}^{-1}$;若 $\boldsymbol{BA}=\boldsymbol{E}$,则 $\boldsymbol{B}=\boldsymbol{A}^{-1}$;

(4) $(\boldsymbol{A}^{\mathrm{T}})^{-1}=(\boldsymbol{A}^{-1})^{\mathrm{T}}$;

(5) 若 $\boldsymbol{A},\boldsymbol{B}$ 为同阶可逆矩阵,则 $\boldsymbol{AB}$ 也可逆且 $(\boldsymbol{AB})^{-1}=\boldsymbol{B}^{-1}\boldsymbol{A}^{-1}$;

(6) 若 $\boldsymbol{A}$ 可逆且 $k\neq0$,则 $k\boldsymbol{A}$ 也可逆且 $(k\boldsymbol{A})^{-1}=\dfrac{1}{k}\boldsymbol{A}^{-1}$.

思考题 1-4

由 $(\boldsymbol{A}+\boldsymbol{B})^{\mathrm{T}}=\boldsymbol{A}^{\mathrm{T}}+\boldsymbol{B}^{\mathrm{T}}$ 可类似得到:$(\boldsymbol{A}+\boldsymbol{B})^{-1}=\boldsymbol{A}^{-1}+\boldsymbol{B}^{-1}$, $|\boldsymbol{A}+\boldsymbol{B}|=|\boldsymbol{A}|+|\boldsymbol{B}|$. 上述推理是否正确?

其中性质(5)可推广到多个可逆矩阵相乘的情况,如 $(\boldsymbol{ABC})^{-1}=\boldsymbol{C}^{-1}\boldsymbol{B}^{-1}\boldsymbol{A}^{-1}$.

例 1.5.6 求三种初等矩阵的逆矩阵.

解 由定理 1.5.1 知

$$\boldsymbol{E}(i,j)\boldsymbol{E}(i,j)=\boldsymbol{E},\qquad \boldsymbol{E}(i(k))\boldsymbol{E}\left(i\left(\frac{1}{k}\right)\right)=\boldsymbol{E},$$

$$\boldsymbol{E}(i,j(k))\boldsymbol{E}(i,j(-k))=\boldsymbol{E}.$$

故

$$\boldsymbol{E}^{-1}(i,j)=\boldsymbol{E}(i,j),\boldsymbol{E}^{-1}(i(k))=\boldsymbol{E}\left(i\left(\frac{1}{k}\right)\right),$$

$$\boldsymbol{E}^{-1}(i,j(k))=\boldsymbol{E}(i,j(-k)).$$

由此可得初等矩阵的又一个性质.

性质 1.5.5 初等矩阵的逆矩阵仍为同类型的初等矩阵.

定理 1.5.4 给出了一个利用 $\boldsymbol{A}^*$ 求逆矩阵的公式,这是一个十分有用的公式,但是当矩阵 $\boldsymbol{A}$ 的阶数较大时,用此公式求 $\boldsymbol{A}^{-1}$,计算量是相当大的. 例如对一个 4 阶矩阵,若要用 $\boldsymbol{A}^*$ 求逆矩阵,就须计算 16 个 3 阶行列式及一个 4 阶行列式,同时还要确定这 16 个 3 阶行列式的正、负号! 因此,我们希望能有一个更为简便有效的求逆矩阵的方法.

设 $\boldsymbol{A}$ 为可逆矩阵,则 $\boldsymbol{A}^{-1}$ 存在且 $|\boldsymbol{A}^{-1}|\neq0$,即 $\boldsymbol{A}^{-1}$ 是满秩矩阵;由定理 1.4.3 的推论知,$\boldsymbol{A}^{-1}$ 可以表示为一组初等矩阵的乘积,即

$$\boldsymbol{A}^{-1}=\boldsymbol{P}_1\boldsymbol{P}_2\cdots\boldsymbol{P}_s.$$

两边右乘 $\boldsymbol{A}$,得

$$\boldsymbol{P}_1\boldsymbol{P}_2\cdots\boldsymbol{P}_s\boldsymbol{A}=\boldsymbol{A}^{-1}\boldsymbol{A}=\boldsymbol{E}.\tag{1.5.2}$$

另外,(1.5.2)式亦可写为

$$\boldsymbol{P}_1\boldsymbol{P}_2\cdots\boldsymbol{P}_s\boldsymbol{E}=\boldsymbol{A}^{-1}.\tag{1.5.3}$$

比较(1.5.2)与(1.5.3)两式知:在对 $\boldsymbol{A}$ 进行一系列初等行变换将 $\boldsymbol{A}$ 化为单位矩阵 $\boldsymbol{E}$

时，若对 $\boldsymbol{E}$ 也进行完全相同的初等行变换，则可将 $\boldsymbol{E}$ 化为 $\boldsymbol{A}^{-1}$. 由此，我们可将单位矩阵 $\boldsymbol{E}$ 放在 $\boldsymbol{A}$ 的右边形成一个矩阵 $(\boldsymbol{A} \mid \boldsymbol{E})$，并对这个矩阵作初等行变换(注意，仅作行变换!)，当 $\boldsymbol{A}$ 化为 $\boldsymbol{E}$ 时，就可将 $\boldsymbol{E}$ 化成 $\boldsymbol{A}$ 的逆矩阵 $\boldsymbol{A}^{-1}$，即

$$(\boldsymbol{A} \mid \boldsymbol{E}) \xrightarrow{\text{初等行变换}} \cdots \rightarrow (\boldsymbol{E} \mid \boldsymbol{A}^{-1}).$$

这就是用初等变换求逆矩阵的方法，它是一种简便有效的方法.

例 1.5.7 设 $\boldsymbol{A}=\begin{pmatrix} 1 & -1 & -1 \\ -3 & 2 & 1 \\ 2 & 0 & 1 \end{pmatrix}$，求 $\boldsymbol{A}^{-1}$.

解 由初等变换求逆矩阵的方法可得

$$(\boldsymbol{A} \mid \boldsymbol{E})$$

$$=\left(\begin{array}{ccc|ccc} 1 & -1 & -1 & 1 & 0 & 0 \\ -3 & 2 & 1 & 0 & 1 & 0 \\ 2 & 0 & 1 & 0 & 0 & 1 \end{array}\right) \xrightarrow[r_3-2r_1]{r_2+3r_1} \left(\begin{array}{ccc|ccc} 1 & -1 & -1 & 1 & 0 & 0 \\ 0 & -1 & -2 & 3 & 1 & 0 \\ 0 & 2 & 3 & -2 & 0 & 1 \end{array}\right)$$

$$\xrightarrow{r_3+2r_2} \left(\begin{array}{ccc|ccc} 1 & -1 & -1 & 1 & 0 & 0 \\ 0 & -1 & -2 & 3 & 1 & 0 \\ 0 & 0 & -1 & 4 & 2 & 1 \end{array}\right) \xrightarrow[(-1)r_3]{(-1)r_2} \left(\begin{array}{ccc|ccc} 1 & -1 & -1 & 1 & 0 & 0 \\ 0 & 1 & 2 & -3 & -1 & 0 \\ 0 & 0 & 1 & -4 & -2 & -1 \end{array}\right)$$

$$\longrightarrow \left(\begin{array}{ccc|ccc} 1 & 0 & 0 & 2 & 1 & 1 \\ 0 & 1 & 0 & 5 & 3 & 2 \\ 0 & 0 & 1 & -4 & -2 & -1 \end{array}\right).$$

故

$$\boldsymbol{A}^{-1}=\begin{pmatrix} 2 & 1 & 1 \\ 5 & 3 & 2 \\ -4 & -2 & -1 \end{pmatrix}.$$

类似地，也可用初等列变换求 $\boldsymbol{A}^{-1}$.

$$\left(\begin{array}{c} \boldsymbol{A} \\ \hline \boldsymbol{E} \end{array}\right) \xrightarrow{\text{初等列变换}} \cdots \rightarrow \left(\begin{array}{c} \boldsymbol{E} \\ \hline \boldsymbol{A}^{-1} \end{array}\right).$$

例 1.5.8 设 $\boldsymbol{AX}=\boldsymbol{B}$，其中

$$\boldsymbol{A}=\begin{pmatrix} 1 & -1 & -1 \\ -3 & 2 & 1 \\ 2 & 0 & 1 \end{pmatrix}, \quad \boldsymbol{B}=\begin{pmatrix} 1 & 2 \\ 3 & 0 \\ 2 & 5 \end{pmatrix}.$$

求 $\boldsymbol{X}$.

解 由例 1.5.7 知

$$A^{-1}=\begin{pmatrix}2&1&1\\5&3&2\\-4&-2&-1\end{pmatrix}.$$

在方程 $\boldsymbol{AX}=\boldsymbol{B}$ 两边左乘 $\boldsymbol{A}^{-1}$，得

$$\boldsymbol{X}=\boldsymbol{A}^{-1}\boldsymbol{B}=\begin{pmatrix}2&1&1\\5&3&2\\-4&-2&-1\end{pmatrix}\begin{pmatrix}1&2\\3&0\\2&5\end{pmatrix}=\begin{pmatrix}7&9\\18&20\\-12&-13\end{pmatrix}.$$

你能用初等变换法求解这个矩阵方程吗？

如果遇到 $\boldsymbol{XA}=\boldsymbol{B}$，其中 $\boldsymbol{A}$ 可逆，又该如何求解 $\boldsymbol{X}$？

§1.6 分块矩阵

分块矩阵

在处理行数和列数较大的矩阵时，常采用分块法，将大矩阵的运算转化成小矩阵的运算，使计算变得简单方便.

1. 分块矩阵的概念

定义 1.6.1 将矩阵 $\boldsymbol{A}$ 用若干纵横虚线分成若干个小块矩阵，每一小块矩阵称为 $\boldsymbol{A}$ 的子块（或子阵），以子块为元素形成的矩阵称为分块矩阵.

例如，$\boldsymbol{A}=\begin{pmatrix}a_{11}&a_{12}&a_{13}&a_{14}\\a_{21}&a_{22}&a_{23}&a_{24}\\a_{31}&a_{32}&a_{33}&a_{34}\end{pmatrix}$，分成子块的方式很多. 我们给出其中的两种：

(1) $$\left(\begin{array}{c:ccc}a_{11}&a_{12}&a_{13}&a_{14}\\\hdashline a_{21}&a_{22}&a_{23}&a_{24}\\a_{31}&a_{32}&a_{33}&a_{34}\end{array}\right)=\begin{pmatrix}\boldsymbol{A}_{11}&\boldsymbol{A}_{12}\\\boldsymbol{A}_{21}&\boldsymbol{A}_{22}\end{pmatrix},$$

(2) $$\left(\begin{array}{cc:cc}a_{11}&a_{12}&a_{13}&a_{14}\\a_{21}&a_{22}&a_{23}&a_{24}\\\hdashline a_{31}&a_{32}&a_{33}&a_{34}\end{array}\right)=\begin{pmatrix}\boldsymbol{B}_{11}&\boldsymbol{B}_{12}\\\boldsymbol{B}_{21}&\boldsymbol{B}_{22}\end{pmatrix},$$

其中 $\boldsymbol{A}_{11},\boldsymbol{A}_{12},\boldsymbol{A}_{21},\boldsymbol{A}_{22},\boldsymbol{B}_{11},\boldsymbol{B}_{12},\boldsymbol{B}_{21},\boldsymbol{B}_{22}$ 均为 $\boldsymbol{A}$ 的子块.

一般而言，我们将根据不同的需要，采取不同的分块方法. 但应注意，分块矩阵的同一行（列）上的子块有相同的行（列）数.

分块后的矩阵，运算时可将每一个子块当作一个元素来处理. 这样，我们就需讨论分块矩阵的运算问题.

2. 分块矩阵的运算

分块矩阵在运算形式上与普通矩阵类似.

(1) 分块矩阵的线性运算

设 $\boldsymbol{A},\boldsymbol{B}$ 都是 $m\times n$ 矩阵,对 $\boldsymbol{A},\boldsymbol{B}$ 施以同一种分块方法,即

$$\boldsymbol{A}=\begin{pmatrix}\boldsymbol{A}_{11} & \boldsymbol{A}_{12} & \cdots & \boldsymbol{A}_{1r}\\ \boldsymbol{A}_{21} & \boldsymbol{A}_{22} & \cdots & \boldsymbol{A}_{2r}\\ \vdots & \vdots & & \vdots\\ \boldsymbol{A}_{s1} & \boldsymbol{A}_{s2} & \cdots & \boldsymbol{A}_{sr}\end{pmatrix},\quad \boldsymbol{B}=\begin{pmatrix}\boldsymbol{B}_{11} & \boldsymbol{B}_{12} & \cdots & \boldsymbol{B}_{1r}\\ \boldsymbol{B}_{21} & \boldsymbol{B}_{22} & \cdots & \boldsymbol{B}_{2r}\\ \vdots & \vdots & & \vdots\\ \boldsymbol{B}_{s1} & \boldsymbol{B}_{s2} & \cdots & \boldsymbol{B}_{sr}\end{pmatrix},$$

其中 $\boldsymbol{A}_{ij},\boldsymbol{B}_{ij}$ 有相同的行数与列数,则

$$\boldsymbol{A}\pm\boldsymbol{B}=\begin{pmatrix}\boldsymbol{A}_{11}\pm\boldsymbol{B}_{11} & \boldsymbol{A}_{12}\pm\boldsymbol{B}_{12} & \cdots & \boldsymbol{A}_{1r}\pm\boldsymbol{B}_{1r}\\ \boldsymbol{A}_{21}\pm\boldsymbol{B}_{21} & \boldsymbol{A}_{22}\pm\boldsymbol{B}_{22} & \cdots & \boldsymbol{A}_{2r}\pm\boldsymbol{B}_{2r}\\ \vdots & \vdots & & \vdots\\ \boldsymbol{A}_{s1}\pm\boldsymbol{B}_{s1} & \boldsymbol{A}_{s2}\pm\boldsymbol{B}_{s2} & \cdots & \boldsymbol{A}_{sr}\pm\boldsymbol{B}_{sr}\end{pmatrix},$$

$$k\boldsymbol{A}=\begin{pmatrix}k\boldsymbol{A}_{11} & k\boldsymbol{A}_{12} & \cdots & k\boldsymbol{A}_{1r}\\ k\boldsymbol{A}_{21} & k\boldsymbol{A}_{22} & \cdots & k\boldsymbol{A}_{2r}\\ \vdots & \vdots & & \vdots\\ k\boldsymbol{A}_{s1} & k\boldsymbol{A}_{s2} & \cdots & k\boldsymbol{A}_{sr}\end{pmatrix},$$

其中 k 为常数.

(2) 分块矩阵的乘法

设 $\boldsymbol{A}$ 为 $m\times l$ 矩阵,$\boldsymbol{B}$ 为 $l\times n$ 矩阵,分块为

$$\boldsymbol{A}=\begin{pmatrix}\boldsymbol{A}_{11} & \boldsymbol{A}_{12} & \cdots & \boldsymbol{A}_{1t}\\ \boldsymbol{A}_{21} & \boldsymbol{A}_{22} & \cdots & \boldsymbol{A}_{2t}\\ \vdots & \vdots & & \vdots\\ \boldsymbol{A}_{s1} & \boldsymbol{A}_{s2} & \cdots & \boldsymbol{A}_{st}\end{pmatrix},\quad \boldsymbol{B}=\begin{pmatrix}\boldsymbol{B}_{11} & \boldsymbol{B}_{12} & \cdots & \boldsymbol{B}_{1r}\\ \boldsymbol{B}_{21} & \boldsymbol{B}_{22} & \cdots & \boldsymbol{B}_{2r}\\ \vdots & \vdots & & \vdots\\ \boldsymbol{B}_{t1} & \boldsymbol{B}_{t2} & \cdots & \boldsymbol{B}_{tr}\end{pmatrix},$$

其中 $\boldsymbol{A}_{i1},\boldsymbol{A}_{i2},\cdots,\boldsymbol{A}_{it}$ 的列数分别等于 $\boldsymbol{B}_{1j},\boldsymbol{B}_{2j},\cdots,\boldsymbol{B}_{tj}$ 的行数,则

$$\boldsymbol{AB}=\begin{pmatrix}\boldsymbol{C}_{11} & \boldsymbol{C}_{12} & \cdots & \boldsymbol{C}_{1r}\\ \boldsymbol{C}_{21} & \boldsymbol{C}_{22} & \cdots & \boldsymbol{C}_{2r}\\ \vdots & \vdots & & \vdots\\ \boldsymbol{C}_{s1} & \boldsymbol{C}_{s2} & \cdots & \boldsymbol{C}_{sr}\end{pmatrix},$$

其中子块 $\boldsymbol{C}_{ij}=\sum\limits_{k=1}^{t}\boldsymbol{A}_{ik}\boldsymbol{B}_{kj},i=1,2,\cdots,s,j=1,2,\cdots,r.$

(3) 分块矩阵的转置

设分块矩阵为

$$\boldsymbol{A}=\begin{pmatrix}\boldsymbol{A}_{11} & \boldsymbol{A}_{12} & \cdots & \boldsymbol{A}_{1r}\\ \boldsymbol{A}_{21} & \boldsymbol{A}_{22} & \cdots & \boldsymbol{A}_{2r}\\ \vdots & \vdots & & \vdots\\ \boldsymbol{A}_{s1} & \boldsymbol{A}_{s2} & \cdots & \boldsymbol{A}_{sr}\end{pmatrix}.$$

将 $\boldsymbol{A}$ 的各行子块依次换成各列子块，然后将每一子块 $\boldsymbol{A}_{ij}$ 转置为 $\boldsymbol{A}_{ij}^{\mathrm{T}}$，得分块矩阵 $\boldsymbol{A}$ 的转置矩阵 $\boldsymbol{A}^{\mathrm{T}}$，即

$$\boldsymbol{A}^{\mathrm{T}}=\begin{pmatrix}\boldsymbol{A}_{11}^{\mathrm{T}} & \boldsymbol{A}_{21}^{\mathrm{T}} & \cdots & \boldsymbol{A}_{s1}^{\mathrm{T}}\\ \boldsymbol{A}_{12}^{\mathrm{T}} & \boldsymbol{A}_{22}^{\mathrm{T}} & \cdots & \boldsymbol{A}_{s2}^{\mathrm{T}}\\ \vdots & \vdots & & \vdots\\ \boldsymbol{A}_{1r}^{\mathrm{T}} & \boldsymbol{A}_{2r}^{\mathrm{T}} & \cdots & \boldsymbol{A}_{sr}^{\mathrm{T}}\end{pmatrix}.$$

例 1.6.1 设

$$\boldsymbol{A}=\begin{pmatrix}1 & 0 & 0 & 0\\ 0 & 1 & 0 & 0\\ -1 & 2 & 1 & 0\\ 1 & 1 & 0 & 1\end{pmatrix},\quad \boldsymbol{B}=\begin{pmatrix}1 & 0 & 3 & 2\\ -1 & 2 & 0 & 1\\ 1 & 0 & 4 & 1\\ -1 & -1 & 2 & 0\end{pmatrix},$$

求 $\boldsymbol{AB}$ 及 $\boldsymbol{A}^{\mathrm{T}}$.

解 将 $\boldsymbol{A},\boldsymbol{B}$ 分块得

$$\boldsymbol{A}=\left(\begin{array}{cc:cc}1 & 0 & 0 & 0\\ 0 & 1 & 0 & 0\\ \hdashline -1 & 2 & 1 & 0\\ 1 & 1 & 0 & 1\end{array}\right)=\begin{pmatrix}\boldsymbol{E}_2 & \boldsymbol{O}\\ \boldsymbol{A}_1 & \boldsymbol{E}_2\end{pmatrix},$$

$$\boldsymbol{B}=\left(\begin{array}{cc:cc}1 & 0 & 3 & 2\\ -1 & 2 & 0 & 1\\ \hdashline 1 & 0 & 4 & 1\\ -1 & -1 & 2 & 0\end{array}\right)=\begin{pmatrix}\boldsymbol{B}_{11} & \boldsymbol{B}_{12}\\ \boldsymbol{B}_{21} & \boldsymbol{B}_{22}\end{pmatrix},$$

则

$$\begin{aligned}\boldsymbol{AB}&=\begin{pmatrix}\boldsymbol{E}_2 & \boldsymbol{O}\\ \boldsymbol{A}_1 & \boldsymbol{E}_2\end{pmatrix}\begin{pmatrix}\boldsymbol{B}_{11} & \boldsymbol{B}_{12}\\ \boldsymbol{B}_{21} & \boldsymbol{B}_{22}\end{pmatrix}\\ &=\begin{pmatrix}\boldsymbol{E}_2\boldsymbol{B}_{11} & \boldsymbol{E}_2\boldsymbol{B}_{12}\\ \boldsymbol{A}_1\boldsymbol{B}_{11}+\boldsymbol{E}_2\boldsymbol{B}_{21} & \boldsymbol{A}_1\boldsymbol{B}_{12}+\boldsymbol{E}_2\boldsymbol{B}_{22}\end{pmatrix}\\ &=\begin{pmatrix}\boldsymbol{B}_{11} & \boldsymbol{B}_{12}\\ \boldsymbol{A}_1\boldsymbol{B}_{11}+\boldsymbol{B}_{21} & \boldsymbol{A}_1\boldsymbol{B}_{12}+\boldsymbol{B}_{22}\end{pmatrix}.\end{aligned}$$

因为

$$\boldsymbol{A}_1\boldsymbol{B}_{11}+\boldsymbol{B}_{21}=\begin{pmatrix}-1&2\\1&1\end{pmatrix}\begin{pmatrix}1&0\\-1&2\end{pmatrix}+\begin{pmatrix}1&0\\-1&-1\end{pmatrix}=\begin{pmatrix}-2&4\\-1&1\end{pmatrix},$$

$$\boldsymbol{A}_1\boldsymbol{B}_{12}+\boldsymbol{B}_{22}=\begin{pmatrix}-1&2\\1&1\end{pmatrix}\begin{pmatrix}3&2\\0&1\end{pmatrix}+\begin{pmatrix}4&1\\2&0\end{pmatrix}=\begin{pmatrix}1&1\\5&3\end{pmatrix},$$

故

$$\boldsymbol{AB}=\begin{pmatrix}1&0&3&2\\-1&2&0&1\\-2&4&1&1\\-1&1&5&3\end{pmatrix}.$$

而

$$\boldsymbol{A}^{\mathrm{T}}=\begin{pmatrix}\boldsymbol{E}_2^{\mathrm{T}}&\boldsymbol{A}_1^{\mathrm{T}}\\\boldsymbol{O}^{\mathrm{T}}&\boldsymbol{E}_2^{\mathrm{T}}\end{pmatrix}=\begin{pmatrix}\boldsymbol{E}_2&\boldsymbol{A}_1^{\mathrm{T}}\\\boldsymbol{O}&\boldsymbol{E}_2\end{pmatrix}=\begin{pmatrix}1&0&-1&1\\0&1&2&1\\0&0&1&0\\0&0&0&1\end{pmatrix}.$$

3. 准对角矩阵

下面我们介绍一种应用起来十分方便的分块矩阵.

定义 1.6.2 设 $\boldsymbol{A}$ 为 n 阶方阵,若 $\boldsymbol{A}$ 的分块矩阵仅在主对角线上有非零子块,且非零子块都是方阵,即

$$\boldsymbol{A}=\begin{pmatrix}\boldsymbol{A}_1&&&\\&\boldsymbol{A}_2&&\\&&\ddots&\\&&&\boldsymbol{A}_s\end{pmatrix},$$

其中 $\boldsymbol{A}_1,\boldsymbol{A}_2,\cdots,\boldsymbol{A}_s$ 为方阵,则称 $\boldsymbol{A}$ 为准对角矩阵或分块对角矩阵.

显然对角矩阵是准对角矩阵的特殊情形.

设 $\boldsymbol{A},\boldsymbol{B}$ 都是准对角矩阵,即

$$\boldsymbol{A}=\begin{pmatrix}\boldsymbol{A}_1&&&\\&\boldsymbol{A}_2&&\\&&\ddots&\\&&&\boldsymbol{A}_s\end{pmatrix},\quad \boldsymbol{B}=\begin{pmatrix}\boldsymbol{B}_1&&&\\&\boldsymbol{B}_2&&\\&&\ddots&\\&&&\boldsymbol{B}_s\end{pmatrix}.$$

其中 $\boldsymbol{A}_i$ 与 $\boldsymbol{B}_i$ 是同阶子块,$i=1,2,\cdots,s$,则有如下运算性质:

性质 1.6.1

(1) $\boldsymbol{A}\pm\boldsymbol{B}=\begin{pmatrix}\boldsymbol{A}_1\pm\boldsymbol{B}_1 & & & \\ & \boldsymbol{A}_2\pm\boldsymbol{B}_2 & & \\ & & \ddots & \\ & & & \boldsymbol{A}_s\pm\boldsymbol{B}_s\end{pmatrix}$,

(2) $k\boldsymbol{A}=\begin{pmatrix}k\boldsymbol{A}_1 & & & \\ & k\boldsymbol{A}_2 & & \\ & & \ddots & \\ & & & k\boldsymbol{A}_s\end{pmatrix}$,

(3) $\boldsymbol{A}\boldsymbol{B}=\begin{pmatrix}\boldsymbol{A}_1\boldsymbol{B}_1 & & & \\ & \boldsymbol{A}_2\boldsymbol{B}_2 & & \\ & & \ddots & \\ & & & \boldsymbol{A}_s\boldsymbol{B}_s\end{pmatrix}$,

(4) $\boldsymbol{A}^m=\begin{pmatrix}\boldsymbol{A}_1^m & & & \\ & \boldsymbol{A}_2^m & & \\ & & \ddots & \\ & & & \boldsymbol{A}_s^m\end{pmatrix}$,其中 m 为正整数,

(5) $\boldsymbol{A}^{\mathrm{T}}=\begin{pmatrix}\boldsymbol{A}_1^{\mathrm{T}} & & & \\ & \boldsymbol{A}_2^{\mathrm{T}} & & \\ & & \ddots & \\ & & & \boldsymbol{A}_s^{\mathrm{T}}\end{pmatrix}$,

(6) $|\boldsymbol{A}|=|\boldsymbol{A}_1||\boldsymbol{A}_2|\cdots|\boldsymbol{A}_s|$,

(7) $\boldsymbol{A}$ 可逆的充要条件为 $\boldsymbol{A}_1,\boldsymbol{A}_2,\cdots,\boldsymbol{A}_s$ 都可逆,且有

$$\boldsymbol{A}^{-1}=\begin{pmatrix}\boldsymbol{A}_1^{-1} & & & \\ & \boldsymbol{A}_2^{-1} & & \\ & & \ddots & \\ & & & \boldsymbol{A}_s^{-1}\end{pmatrix},$$

(8) $r(\boldsymbol{A})=r(\boldsymbol{A}_1)+r(\boldsymbol{A}_2)+\cdots+r(\boldsymbol{A}_s)$.

例 1.6.2 设

$$\boldsymbol{A}=\begin{pmatrix}1 & 0 & 0\\ 0 & 2 & 1\\ 0 & 3 & 2\end{pmatrix}.$$

求 $\boldsymbol{A}^{-1}$.

解 将 $\boldsymbol{A}$ 分块为

$$\boldsymbol{A}=\left(\begin{array}{c:cc}1&0&0\\ \hdashline 0&2&1\\0&3&2\end{array}\right)=\begin{pmatrix}\boldsymbol{A}_1&\\&\boldsymbol{A}_2\end{pmatrix},$$

其中 $\boldsymbol{A}_1=(1),\boldsymbol{A}_1^{-1}=(1),\boldsymbol{A}_2=\begin{pmatrix}2&1\\3&2\end{pmatrix},\boldsymbol{A}_2^{-1}=\begin{pmatrix}2&-1\\-3&2\end{pmatrix}$,故

$$\boldsymbol{A}^{-1}=\begin{pmatrix}\boldsymbol{A}_1^{-1}&\\&\boldsymbol{A}_2^{-1}\end{pmatrix}=\begin{pmatrix}1&0&0\\0&2&-1\\0&-3&2\end{pmatrix}.$$

例 1.6.3 设

$$\boldsymbol{A}=\begin{pmatrix}2&1&0&0&0\\0&2&0&0&0\\0&0&1&2&-2\\0&0&4&-3&3\\0&0&3&-1&1\end{pmatrix}.$$

求 $r(\boldsymbol{A})$.

解 将 $\boldsymbol{A}$ 分块为

$$\boldsymbol{A}=\left(\begin{array}{cc:ccc}2&1&0&0&0\\0&2&0&0&0\\ \hdashline 0&0&1&2&-2\\0&0&4&-3&3\\0&0&3&-1&1\end{array}\right)=\begin{pmatrix}\boldsymbol{A}_1&\\&\boldsymbol{A}_2\end{pmatrix}.$$

子块 $\boldsymbol{A}_1=\begin{pmatrix}2&1\\0&2\end{pmatrix}$的行列式 $|\boldsymbol{A}_1|=4$,故 $r(\boldsymbol{A}_1)=2$.

$$\boldsymbol{A}_2=\begin{pmatrix}1&2&-2\\4&-3&3\\3&-1&1\end{pmatrix}\xrightarrow[r_3-3r_1]{r_2-4r_1}\begin{pmatrix}1&2&-2\\0&-11&11\\0&-7&7\end{pmatrix}\longrightarrow\begin{pmatrix}1&2&-2\\0&1&-1\\0&0&0\end{pmatrix}.$$

故 $r(\boldsymbol{A}_2)=2$. 从而

$$r(\boldsymbol{A})=r(\boldsymbol{A}_1)+r(\boldsymbol{A}_2)=4.$$

*§1.7 逆矩阵与加解密

1. 密码学

密码学是在编码与破译的斗争实践中逐步发展起来的,并随着先进科学技术的

应用，已成为一门综合性的尖端技术科学. 它融合了数学、计算机科学、通信工程等多门学科知识，旨在保证信息在传输与处理过程中的真实性和保密性. 如今，现代密码技术及应用的发展已经涵盖军事、金融、医疗、电子商务等领域. 作为信息安全的核心技术和重要支撑，密码学日益得到重视.

公钥密码学通过实现加密密钥和解密密钥之间的独立，解决了对称密码体制中通信双方必须共享密钥的问题，具有划时代的意义. 其底层是数学，安全性取决于难度足够高的数学问题，以确保计算机在可接受的时间跨度内无法获得有价值的信息. 线性代数作为密码学的工具之一，在密码方案的设计和安全性分析中扮演着重要的角色. 当然，密码学的研究需要多学科工具的结合，单个学科或单个数学工具难以深入进行更复杂的密码学研究. 在这里，我们仅以希尔密码(Hill Cipher)为例，介绍线性代数中的矩阵在密码学中的应用.

在密码学中，需要变换的原消息 m 称为明文，经过变换后变成另一种隐蔽的形式 c，称为密文，变换的过程称为加密，其逆过程则称为解密，即从密文中恢复出明文的过程. 加密算法即为通过密钥 k 对 m 进行运算生成 c 的算法，记为 E. 解密算法为通过 k 对 c 进行运算还原出 m 的算法，记为 D. 加密和解密过程分别记为 $c=E_k(m)$ 和 $m=D_k(c)$.

设 $\boldsymbol{A}=(a_{ij})_{s\times n}$ 和 $\boldsymbol{B}=(b_{ij})_{s\times n}$ 为整数矩阵，s 和 n 为正整数，若满足：

$$(\boldsymbol{A}-\boldsymbol{B})(\bmod m)=\boldsymbol{0}_{s\times n},$$

则称 $\boldsymbol{A}$ 和 $\boldsymbol{B}$ 关于模 m 同余，记作 $\boldsymbol{A}=\boldsymbol{B}(\bmod m)$. 记 $Z_m=\{0,1,2,\cdots,m-1\}$ 为模 m 的剩余集. 设 $\boldsymbol{A}$ 是定义在集合 Z_m 上的 n 阶方阵，若存在一个定义在 Z_m 上的方阵 $\boldsymbol{B}$，满足

$$\boldsymbol{AB}=\boldsymbol{BA}=\boldsymbol{E}(\bmod p),$$

则称 $\boldsymbol{A}$ 模 p 可逆，$\boldsymbol{B}$ 为 $\boldsymbol{A}$ 的模 p 逆矩阵，记作 $\boldsymbol{B}=\boldsymbol{A}^{-1}(\bmod p)$，其中 p 为正整数. $\boldsymbol{E}(\bmod p)$表示为矩阵中每个元素模 p 取余后可化为单位矩阵，例如矩阵

$$\begin{pmatrix}26 & 50\\25 & 51\end{pmatrix}(\bmod 25)=\begin{pmatrix}1 & 0\\0 & 1\end{pmatrix}.$$

读者可以思考模逆矩阵的求法. 在这里仅举一个例子.

例 1.7.1 求矩阵 $\boldsymbol{A}=\begin{pmatrix}2 & 1\\1 & 4\end{pmatrix}$模 25 的逆 $\boldsymbol{A}^{-1}(\bmod 25)$.

解 由 $|\boldsymbol{A}|=7$，$\boldsymbol{A}^*=\begin{pmatrix}4 & -1\\-1 & 2\end{pmatrix}$，$|\boldsymbol{A}|^{-1}(\bmod 25)=18$，得

$$\boldsymbol{A}^{-1}(\bmod 25)=|\boldsymbol{A}|^{-1}(\bmod 25)\boldsymbol{A}^*(\bmod 25)=18\begin{pmatrix}4 & -1\\-1 & 2\end{pmatrix}(\bmod 25)=\begin{pmatrix}22 & 7\\7 & 11\end{pmatrix}.$$

2. 逆矩阵的应用——希尔密码

希尔密码是一种基于基本矩阵原理的替换密码.

在模算术密码系统中,由 26 个英文字母 $a,b,\cdots,z$ 对应 0～25 的非负整数,如下表:

字母	a	b	c	d	e	f	g	h	i	j	k	l	m	n	o	p	q	r	s	t	u	v	w	x	y	z
数字	0	1	2	3	4	5	6	7	8	9	10	11	12	13	14	15	16	17	18	19	20	21	22	23	24	25

希尔密码加密算法的基本思想是:将 l 个明文字母通过线性变换转化为 l 个密文字母,解密只要作一次逆变换就可以了,密钥就是变换矩阵本身.

$$\begin{cases} c_1=k_{11}m_1+k_{12}m_2+\cdots+k_{1l}m_l \pmod{26}, \\ c_2=k_{21}m_1+k_{22}m_2+\cdots+k_{2l}m_l \pmod{26}, \\ \cdots\cdots\cdots\cdots \\ c_l=k_{l1}m_1+k_{l2}m_2+\cdots+k_{ll}m_l \pmod{26}, \end{cases}$$

密钥 $\boldsymbol{K}=\begin{pmatrix} k_{11} & k_{12} & \cdots & k_{1l} \\ k_{21} & k_{22} & \cdots & k_{2l} \\ \vdots & \vdots & & \vdots \\ k_{l1} & k_{l2} & \cdots & k_{ll} \end{pmatrix}$ 为可逆矩阵,明文 $\boldsymbol{M}=\begin{pmatrix} m_1 \\ m_2 \\ \vdots \\ m_l \end{pmatrix}$,密文 $\boldsymbol{C}=\begin{pmatrix} c_1 \\ c_2 \\ \vdots \\ c_l \end{pmatrix}$,加密算法为 $\boldsymbol{C}=\boldsymbol{KM} \pmod{26}$,解密算法为 $\boldsymbol{M}=\boldsymbol{K}^{-1}\boldsymbol{C} \pmod{26}$.

下面是应用希尔密码进行加密和解密的例子.

例 1.7.2 设密文信息为 $c=ymt$,密钥 $\boldsymbol{K}=\begin{pmatrix} 1 & 4 & 2 \\ 0 & 2 & 1 \\ 3 & 5 & 3 \end{pmatrix}$,试求明文 m.

解 密文 $c=ymt$ 对应的数字向量为 $\boldsymbol{C}=\begin{pmatrix} 24 \\ 12 \\ 19 \end{pmatrix}$,由 $\boldsymbol{K}=\begin{pmatrix} 1 & 4 & 2 \\ 0 & 2 & 1 \\ 3 & 5 & 3 \end{pmatrix}$ 知

$$\boldsymbol{K}^{-1}=\begin{pmatrix} 1 & -2 & 0 \\ 3 & -3 & -1 \\ -6 & 7 & 2 \end{pmatrix},$$

因此,明文数字向量为

$$M=\begin{pmatrix}1&-2&0\\3&-3&-1\\-6&7&2\end{pmatrix}C=\begin{pmatrix}1&-2&0\\3&-3&-1\\-6&7&2\end{pmatrix}\begin{pmatrix}24\\12\\19\end{pmatrix}=\begin{pmatrix}0\\17\\4\end{pmatrix}\pmod{26},$$

对应的明文为 *are*.

例 1.7.3 设密钥 $K=\begin{pmatrix}1&4&2\\0&2&1\\3&5&3\end{pmatrix}$,求明文信息 *cryptography* 加密后的密文 c.

解 明文信息 *cryptography* 的每个字母对应的数字为 2,17,24, 15,19,14,6,17,0,15,7,24,将其表示为 4 个 3×1 的向量

$$\begin{pmatrix}2\\17\\24\end{pmatrix},\begin{pmatrix}15\\19\\14\end{pmatrix},\begin{pmatrix}6\\17\\0\end{pmatrix},\begin{pmatrix}15\\7\\24\end{pmatrix},$$

将明文信息的向量组成明文矩阵 $M=\begin{pmatrix}2&15&6&15\\17&19&17&7\\24&14&0&24\end{pmatrix}$,由 $C=KM\pmod{26}$得到密文

$$C=\begin{pmatrix}1&4&2\\0&2&1\\3&5&3\end{pmatrix}\begin{pmatrix}2&15&6&15\\17&19&17&7\\24&14&0&24\end{pmatrix}\pmod{26}=\begin{pmatrix}14&15&22&13\\6&0&8&12\\7&0&25&22\end{pmatrix},$$

密文对应的数字为 14,6,7,15,0,0,22,8,25,13,12,22,密文为 *oghpaawiznmw*.

§1.8 用 MATLAB 进行矩阵运算

下面通过例题给出用 MATLAB 进行矩阵运算的基本方法.

例 1.8.1 首先创建矩阵 $\boldsymbol{A},\boldsymbol{B},\boldsymbol{C}$:

```
A=[1  0  2;0  1  3;1  0  4]↙
A=
    1    0    2
    0    1    3
    1    0    4
B=[1  2  3;4  5  6;7  8  9]↙
B=
```

```
    1    2    3
    4    5    6
    7    8    9
C=[1  2;3  4;5  6]↙
C=
    1    2
    3    4
    5    6
```

计算 $\boldsymbol{A}+\boldsymbol{B}$：

```
A+B↙
ans=
     2    2    5
     4    6    9
     8    8   13
```

计算 $\boldsymbol{A}-\boldsymbol{B}$：

```
A-B↙
ans=
     0   -2   -1
    -4   -4   -3
    -6   -8   -5
```

计算矩阵乘积 $\boldsymbol{AC}$：

```
A*C↙
ans=
    11   14
    18   22
    21   26
```

计算数乘 $2\boldsymbol{A}$：

```
2*A↙
ans=
     2    0    4
     0    2    6
     2    0    8
```

求转置 $\boldsymbol{C}^{\mathrm{T}}$：

```
C′↙
ans=
      1     3     5
      2     4     6
```

计算 **A** 的行列式：

```
det(A)↙
ans=
      2
```

计算 **A** 和 **C** 的秩：

```
rank(A)↙
ans=
      3
rank(C)↙
ans=
      2
```

由 **A** 满秩知其可逆，求 **A** 的逆矩阵 $\boldsymbol{A}^{-1}$：

```
inv(A)↙
ans=
         2.0000           0      -1.0000
         1.5000      1.0000      -1.5000
        -0.5000           0       0.5000
```

利用 MATLAB 还可以进行分块矩阵的运算. 比如对本章例 1.6.1，可用下面的方法求解.

例 1.8.2

```
A1=[-1    2;1    1]↙
A1=
     -1     2
      1     1
E2=eye(2)↙
E2=
    1     0
    0     1
0=Zeros(2)↙
```

```
0 =
    0    0
    0    0
A = [E2    0 ↙
     A1    E2] ↙
A =
     1    0    0    0
     0    1    0    0
    -1    2    1    0
     1    1    0    1
B11 = [ 1    0 ↙
       -1    2]; ↙
B12 = [3    2 ↙
       0    1]; ↙
B21 = [ 1    0 ↙
       -1   -1]; ↙
B22 = [4    1 ↙
       2    0]; ↙
B = [B11    B12 ↙
     B21    B22] ↙
B =
     1    0    3    2
    -1    2    0    1
     1    0    4    1
    -1   -1    2    0
AB = A * B ↙
AB =
     1    0    3    2
    -1    2    0    1
    -2    4    1    1
    -1    1    5    3
AT = A' ↙
AT =
     1    0   -1    1
     0    1    2    1
```

0 0 1 0

0 0 0 1

习题 1

1. 填空题

(1) 设 $\boldsymbol{A}=\begin{pmatrix}2&&\\&3&\\&&4\end{pmatrix}$，则 $\boldsymbol{A}^2=(\quad)$，$\boldsymbol{A}^n=(\quad)$.

(2) 设 $\boldsymbol{A}=(1,2,3)$，$\boldsymbol{B}=(1,1,1)^{\mathrm{T}}$，则 $\boldsymbol{AB}=(\quad)$，$\boldsymbol{BA}=(\quad)$.

(3) 设 $\boldsymbol{A}=\begin{pmatrix}1&1&1\\1&1&-1\\1&-1&1\end{pmatrix}$，$\boldsymbol{B}=\begin{pmatrix}1&2&3\\-1&-2&-4\\0&2&1\end{pmatrix}$，则 $\boldsymbol{A}^{\mathrm{T}}=(\quad)$，$\boldsymbol{AB}-\boldsymbol{BA}=(\quad)$.

(4) 设行列式 $D=\begin{vmatrix}3&0&4&0\\2&2&2&2\\0&0&-7&0\\5&3&-2&2\end{vmatrix}$，则第四行各元素余子式之和的值为(　　).

(5) $\begin{vmatrix}1&2&3\\99&201&298\\4&5&6\end{vmatrix}=(\quad)$.

(6) 已知 $\boldsymbol{A}=\begin{pmatrix}x&2&-2\\2&x&3\\3&-1&1\end{pmatrix}$ 不可逆，则 $x=(\quad)$.

(7) 设 $\boldsymbol{A},\boldsymbol{B}$ 为 3 阶可逆矩阵且 $|\boldsymbol{A}|=2$，则 $|\boldsymbol{A}^{-1}|=(\quad)$，$|3\boldsymbol{A}|=(\quad)$，$|\boldsymbol{A}^*|=(\quad)$，$|\boldsymbol{B}^{-1}\boldsymbol{A}^2\boldsymbol{B}|=(\quad)$，$||\boldsymbol{A}|\boldsymbol{E}_n|=(\quad)$.

(8) $\boldsymbol{A}=\begin{pmatrix}1&0&0\\2&2&0\\3&4&5\end{pmatrix}$，则 $(\boldsymbol{A}^*)^{-1}=(\quad)$.

(9) 设 $\boldsymbol{A}$ 为 n 阶方阵，$r(\boldsymbol{A})=n-2$，则 $r(\boldsymbol{A}^*)=(\quad)$.

(10) $\begin{pmatrix}1&0&0\\0&0&1\\0&1&0\end{pmatrix}^{-1}=(\quad)$，$\begin{pmatrix}1&0&0\\0&1&0\\2&0&1\end{pmatrix}^{-1}=(\quad)$.

2. 选择题

(1) 设 $D=\begin{vmatrix} a_{11} & a_{12} & a_{13} \\ a_{21} & a_{22} & a_{23} \\ a_{31} & a_{32} & a_{33} \end{vmatrix}=1$,则 $D_1=\begin{vmatrix} 4a_{11} & 2a_{11}-3a_{12} & a_{13} \\ 4a_{21} & 2a_{21}-3a_{22} & a_{23} \\ 4a_{31} & 2a_{31}-3a_{32} & a_{33} \end{vmatrix}=($ $)$.

(A) 0;　(B) -12;　(C) 12;　(D) 1.

(2) 设 $D_n=\begin{vmatrix} 1 & a & a & \cdots & a \\ a & 1 & a & \cdots & a \\ a & a & 1 & \cdots & a \\ \vdots & \vdots & \vdots & & \vdots \\ a & a & a & \cdots & 1 \end{vmatrix}=0$,但 $D_{n-1}\neq 0$,则 $a=($ $)$.

(A) 1;　(B) -1;　(C) $\dfrac{1}{n-1}$;　(D) $\dfrac{1}{1-n}$.

(3) 下列关于矩阵乘法说法正确的是(　).

(A) 设 $\boldsymbol{AB}=\boldsymbol{C}$,则 $\boldsymbol{BA}=\boldsymbol{C}$;

(B) 设 $\boldsymbol{AB}=\boldsymbol{O}$,则 $\boldsymbol{A}=\boldsymbol{O}$ 或 $\boldsymbol{B}=\boldsymbol{O}$;

(C) 设 $\boldsymbol{AC}=\boldsymbol{BC}$ 且 $\boldsymbol{C}\neq\boldsymbol{O}$,则 $\boldsymbol{A}=\boldsymbol{B}$;

(D) $\boldsymbol{A}(\boldsymbol{B}+\boldsymbol{C})=\boldsymbol{AB}+\boldsymbol{AC}$.

(4) 设 $\boldsymbol{A}$ 是 n 阶对称矩阵,$\boldsymbol{B}$ 是 n 阶反对称矩阵,则下列矩阵中是对称矩阵的为(　).

(A) $\boldsymbol{AB}-\boldsymbol{BA}$;　(B) $\boldsymbol{AB}+\boldsymbol{BA}$;

(C) $(\boldsymbol{AB})^2$;　(D) $\boldsymbol{A}+\boldsymbol{B}$.

(5) 设 $\boldsymbol{A}=\begin{pmatrix} a_{11} & a_{12} & a_{13} \\ a_{21} & a_{22} & a_{23} \\ a_{31} & a_{32} & a_{33} \end{pmatrix}$,$\boldsymbol{B}=\begin{pmatrix} a_{21} & a_{22}+ka_{23} & a_{23} \\ a_{31} & a_{32}+ka_{33} & a_{33} \\ a_{11} & a_{12}+ka_{13} & a_{13} \end{pmatrix}$,$\boldsymbol{P}_1=\begin{pmatrix} 0 & 1 & 0 \\ 0 & 0 & 1 \\ 1 & 0 & 0 \end{pmatrix}$,

$\boldsymbol{P}_2=\begin{pmatrix} 1 & 0 & 0 \\ 0 & 1 & 0 \\ 0 & k & 1 \end{pmatrix}$,则 $\boldsymbol{B}=($ $)$.

(A) $\boldsymbol{AP}_1\boldsymbol{P}_2$;　(B) $\boldsymbol{P}_1\boldsymbol{AP}_2$;　(C) $\boldsymbol{AP}_2\boldsymbol{P}_1$;　(D) $\boldsymbol{P}_2\boldsymbol{AP}_1$.

(6) 设 $\boldsymbol{A},\boldsymbol{B},\boldsymbol{C}$ 均为 n 阶方阵,且 $\boldsymbol{AB}=\boldsymbol{BC}=\boldsymbol{CA}=\boldsymbol{E}$,则 $\boldsymbol{A}^2+\boldsymbol{B}^2+\boldsymbol{C}^2=($ $)$.

(A) $3\boldsymbol{E}$;　(B) $2\boldsymbol{E}$;　(C) $\boldsymbol{E}$;　(D) $\boldsymbol{O}$.

(7)设 $\boldsymbol{A},\boldsymbol{B}$ 均为 3 阶方阵且 $|\boldsymbol{A}|=2$,$\boldsymbol{A}^2+\boldsymbol{AB}+2\boldsymbol{E}=\boldsymbol{O}$,则 $|\boldsymbol{A}+\boldsymbol{B}|=($ $)$.

(A) 0;　(B) -1;　(C) -4;　(D) -2.

(8) 设 $\boldsymbol{AB}$ 均是 n 阶矩阵,则必有(　).

(A) $|\boldsymbol{A}+\boldsymbol{B}|=|\boldsymbol{A}|+|\boldsymbol{B}|$;　(B) $(\boldsymbol{AB})^{\mathrm{T}}=\boldsymbol{A}^{\mathrm{T}}\boldsymbol{B}^{\mathrm{T}}$;

(C) $|\boldsymbol{AB}|=|\boldsymbol{BA}^{\mathrm{T}}|$;　(D) $(\boldsymbol{A}+\boldsymbol{B})^{-1}=\boldsymbol{A}^{-1}+\boldsymbol{B}^{-1}$.

(9) 设 $\boldsymbol{A}$ 是 $n(n\geqslant 2)$ 阶矩阵,则 $|\boldsymbol{A}^*|=($　　$)$.

(A) 0;　　(B) $|\boldsymbol{A}|$;　　(C) $|\boldsymbol{A}|^n$;　　(D) $|\boldsymbol{A}|^{n-1}$.

(10) 若 $\boldsymbol{A}^2=\boldsymbol{O}$,则(　　).

(A) $\boldsymbol{A}$ 不可逆且 $\boldsymbol{A}-\boldsymbol{E}$ 不可逆;　　(B) $\boldsymbol{A}$ 可逆但 $\boldsymbol{A}+\boldsymbol{E}$ 不可逆;

(C) $\boldsymbol{A}-\boldsymbol{E}$ 可逆但 $\boldsymbol{A}+\boldsymbol{E}$ 不可逆;　　(D) $\boldsymbol{A}$ 不可逆.

3. (1) 设 $\boldsymbol{A}=\begin{pmatrix}2&0&-1\\5&3&6\end{pmatrix}$, $\boldsymbol{B}=\begin{pmatrix}1&1&0\\2&-3&3\end{pmatrix}$,计算 $\boldsymbol{A}+\boldsymbol{B}$, $2\boldsymbol{A}-3\boldsymbol{B}$;

(2) 设 $\boldsymbol{A}=\begin{pmatrix}2&3&1\\0&2&3\\0&0&2\end{pmatrix}$, $\boldsymbol{E}$ 为3阶单位矩阵,计算 $\boldsymbol{A}+3\boldsymbol{E}$;

(3) 设 $\boldsymbol{A}=\begin{pmatrix}2&0\\0&-3\end{pmatrix}$, $\boldsymbol{B}=\begin{pmatrix}3&1&2\\-1&-1&3\end{pmatrix}$, $\boldsymbol{C}=\begin{pmatrix}3&&\\&-5&\\&&2\end{pmatrix}$,计算 $\boldsymbol{AB}$, $\boldsymbol{BC}$;

(4) 设 $\boldsymbol{A}=\begin{pmatrix}2\\-1\\1\end{pmatrix}$,计算 $\boldsymbol{A}^{\mathrm{T}}\boldsymbol{A}$, $\boldsymbol{A}\boldsymbol{A}^{\mathrm{T}}$;

(5) 设 $\boldsymbol{A}=\begin{pmatrix}3&-1&2&0\\1&5&7&9\\2&4&6&8\end{pmatrix}$, $\boldsymbol{B}=\begin{pmatrix}7&5&-2&4\\5&1&9&7\\4&2&-6&6\end{pmatrix}$,且 $\boldsymbol{A}+3\boldsymbol{X}=\boldsymbol{B}$,求 $\boldsymbol{X}$;

(6) 设 $\boldsymbol{A}=\begin{pmatrix}2&-2&0&3\\1&1&4&-3\\6&5&0&2\end{pmatrix}$, $\boldsymbol{B}=\begin{pmatrix}-2&4&3\\0&-1&-2\\0&7&1\\3&2&-5\end{pmatrix}$,计算 $\boldsymbol{AB}$, $3\boldsymbol{A}-2\boldsymbol{B}^{\mathrm{T}}$;

(7) 设 $\boldsymbol{A}=\begin{pmatrix}1&0&1\\2&1&1\\1&1&3\end{pmatrix}$, $\boldsymbol{B}=\begin{pmatrix}2&2&1\\-4&4&0\\3&0&1\end{pmatrix}$,求 $(\boldsymbol{A}+\boldsymbol{B})^2-(\boldsymbol{A}^2+2\boldsymbol{AB}+\boldsymbol{B}^2)$;

(8) 设 $\boldsymbol{A}=\begin{pmatrix}1&-1&1\\0&1&1\\1&2&3\end{pmatrix}$, $\boldsymbol{B}=\begin{pmatrix}1&2&1\\-7&4&0\\3&-1&1\end{pmatrix}$,求 $(\boldsymbol{AB})^{\mathrm{T}}$, $\boldsymbol{AB}-\boldsymbol{BA}$, $(\boldsymbol{A}+3\boldsymbol{B})^{\mathrm{T}}$.

4. (1) 设 $f(x)=x^2+x+2$, $\boldsymbol{A}=\begin{pmatrix}1&2&1\\0&1&1\\1&3&4\end{pmatrix}$,计算 $f(\boldsymbol{A})$;

(2) 设 $f(x)=x^2-3x+1, g(x)=x+1, \boldsymbol{A}=\begin{pmatrix}1 & 0\\ 1 & 2\end{pmatrix}$，计算 $f(\boldsymbol{A})g(\boldsymbol{A}), g(\boldsymbol{A})f(\boldsymbol{A})$.

并验证：对任意的 $f(x), g(x)$，是否都有 $f(\boldsymbol{A})g(\boldsymbol{A})=g(\boldsymbol{A})f(\boldsymbol{A})$ 成立？并证明你的结论.

5. (1) 设 $\boldsymbol{P}=\begin{pmatrix}1 & 1\\ 1 & 2\end{pmatrix}, \boldsymbol{B}=\begin{pmatrix}3 & 0\\ 0 & 1\end{pmatrix}, \boldsymbol{Q}=\begin{pmatrix}2 & -1\\ -1 & 1\end{pmatrix}, \boldsymbol{A}=\boldsymbol{PBQ}$，求 $\boldsymbol{A}^2, \boldsymbol{A}^3$；

(2) 设 $\boldsymbol{A}=\begin{pmatrix}1 & 1 & 0\\ 0 & 1 & 1\\ 0 & 0 & 1\end{pmatrix}$，求 $\boldsymbol{A}^3, \boldsymbol{A}^4$.

6. 计算：

(1) $\begin{pmatrix}k & 0 & 0\\ 0 & k & 0\\ 0 & 0 & k\end{pmatrix}^n$； (2) $\begin{pmatrix}2 & 3\\ 0 & 2\end{pmatrix}^n$；

(3) $\begin{pmatrix}0 & 1 & 0 & 0\\ 0 & 0 & 1 & 0\\ 0 & 0 & 0 & 1\\ 0 & 0 & 0 & 0\end{pmatrix}^n$； (4) $\begin{pmatrix}1 & -1 & -1 & -1\\ -1 & 1 & -1 & -1\\ -1 & -1 & 1 & -1\\ -1 & -1 & -1 & 1\end{pmatrix}^n$；

(5) $\begin{pmatrix}\cos\varphi & -\sin\varphi\\ \sin\varphi & \cos\varphi\end{pmatrix}^n$； (6)设 $\boldsymbol{A}=\begin{pmatrix}1\\ 2\\ 3\end{pmatrix}, \boldsymbol{B}=\left(1, \frac{1}{2}, \frac{1}{3}\right), \boldsymbol{C}=\boldsymbol{AB}$，计算 $\boldsymbol{C}^n$.

7. 计算下列行列式.

(1) $\begin{vmatrix}1 & 2 & 3\\ 0 & 2 & 3\\ 1 & 1 & 5\end{vmatrix}$； (2) $\begin{vmatrix}1 & 1 & 2\\ 2 & 3 & 1\\ 3 & 1 & 5\end{vmatrix}$； (3) $\begin{vmatrix}a & 1 & 1\\ 1 & a & 1\\ 1 & 1 & a\end{vmatrix}$； (4) $\begin{vmatrix}1 & 1 & 1\\ 2a & a+b & 2b\\ a^2 & ab & b^2\end{vmatrix}$；

(5) $\begin{vmatrix}\sin\alpha & \cos\alpha & \sin(\alpha+\delta)\\ \sin\beta & \cos\beta & \sin(\beta+\delta)\\ \sin\gamma & \cos\gamma & \sin(\gamma+\delta)\end{vmatrix}$； (6) $\begin{vmatrix}ax+by & ay+bz & az+bx\\ ay+bz & az+bx & ax+by\\ az+bx & ax+by & ay+bz\end{vmatrix}$；

(7) $\begin{vmatrix}3 & 1 & -1 & 2\\ -5 & 1 & 3 & -4\\ 2 & 0 & 1 & -1\\ 1 & -5 & 3 & -1\end{vmatrix}$； (8) $\begin{vmatrix}0 & -1 & -1 & -1\\ 1 & 0 & -1 & -1\\ 1 & 1 & 0 & -1\\ 1 & 1 & 1 & 0\end{vmatrix}$；

(9) $\begin{vmatrix}2 & 0 & 1 & 3\\ 3 & 2 & 2 & 1\\ 1 & 0 & 7 & 0\\ 4 & 1 & 2 & 1\end{vmatrix}$； (10) $\begin{vmatrix}0 & 0 & 0 & 1\\ 0 & 0 & 2 & 1\\ 0 & 3 & 2 & 1\\ 4 & 3 & 2 & 1\end{vmatrix}$； (11) $\begin{vmatrix} & & & & 5\\ & & & 4 & \\ & & 3 & & \\ & 2 & & & \\ 1 & & & & \end{vmatrix}$；

(12) $\begin{vmatrix} a^2 & (a+2)^2 & (a+4)^2 & (a+6)^2 \\ b^2 & (b+2)^2 & (b+4)^2 & (b+6)^2 \\ c^2 & (c+2)^2 & (c+4)^2 & (c+6)^2 \\ d^2 & (d+2)^2 & (d+4)^2 & (d+6)^2 \end{vmatrix}$； (13) $\begin{vmatrix} 1 & 1 & 1 & 1 \\ a-1 & a-2 & a-3 & a-4 \\ (a-1)^2 & (a-2)^2 & (a-3)^2 & (a-4)^2 \\ (a-1)^3 & (a-2)^3 & (a-3)^3 & (a-4)^3 \end{vmatrix}$；

(14) $\begin{vmatrix} a_1+b_1 & a_1+b_2 & \cdots & a_1+b_n \\ a_2+b_1 & a_2+b_2 & \cdots & a_2+b_n \\ \vdots & \vdots & & \vdots \\ a_n+b_1 & a_n+b_2 & \cdots & a_n+b_n \end{vmatrix}$； (15) $\begin{vmatrix} a_{11} & \cdots & 0 & 0 & \cdots & 0 \\ \vdots & & \vdots & \vdots & & \vdots \\ a_{k1} & \cdots & a_{kk} & 0 & \cdots & 0 \\ c_{11} & \cdots & c_{1k} & b_{11} & \cdots & b_{1n} \\ \vdots & & \vdots & \vdots & & \vdots \\ c_{n1} & \cdots & c_{nk} & 0 & \cdots & b_{nn} \end{vmatrix}$；

(16) $\begin{vmatrix} 1+a_1 & 1 & \cdots & 1 \\ 1 & 1+a_2 & \cdots & 1 \\ \vdots & \vdots & & \vdots \\ 1 & 1 & \cdots & 1+a_n \end{vmatrix}$，$a_1a_2\cdots a_n\neq 0$； (17) $\begin{vmatrix} 0 & 1 & 0 & \cdots & 0 & 0 \\ 0 & 0 & 2 & \cdots & 0 & 0 \\ \vdots & \vdots & \vdots & & \vdots & \vdots \\ 0 & 0 & 0 & \cdots & 0 & n-1 \\ n & 0 & 0 & \cdots & 0 & 0 \end{vmatrix}$；

*(18) $\begin{vmatrix} a & & & & & & & b \\ & a & & & & & b & \\ & & \ddots & & & \iddots & & \\ & & & a & b & & & \\ & & & b & a & & & \\ & & \iddots & & & \ddots & & \\ & b & & & & & a & \\ b & & & & & & & a \end{vmatrix}_{2n\times 2n}$； (19) $\begin{vmatrix} 1 & 2 & 3 & \cdots & n \\ 1 & 2 & 0 & \cdots & 0 \\ 1 & 0 & 3 & \cdots & 0 \\ \vdots & \vdots & \vdots & & \vdots \\ 1 & 0 & 0 & \cdots & n \end{vmatrix}$.

(20) $\begin{vmatrix} \alpha+\beta & \alpha & 0 & \cdots & 0 & 0 \\ \beta & \alpha+\beta & \alpha & \cdots & 0 & 0 \\ 0 & \beta & \alpha+\beta & \cdots & 0 & 0 \\ \vdots & \vdots & \vdots & & \vdots & \vdots \\ 0 & 0 & 0 & \cdots & \alpha+\beta & \alpha \\ 0 & 0 & 0 & \cdots & \beta & \alpha+\beta \end{vmatrix}_n$.

8. 设 $\boldsymbol{A}=\begin{pmatrix} 1 & 1 & 1 \\ 1 & 4 & 9 \\ 1 & 2 & 3 \end{pmatrix}$，计算

(1) $\begin{pmatrix} 1 & 0 & 0 \\ 0 & 0 & 1 \\ 0 & 1 & 0 \end{pmatrix}\begin{pmatrix} 1 & 0 & 0 \\ 0 & 1 & 0 \\ -1 & 0 & 1 \end{pmatrix}\begin{pmatrix} 1 & 0 & 0 \\ -1 & 1 & 0 \\ 0 & 0 & 1 \end{pmatrix}\boldsymbol{A}$；

(2) $\begin{pmatrix}1&0&0\\0&0&1\\0&1&0\end{pmatrix}\begin{pmatrix}1&0&0\\0&1&0\\-1&0&1\end{pmatrix}\boldsymbol{A}\begin{pmatrix}1&0&0\\-1&1&0\\0&0&1\end{pmatrix}$；

(3) $\begin{pmatrix}1&0&0\\0&0&1\\0&1&0\end{pmatrix}\boldsymbol{A}\begin{pmatrix}1&0&0\\0&1&0\\-1&0&1\end{pmatrix}\begin{pmatrix}1&0&0\\-1&1&0\\0&0&1\end{pmatrix}$.

9. 设 $\boldsymbol{A}=\begin{pmatrix}1&0&2\\1&1&1\\2&1&3\\4&1&7\end{pmatrix}$，$\boldsymbol{B}=\begin{pmatrix}1&1&2\\0&1&1\\1&1&3\end{pmatrix}$，求 $r(\boldsymbol{AB})$.

10. 将下列矩阵化成阶梯形矩阵.

(1) $\begin{pmatrix}1&1&1\\0&1&2\\0&3&8\end{pmatrix}$；(2) $\begin{pmatrix}0&1&1\\-1&1&2\\-3&4&9\end{pmatrix}$；(3) $\begin{pmatrix}-1&1&1\\-4&2&3\\-2&4&3\end{pmatrix}$；(4) $\begin{pmatrix}1&1&2&3\\1&0&1&4\\3&2&0&1\end{pmatrix}$；

(5) $\begin{pmatrix}2&1&1\\1&0&1\\-1&1&1\\2&-2&-2\end{pmatrix}$；(6) $\begin{pmatrix}1&0&2&-1&0\\0&-2&4&0&0\\3&1&7&-1&1\\-3&-1&-7&1&-1\end{pmatrix}$.

11. 求下列矩阵的秩.

(1) $\begin{pmatrix}1&1\\2&0\\1&2\end{pmatrix}$；(2) $\begin{pmatrix}0&1&2\\1&0&1\end{pmatrix}$；(3) $\begin{pmatrix}1&1&2\\3&1&4\\2&-1&0\end{pmatrix}$；(4) $\begin{pmatrix}1&-1&2&1\\2&-2&4&-2\\3&0&4&-1\end{pmatrix}$；

(5) $\begin{pmatrix}2&1&3&4\\1&1&0&2\\3&1&4&2\\4&5&2&5\end{pmatrix}$；(6) $\begin{pmatrix}1&1&0&1&1\\-1&-1&2&1&1\\2&0&-1&0&2\end{pmatrix}$；(7) $\begin{pmatrix}2&2&3&1\\1&-3&-2&0\\8&0&5&3\\3&7&8&2\\7&-5&0&0\end{pmatrix}$；

(8) $\begin{pmatrix}1&-1&2&1&0\\2&-2&4&-2&0\\3&0&6&-1&1\\0&3&0&0&1\end{pmatrix}$.

12. 求 $\boldsymbol{A}^*$ 的秩，其中

(1) $\boldsymbol{A}=\begin{pmatrix}2&1&-1\\1&1&0\\4&2&3\end{pmatrix}$；(2) $\boldsymbol{A}=\begin{pmatrix}1&0&3&1\\0&2&1&3\\1&2&4&4\\2&4&8&8\end{pmatrix}$.

13. 讨论下列矩阵的秩.

(1) $A=\begin{pmatrix}1&1&0&0&1\\2&2&0&a&2\\1&1&3&3&4\\2&2&a&0&3\end{pmatrix}$； (2) $B=\begin{pmatrix}1&a&a&a\\a&1&a&a\\a&a&1&a\\a&a&a&1\end{pmatrix}$；

(3) 设 $C=\begin{pmatrix}a_1\\a_2\\\vdots\\a_n\end{pmatrix}(b_1\quad b_2\quad\cdots\quad b_n)$, $a_i\neq 0, b_i\neq 0, i=1,2,\cdots,n$.

14. 讨论 a,b 为何值时，矩阵 $\begin{pmatrix}1&1&1&1&0\\0&1&2&2&1\\0&-1&a-3&a-3&b\\3&2&a&a&-1\end{pmatrix}$ 的秩为 2.

15. λ 为何值时，下列方程组有非零解.

(1) $\begin{cases}3x_1+2x_2-x_3=0,\\\lambda x_1+7x_2-2x_3=0,\\2x_1-x_2+3x_3=0;\end{cases}$ (2) $\begin{cases}\lambda x_1+x_2+x_3=0,\\x_1+\lambda x_2+x_3=0,\\x_1+x_2+\lambda x_3=0.\end{cases}$

16. 用克拉默法则求解下列线性方程组.

(1) $\begin{cases}2x_1+x_2=1,\\x_1+3x_2=2;\end{cases}$ (2) $\begin{cases}x_1+5x_2=3,\\2x_1+7x_2=12;\end{cases}$ (3) $\begin{cases}x_1+x_2+x_3=1,\\2x_1+3x_2=2,\\x_1+4x_2+x_3=3;\end{cases}$

(4) $\begin{cases}2x_1+x_2+x_3=4,\\x_1+x_2+x_3=3,\\x_1+2x_2+x_3=4;\end{cases}$ (5) $\begin{cases}6x_1+4x_2+x_3=3,\\x_1-x_2+2x_3+x_4=1,\\4x_1+x_2+2x_3=1,\\x_1+x_2+x_3+x_4=0.\end{cases}$

17. 若对可逆矩阵 A 施行下列初等变换变为矩阵 B：

(1) 交换 A 的第 i 行与第 j 行；

(2) 将 A 的第 i 行乘非零常数 k；

(3) A 的第 i 行各元素加上第 j 行对应元素的 k 倍，

求 AB^{-1}.

18. 求下列矩阵的逆.

(1) $\begin{pmatrix}3&4\\5&6\end{pmatrix}$； (2) $\begin{pmatrix}1&2&5\\3&1&6\\2&8&1\end{pmatrix}$； (3) $\begin{pmatrix}1&2&2\\2&1&-2\\2&-2&1\end{pmatrix}$； (4) $\begin{pmatrix}1&4&2\\0&2&1\\3&5&3\end{pmatrix}$；

(5) $\begin{pmatrix} -1 & 1 & 1 & 1 \\ -1 & -1 & 1 & 1 \\ -1 & -1 & -1 & 1 \\ -1 & -1 & -1 & -1 \end{pmatrix}$; (6) $\begin{pmatrix} 1 & 2 & 0 & 0 \\ 0 & 1 & 2 & 0 \\ 0 & 0 & 1 & 2 \\ 0 & 0 & 0 & 1 \end{pmatrix}$;

(7) $\begin{pmatrix} 1 & 0 & 0 & \cdots & 0 & 0 \\ a & 1 & 0 & \cdots & 0 & 0 \\ a^2 & a & 1 & \cdots & 0 & 0 \\ \vdots & \vdots & \vdots & & \vdots & \vdots \\ a^{n-1} & a^{n-2} & a^{n-3} & \cdots & a & 1 \end{pmatrix}$.

*19. 讨论 a 为何值时,$\boldsymbol{A}_n=\begin{pmatrix} 1 & a & a & \cdots & a \\ a & 1 & a & \cdots & a \\ a & a & 1 & \cdots & a \\ \vdots & \vdots & \vdots & & \vdots \\ a & a & a & \cdots & 1 \end{pmatrix}$ 可逆,你能求出它的逆吗?

20. 用分块矩阵计算下列各题.

(1) 设 $\boldsymbol{A}=\begin{pmatrix} 3 & 4 & 0 & 0 \\ 4 & -3 & 0 & 0 \\ 0 & 0 & 2 & 0 \\ 0 & 0 & 2 & 2 \end{pmatrix}$,求 $|\boldsymbol{A}^8|$ 及 $\boldsymbol{A}^4$;

(2) 设 $\boldsymbol{A}=\begin{pmatrix} 5 & 0 & 0 \\ 0 & 1 & 2 \\ 0 & 3 & 4 \end{pmatrix}$,$\boldsymbol{B}=\begin{pmatrix} 5 & 2 & 0 & 0 \\ 2 & 1 & 0 & 0 \\ 0 & 0 & 8 & 3 \\ 0 & 0 & 5 & 2 \end{pmatrix}$,求 $\boldsymbol{A}^{-1}$,$\boldsymbol{B}^{-1}$;

(3) 设 $\boldsymbol{A}=\begin{pmatrix} 1 & 0 & 0 & 0 \\ 0 & 1 & 0 & 0 \\ 2 & 1 & 1 & 0 \\ 3 & 4 & 0 & 1 \end{pmatrix}$,$\boldsymbol{B}=\begin{pmatrix} 1 & -1 & 1 & 0 \\ -1 & 1 & 1 & 1 \\ 0 & 0 & 2 & 2 \\ 0 & 0 & 2 & 2 \end{pmatrix}$,求 $\boldsymbol{AB}$,$r(\boldsymbol{B})$.

*21. 设 $\boldsymbol{M}=\begin{pmatrix} \boldsymbol{O} & \boldsymbol{A} \\ \boldsymbol{B} & \boldsymbol{O} \end{pmatrix}$,其中 $\boldsymbol{A}$,$\boldsymbol{B}$ 分别为 m,n 阶可逆矩阵,证明 $\boldsymbol{M}^{-1}=\begin{pmatrix} \boldsymbol{O} & \boldsymbol{B}^{-1} \\ \boldsymbol{A}^{-1} & \boldsymbol{O} \end{pmatrix}$. 并由此公式求下列矩阵的逆.

(1) $\begin{pmatrix} 0 & 0 & 0 & 1 & -4 \\ 0 & 0 & 0 & 1 & 4 \\ 1 & -1 & -1 & 0 & 0 \\ -3 & 2 & 1 & 0 & 0 \\ 2 & 0 & 1 & 0 & 0 \end{pmatrix}$; (2) $\begin{pmatrix} 0 & a_1 & 0 & \cdots & 0 \\ 0 & 0 & a_2 & \cdots & 0 \\ \vdots & \vdots & \vdots & & \vdots \\ 0 & 0 & 0 & \cdots & a_{n-1} \\ a_n & 0 & 0 & \cdots & 0 \end{pmatrix}$,$a_1a_2\cdots a_n\neq 0$.

*22. 设 $\boldsymbol{A}=\begin{pmatrix}\boldsymbol{A}_{11} & \boldsymbol{O}\\ \boldsymbol{A}_{21} & \boldsymbol{A}_{22}\end{pmatrix}$，其中 $\boldsymbol{A}_{11}$，$\boldsymbol{A}_{22}$ 分别为 m，n 阶可逆矩阵，证明 $\boldsymbol{A}^{-1}=\begin{pmatrix}\boldsymbol{A}_{11}^{-1} & \boldsymbol{O}\\ -\boldsymbol{A}_{22}^{-1}\boldsymbol{A}_{21}\boldsymbol{A}_{11}^{-1} & \boldsymbol{A}_{22}^{-1}\end{pmatrix}$. 并用此公式求下列矩阵的逆矩阵.

(1) $\begin{pmatrix}1&0&0&0\\1&2&0&0\\2&1&3&0\\1&2&1&4\end{pmatrix}$；(2) $\begin{pmatrix}1&0&0&0\\-1&1&0&0\\0&-1&1&0\\0&0&-1&1\end{pmatrix}$.

若 $\boldsymbol{A}=\begin{pmatrix}\boldsymbol{A}_{11} & \boldsymbol{A}_{12}\\ \boldsymbol{O} & \boldsymbol{A}_{22}\end{pmatrix}$，$\boldsymbol{A}_{11}$，$\boldsymbol{A}_{22}$ 分别为 m，n 阶可逆矩阵，求 $\boldsymbol{A}^{-1}$，并由此求

(3) $\begin{pmatrix}2&1&3&4\\0&2&1&3\\0&0&2&1\\0&0&0&2\end{pmatrix}^{-1}$；(4) $\begin{pmatrix}1&2&2&1\\1&1&1&3\\0&0&1&1\\0&0&1&2\end{pmatrix}^{-1}$.

23. (1) 设 $\boldsymbol{A}=\begin{pmatrix}2&1&-1\\1&1&0\\1&-1&1\end{pmatrix}$，$\boldsymbol{B}=\begin{pmatrix}1&4\\-2&3\\3&2\end{pmatrix}$，且 $\boldsymbol{AX}=\boldsymbol{B}$，求 $\boldsymbol{X}$；

(2) 已知 $\boldsymbol{AXB}=\begin{pmatrix}1&2&-3\\0&1&-1\\1&-1&3\end{pmatrix}$，其中 $\boldsymbol{A}=\begin{pmatrix}0&1&0\\1&0&0\\0&0&1\end{pmatrix}$，$\boldsymbol{B}=\begin{pmatrix}1&0&0\\0&1&0\\0&1&1\end{pmatrix}$，求 $\boldsymbol{X}$；

(3) 已知 $\boldsymbol{AXB}=\begin{pmatrix}1&2&-1\\2&-1&0\end{pmatrix}$，$\boldsymbol{A}=\begin{pmatrix}1&1\\3&4\end{pmatrix}$，$\boldsymbol{B}=\begin{pmatrix}0&3&8\\2&5&1\\1&3&2\end{pmatrix}$，求 $\boldsymbol{X}$.

24. 设 $\boldsymbol{AB}=\boldsymbol{A}-\boldsymbol{B}$ 且 $\boldsymbol{A}=\begin{pmatrix}1&2&3\\1&-2&0\\-1&2&0\end{pmatrix}$，求 $\boldsymbol{B}$.

25. 设 $\boldsymbol{A}=\begin{pmatrix}1&0&1\\0&2&0\\1&0&1\end{pmatrix}$，且 $\boldsymbol{AX}+\boldsymbol{E}=\boldsymbol{A}^2+\boldsymbol{X}$，求 $\boldsymbol{X}$.

26. 设矩阵 $\boldsymbol{A}$，$\boldsymbol{B}$ 满足 $\boldsymbol{A}^*\boldsymbol{BA}=2\boldsymbol{BA}-8\boldsymbol{E}$，其中 $\boldsymbol{A}=\begin{pmatrix}1&0&0\\0&-2&0\\0&0&1\end{pmatrix}$，求 $\boldsymbol{B}$.

27. 设 $\boldsymbol{AB}=\boldsymbol{A}+\boldsymbol{B}$，求证 $\boldsymbol{A}-\boldsymbol{E}$ 可逆.

28. 设 $\boldsymbol{A}^k=\boldsymbol{O}$，其中 k 为正整数，证明 $(\boldsymbol{E}-\boldsymbol{A})^{-1}=\boldsymbol{E}+\boldsymbol{A}+\boldsymbol{A}^2+\cdots+\boldsymbol{A}^{k-1}$.

29. 设 $\boldsymbol{A},\boldsymbol{B}$ 均为 n 阶方阵且 $\boldsymbol{E}-\boldsymbol{AB}$ 与 $\boldsymbol{E}-\boldsymbol{BA}$ 都可逆，证明 $(\boldsymbol{E}-\boldsymbol{BA})^{-1}=\boldsymbol{E}+\boldsymbol{B}(\boldsymbol{E}-\boldsymbol{AB})^{-1}\boldsymbol{A}$.

30. 设 n 阶方阵 $\boldsymbol{A}$ 满足 $2\boldsymbol{A}(\boldsymbol{A}-\boldsymbol{E})=\boldsymbol{A}^3$，求 $(\boldsymbol{E}-\boldsymbol{A})^{-1}$.

31. 设 $\boldsymbol{A}$ 是幂等矩阵，即 $\boldsymbol{A}^2=\boldsymbol{A}$，证明 $\boldsymbol{A}+\boldsymbol{E}$ 可逆并求出 $\boldsymbol{A}+\boldsymbol{E}$ 的逆.

*32. 设 $\boldsymbol{B}$ 可逆，$\boldsymbol{A}$ 与 $\boldsymbol{B}$ 为同阶方阵且 $\boldsymbol{A}^2+\boldsymbol{AB}+\boldsymbol{B}^2=\boldsymbol{O}$，证明 $\boldsymbol{A}$ 和 $\boldsymbol{A}+\boldsymbol{B}$ 都可逆并求其逆.

*33. 判断下面矩阵是否有逆矩阵，若有，求出其逆矩阵；

(1) $\begin{pmatrix}1 & 2\\ 5 & 4\end{pmatrix}\pmod 6$；　(2) $\begin{pmatrix}0 & 0 & 1\\ 0 & 2 & 2\\ 3 & 3 & 3\end{pmatrix}\pmod 5$；

(3) $\begin{pmatrix}3 & 4 & 4 & 4\\ 4 & 3 & 4 & 4\\ 4 & 4 & 3 & 4\\ 4 & 4 & 4 & 3\end{pmatrix}\pmod{25}$.

*34. 若 $\boldsymbol{A}$ 和 $\boldsymbol{B}$ 关于模 m 同余，$\boldsymbol{C}$ 和 $\boldsymbol{D}$ 关于模 m 同余，证明 $x\boldsymbol{A}+y\boldsymbol{C}$ 和 $x\boldsymbol{B}+y\boldsymbol{D}$ 关于模 m 同余.

*35. 计算下列希尔密码的明文或密文.

(1) $m=math$，$\boldsymbol{K}=\begin{pmatrix}1 & 2\\ 8 & 3\end{pmatrix}$；

(2) $m=algebra$，$\boldsymbol{K}=\begin{pmatrix}1 & 10 & 7 & 10\\ 2 & 9 & 10 & 2\\ 7 & 8 & 3 & 9\\ 8 & 6 & 9 & 1\end{pmatrix}$；

(3) $c=ikm$，$\boldsymbol{K}=\begin{pmatrix}5 & 2\\ 6 & 9\end{pmatrix}$；

(4) $c=uir$，$\boldsymbol{K}=\begin{pmatrix}2 & 5 & 0\\ 4 & 1 & 5\\ 9 & 4 & 2\end{pmatrix}$.

*36. 密码学中，主要有四种攻击方式，分别是

(1) 唯密文攻击(ciphtext only attack，COA)：指仅知道密文的情况下进行分析，求解明文或密钥的密码分析方法；

(2) 已知明文攻击(known plaintext attack，KPA)：指攻击者掌握了部分的明文 m 和对应的密文 c，从而求解或破解出对应的密钥和加密算法；

(3) 选择明文攻击(chosen plaintext attack,CPA):指攻击者除了知道加密算法外,还可以选定明文消息,从而得到加密后的密文,即知道选择的明文和加密的密文,但是不能直接攻破密钥;

(4) 选择密文攻击(chosen ciphertext attack,CCA):指攻击者可以选择密文进行解密,除了知道选择明文攻击的基础上,攻击者可以任意制造或选择一些密文,并得到解密的明文,是一种比已知明文攻击更强的攻击方式.

思考如何利用上述四种攻击方式破解希尔密码?

第2章　n 维向量

n 维向量理论是线性代数的基础理论之一，也是研究线性代数的主要工具之一. 本章将主要研究 n 维向量之间的线性关系及有关结论，并介绍向量空间的基本内容.

§2.1　n 维向量及其运算

我们先介绍 n 维向量的概念，然后研究 n 维向量的线性运算.

1. n 维向量的概念

一般地，我们用 n 元数组表示一个向量，这样的向量就称为 n 维向量.

定义 2.1.1　n 个有序的数 $a_1,a_2,\cdots,a_n$ 所组成的数组 $(a_1,a_2,\cdots,a_n)$ 称为 n 维向量，简称向量.

n 维向量通常用斜体希腊字母 $\boldsymbol{\alpha},\boldsymbol{\beta},\boldsymbol{\gamma}$ 等表示. 为了沟通向量与矩阵的联系，n 维向量 $\boldsymbol{\alpha}=(a_1,a_2,\cdots,a_n)$ 亦记作

$$\boldsymbol{\alpha}=\begin{pmatrix}a_1\\a_2\\\vdots\\a_n\end{pmatrix}=(a_1,a_2,\cdots,a_n)^{\mathrm{T}}.$$

为了区别，前者称为 n **维行向量**，后者称为 n **维列向量**，其中 a_i 称为该向量的第 i 个**分量**，分量全为实数的向量称为实向量，分量是复数的向量称为复向量，我们只讨论实向量. 例如：$m\times n$ 矩阵

$$\boldsymbol{A}=\begin{pmatrix}a_{11}&a_{12}&\cdots&a_{1n}\\a_{21}&a_{22}&\cdots&a_{2n}\\\vdots&\vdots&&\vdots\\a_{m1}&a_{m2}&\cdots&a_{mn}\end{pmatrix}$$

中每一行$(a_{i1},a_{i2},\cdots,a_{in})$，$i=1,2,\cdots,m$，都是$n$维行向量，称为矩阵$\boldsymbol{A}$的行向量；每一列$(a_{1j},a_{2j},\cdots,a_{mj})^{\mathrm{T}}$，$j=1,2,\cdots,n$，都是$m$维列向量，称为矩阵$\boldsymbol{A}$的列向量.

设$\boldsymbol{\alpha}=(a_1,a_2,\cdots,a_n)$，$\boldsymbol{\beta}=(b_1,b_2,\cdots,b_n)$都是$n$维向量，当且仅当它们各个对应的分量都相等，即$a_i=b_i$时，$i=1,2,\cdots,n$，称向量$\boldsymbol{\alpha}$与$\boldsymbol{\beta}$相等，记作$\boldsymbol{\alpha}=\boldsymbol{\beta}$.

分量都是0的向量，称为零向量，记作$\mathbf{0}$，即

$$\mathbf{0}=(0,0,\cdots,0).$$

注意维数不同的零向量是不相等的. 向量$(-a_1,-a_2,\cdots,-a_n)$称为向量$\boldsymbol{\alpha}=(a_1,a_2,\cdots,a_n)$的负向量，记作$-\boldsymbol{\alpha}$.

2. n维向量的线性运算

定义 2.1.2 **设**$\boldsymbol{\alpha}=(a_1,a_2,\cdots,a_n)$，$\boldsymbol{\beta}=(b_1,b_2,\cdots,b_n)$**都是**$n$**维向量，那么向量**$(a_1+b_1,a_2+b_2,\cdots,a_n+b_n)$**称为向量**$\boldsymbol{\alpha}$**与**$\boldsymbol{\beta}$**的和，记作**$\boldsymbol{\alpha}+\boldsymbol{\beta}$**，即**

$$\boldsymbol{\alpha}+\boldsymbol{\beta}=(a_1+b_1,a_2+b_2,\cdots,a_n+b_n).$$

由负向量即可定义向量的减法.

$$\boldsymbol{\alpha}-\boldsymbol{\beta}=\boldsymbol{\alpha}+(-\boldsymbol{\beta})=(a_1-b_1,a_2-b_2,\cdots,a_n-b_n).$$

定义 2.1.3 **设**$\boldsymbol{\alpha}=(a_1,a_2,\cdots,a_n)$**为**$n$**维向量，**$\lambda$**为实数，那么向量**$(\lambda a_1,\lambda a_2,\cdots,\lambda a_n)$**称为数**$\lambda$**与向量**$\boldsymbol{\alpha}$**的乘积，记作**$\lambda\boldsymbol{\alpha}$**，即**

$$\lambda\boldsymbol{\alpha}=(\lambda a_1,\lambda a_2,\cdots,\lambda a_n).$$

向量加法及向量数乘两种运算统称为向量的**线性运算**，它满足下列运算规律：

(1) $\boldsymbol{\alpha}+\boldsymbol{\beta}=\boldsymbol{\beta}+\boldsymbol{\alpha}$，

(2) $(\boldsymbol{\alpha}+\boldsymbol{\beta})+\boldsymbol{\gamma}=\boldsymbol{\alpha}+(\boldsymbol{\beta}+\boldsymbol{\gamma})$，

(3) $\boldsymbol{\alpha}+\mathbf{0}=\boldsymbol{\alpha}$，

(4) $1\cdot\boldsymbol{\alpha}=\boldsymbol{\alpha}$，

(5) $\boldsymbol{\alpha}+(-\boldsymbol{\alpha})=\mathbf{0}$，

(6) $k(l\boldsymbol{\alpha})=(kl)\boldsymbol{\alpha}$，

(7) $k(\boldsymbol{\alpha}+\boldsymbol{\beta})=k\boldsymbol{\alpha}+k\boldsymbol{\beta}$，

(8) $(k+l)\boldsymbol{\alpha}=k\boldsymbol{\alpha}+l\boldsymbol{\alpha}$.

其中$\boldsymbol{\alpha},\boldsymbol{\beta},\boldsymbol{\gamma}$都是$n$维向量，$k,l$为常数.

定义 2.1.4 对于向量$\boldsymbol{\alpha},\boldsymbol{\alpha}_1,\boldsymbol{\alpha}_2,\cdots,\boldsymbol{\alpha}_m$，若有一组数$k_1,k_2,\cdots,k_m$，使

$$\boldsymbol{\alpha}=k_1\boldsymbol{\alpha}_1+k_2\boldsymbol{\alpha}_2+\cdots+k_m\boldsymbol{\alpha}_m,$$

则称向量$\boldsymbol{\alpha}$是向量$\boldsymbol{\alpha}_1,\boldsymbol{\alpha}_2,\cdots,\boldsymbol{\alpha}_m$的**线性组合**，或称$\boldsymbol{\alpha}$可由$\boldsymbol{\alpha}_1,\boldsymbol{\alpha}_2,\cdots,\boldsymbol{\alpha}_m$线性表示.

例如，对向量$\boldsymbol{\alpha}_1=(1,0,0)$，$\boldsymbol{\alpha}_2=(0,1,0)$，$\boldsymbol{\alpha}_3=(2,1,0)$，显然有$\boldsymbol{\alpha}_3=2\boldsymbol{\alpha}_1+\boldsymbol{\alpha}_2$，即称$\boldsymbol{\alpha}_3$是$\boldsymbol{\alpha}_1,\boldsymbol{\alpha}_2$的线性组合，或称$\boldsymbol{\alpha}_3$可由$\boldsymbol{\alpha}_1,\boldsymbol{\alpha}_2$线性表示.

§2.2 向量组的线性相关性

本节利用向量的线性运算研究向量间的线性关系.先介绍向量组的线性相关和线性无关的概念,并利用矩阵来研究向量组相关性的判定及其有关结论.

1. 线性相关的概念

向量组的线性相关性

同维数的向量所组成的集合称为向量组.向量组中有没有某个向量可由其余向量线性表示是向量组的一个重要性质,称为向量组的线性相关性.为叙述方便,我们用另一种说法给出它的定义.

定义 2.2.1 设有 n 维向量组 $\boldsymbol{\alpha}_1,\boldsymbol{\alpha}_2,\cdots,\boldsymbol{\alpha}_m$,若存在不全为零的数 $k_1,k_2,\cdots,k_m$,使

$$k_1\boldsymbol{\alpha}_1+k_2\boldsymbol{\alpha}_2+\cdots+k_m\boldsymbol{\alpha}_m=\mathbf{0}, \tag{2.2.1}$$

则称向量组 $\boldsymbol{\alpha}_1,\boldsymbol{\alpha}_2,\cdots,\boldsymbol{\alpha}_m$ 线性相关.否则,称向量组 $\boldsymbol{\alpha}_1,\boldsymbol{\alpha}_2,\cdots,\boldsymbol{\alpha}_m$ 线性无关,也就是说,当且仅当 $k_1=k_2=\cdots=k_m=0$ 时(2.2.1)式才成立,则称向量组 $\boldsymbol{\alpha}_1,\boldsymbol{\alpha}_2,\cdots,\boldsymbol{\alpha}_m$ 线性无关.

特别当向量组只含一个向量时,若该向量是零向量,则称它线性相关;若该向量是非零向量,则称它线性无关.

向量组的线性相关与一个向量是一组向量的线性组合分别从不同角度描述了向量之间的线性关系,下面给出它们之间的内在联系.

定理 2.2.1 向量组 $\boldsymbol{\alpha}_1,\boldsymbol{\alpha}_2,\cdots,\boldsymbol{\alpha}_m$ $(m\geqslant 2)$ 线性相关的充要条件是其中至少有一个向量可由其余 $m-1$ 个向量线性表示.

证 必要性.若向量组 $\boldsymbol{\alpha}_1,\boldsymbol{\alpha}_2,\cdots,\boldsymbol{\alpha}_m$ 线性相关,则必存在一组不全为零的数 $k_1,k_2,\cdots,k_m$,使

$$k_1\boldsymbol{\alpha}_1+k_2\boldsymbol{\alpha}_2+\cdots+k_m\boldsymbol{\alpha}_m=\mathbf{0}.$$

不妨设 $k_1\neq 0$,则有

$$\boldsymbol{\alpha}_1=\left(-\frac{k_2}{k_1}\right)\boldsymbol{\alpha}_2+\left(-\frac{k_3}{k_1}\right)\boldsymbol{\alpha}_3+\cdots+\left(-\frac{k_m}{k_1}\right)\boldsymbol{\alpha}_m,$$

即 $\boldsymbol{\alpha}_1$ 能由其余向量线性表示.

充分性.设向量组中至少有一个向量能用其余 $m-1$ 个向量线性表示,不妨设

$$\boldsymbol{\alpha}_m=k_1\boldsymbol{\alpha}_1+k_2\boldsymbol{\alpha}_2+\cdots+k_{m-1}\boldsymbol{\alpha}_{m-1},$$

因此存在一组不全为零的数 $k_1,k_2,\cdots,k_{m-1},-1$ 使

$$k_1\boldsymbol{\alpha}_1+k_2\boldsymbol{\alpha}_2+\cdots+k_{m-1}\boldsymbol{\alpha}_{m-1}+(-1)\boldsymbol{\alpha}_m=\mathbf{0}$$

成立,故 $\boldsymbol{\alpha}_1,\boldsymbol{\alpha}_2,\cdots,\boldsymbol{\alpha}_m$ 线性相关.

定理 2.2.2 如果向量组 $\boldsymbol{\alpha}_1,\boldsymbol{\alpha}_2,\cdots,\boldsymbol{\alpha}_m$ 线性无关，而向量组 $\boldsymbol{\alpha}_1,\boldsymbol{\alpha}_2,\cdots,\boldsymbol{\alpha}_m,\boldsymbol{\beta}$ 线性相关，则 $\boldsymbol{\beta}$ 可由向量组 $\boldsymbol{\alpha}_1,\boldsymbol{\alpha}_2,\cdots,\boldsymbol{\alpha}_m$ 线性表示，且表示法惟一.

证 由 $\boldsymbol{\alpha}_1,\boldsymbol{\alpha}_2,\cdots,\boldsymbol{\alpha}_m,\boldsymbol{\beta}$ 线性相关知存在一组不全为零的数 $k_1,k_2,\cdots,k_m,k$，使得

$$k_1\boldsymbol{\alpha}_1+k_2\boldsymbol{\alpha}_2+\cdots+k_m\boldsymbol{\alpha}_m+k\boldsymbol{\beta}=\mathbf{0}. \tag{2.2.2}$$

若 $k=0$，则(2.2.2)式变为

$$k_1\boldsymbol{\alpha}_1+k_2\boldsymbol{\alpha}_2+\cdots+k_m\boldsymbol{\alpha}_m=\mathbf{0}.$$

由 $\boldsymbol{\alpha}_1,\boldsymbol{\alpha}_2,\cdots,\boldsymbol{\alpha}_m$ 线性无关知必有 $k_1=k_2=\cdots=k_m=0$，与(2.2.2)中系数不全为零矛盾，故必有 $k\neq0$，则

$$\boldsymbol{\beta}=-\frac{k_1}{k}\boldsymbol{\alpha}_1-\frac{k_2}{k}\boldsymbol{\alpha}_2-\cdots-\frac{k_m}{k}\boldsymbol{\alpha}_m,$$

即 $\boldsymbol{\beta}$ 可由 $\boldsymbol{\alpha}_1,\boldsymbol{\alpha}_2,\cdots,\boldsymbol{\alpha}_m$ 线性表示.

下面证明表示法惟一.

假设

$$\boldsymbol{\beta}=k_1\boldsymbol{\alpha}_1+k_2\boldsymbol{\alpha}_2+\cdots+k_m\boldsymbol{\alpha}_m,$$
$$\boldsymbol{\beta}=l_1\boldsymbol{\alpha}_1+l_2\boldsymbol{\alpha}_2+\cdots+l_m\boldsymbol{\alpha}_m,$$

两式相减得

$$(k_1-l_1)\boldsymbol{\alpha}_1+(k_2-l_2)\boldsymbol{\alpha}_2+\cdots+(k_m-l_m)\boldsymbol{\alpha}_m=\mathbf{0},$$

由 $\boldsymbol{\alpha}_1,\boldsymbol{\alpha}_2,\cdots,\boldsymbol{\alpha}_m$ 线性无关知必有 $k_i=l_i(i=1,2,\cdots,m)$. 得证.

例 2.2.1 讨论向量组 $\boldsymbol{\alpha}_1=(1,1,2,2),\boldsymbol{\alpha}_2=(0,2,0,2),\boldsymbol{\alpha}_3=(1,0,2,1),\boldsymbol{\alpha}_4=(1,3,2,5)$ 的线性相关性.

思考题 2-1
设向量组 $\boldsymbol{\alpha}_1=(1,0,0),\boldsymbol{\alpha}_2=(1,1,0),\boldsymbol{\alpha}_3=(1,1,1),\boldsymbol{\beta}=(a,b,c)$，则 $\boldsymbol{\beta}$ 一定可由 $\boldsymbol{\alpha}_1,\boldsymbol{\alpha}_2,\boldsymbol{\alpha}_3$ 线性表示，且表示式惟一. 对吗?

解 设有常数 k_1,k_2,k_3,k_4，使

$$k_1\boldsymbol{\alpha}_1+k_2\boldsymbol{\alpha}_2+k_3\boldsymbol{\alpha}_3+k_4\boldsymbol{\alpha}_4=\mathbf{0},$$

即

$$(k_1+k_3+k_4,k_1+2k_2+3k_4,2k_1+2k_3+2k_4,2k_1+2k_2+k_3+5k_4)=\mathbf{0},$$

亦即

$$\begin{cases}k_1+k_3+k_4=0,\\k_1+2k_2+3k_4=0,\\2k_1+2k_3+2k_4=0,\\2k_1+2k_2+k_3+5k_4=0.\end{cases} \tag{2.2.3}$$

这是一个关于 k_1,k_2,k_3,k_4 的方程组. 由于方程组的系数行列式

$$D=\begin{vmatrix}1&0&1&1\\1&2&0&3\\2&0&2&2\\2&2&1&5\end{vmatrix}=0,$$

由克拉默法则知方程组有非零解，即有不全为零的数 k_1,k_2,k_3,k_4，使 $k_1\boldsymbol{\alpha}_1+k_2\boldsymbol{\alpha}_2+k_3\boldsymbol{\alpha}_3+k_4\boldsymbol{\alpha}_4=\mathbf{0}$，从而 $\boldsymbol{\alpha}_1,\boldsymbol{\alpha}_2,\boldsymbol{\alpha}_3,\boldsymbol{\alpha}_4$ 线性相关.

我们也可直接求出方程组(2.2.3)的解，即 $k_1=-k_3,k_2=\frac{1}{2}k_3,k_4=0$. 取 $k_3=-2$ 可解得 $k_1=2,k_2=-1$，于是有一组不全为零的数 $2,-1,-2,0$，使

$$2\boldsymbol{\alpha}_1-\boldsymbol{\alpha}_2-2\boldsymbol{\alpha}_3+0\boldsymbol{\alpha}_4=\mathbf{0}. \tag{2.2.4}$$

由此可知 $\boldsymbol{\alpha}_1,\boldsymbol{\alpha}_2,\boldsymbol{\alpha}_3,\boldsymbol{\alpha}_4$ 线性相关.

从(2.2.4)式，我们还可以得到

$$\boldsymbol{\alpha}_2=2\boldsymbol{\alpha}_1-2\boldsymbol{\alpha}_3+0\boldsymbol{\alpha}_4.$$

此式说明，由于 $\boldsymbol{\alpha}_1,\boldsymbol{\alpha}_2,\boldsymbol{\alpha}_3,\boldsymbol{\alpha}_4$ 线性相关，我们可以将其中的一个向量 $\boldsymbol{\alpha}_2$ 表示成其余向量 $\boldsymbol{\alpha}_1,\boldsymbol{\alpha}_3,\boldsymbol{\alpha}_4$ 的线性组合.

例 2.2.2 设向量组 $\boldsymbol{\alpha}_1,\boldsymbol{\alpha}_2,\boldsymbol{\alpha}_3$ 与 $\boldsymbol{\alpha}_1,\boldsymbol{\alpha}_2,\boldsymbol{\alpha}_3,\boldsymbol{\alpha}_4$ 均线性无关，向量组 $\boldsymbol{\alpha}_1,\boldsymbol{\alpha}_2,\boldsymbol{\alpha}_3,\boldsymbol{\alpha}_5$ 线性相关，讨论 $\boldsymbol{\alpha}_1,\boldsymbol{\alpha}_2,\boldsymbol{\alpha}_3,\boldsymbol{\alpha}_4+\boldsymbol{\alpha}_5$ 的线性相关性.

解 设有一组数 k_1,k_2,k_3,k_4，使

$$k_1\boldsymbol{\alpha}_1+k_2\boldsymbol{\alpha}_2+k_3\boldsymbol{\alpha}_3+k_4(\boldsymbol{\alpha}_4+\boldsymbol{\alpha}_5)=\mathbf{0}. \tag{2.2.5}$$

由于向量组 $\boldsymbol{\alpha}_1,\boldsymbol{\alpha}_2,\boldsymbol{\alpha}_3$ 线性无关，$\boldsymbol{\alpha}_1,\boldsymbol{\alpha}_2,\boldsymbol{\alpha}_3,\boldsymbol{\alpha}_5$ 线性相关，根据定理 2.2.2 知，$\boldsymbol{\alpha}_5$ 可由 $\boldsymbol{\alpha}_1,\boldsymbol{\alpha}_2,\boldsymbol{\alpha}_3$ 惟一线性表示，设

$$\boldsymbol{\alpha}_5=l_1\boldsymbol{\alpha}_1+l_2\boldsymbol{\alpha}_2+l_3\boldsymbol{\alpha}_3.$$

将上式代入(2.2.5)式得

$$(k_1+k_4l_1)\boldsymbol{\alpha}_1+(k_2+k_4l_2)\boldsymbol{\alpha}_2+(k_3+k_4l_3)\boldsymbol{\alpha}_3+k_4\boldsymbol{\alpha}_4=\mathbf{0}.$$

再由 $\boldsymbol{\alpha}_1,\boldsymbol{\alpha}_2,\boldsymbol{\alpha}_3,\boldsymbol{\alpha}_4$ 线性无关知

$$k_1+k_4l_1=k_2+k_4l_2=k_3+k_4l_3=k_4=0.$$

将 $k_4=0$ 代入(2.2.5)式得

$$k_1\boldsymbol{\alpha}_1+k_2\boldsymbol{\alpha}_2+k_3\boldsymbol{\alpha}_3=\mathbf{0}.$$

而向量组 $\boldsymbol{\alpha}_1,\boldsymbol{\alpha}_2,\boldsymbol{\alpha}_3$ 线性无关，从而

$$k_1=k_2=k_3=k_4=0,$$

所以向量组 $\boldsymbol{\alpha}_1,\boldsymbol{\alpha}_2,\boldsymbol{\alpha}_3,\boldsymbol{\alpha}_4+\boldsymbol{\alpha}_5$ 线性无关.

2. 线性相关的判定定理

线性相关与线性无关是线性代数中一个十分重要的概念，而如何判定一组向

量的相关性又是我们必须要解决的一个问题.下面我们就来研究线性相关性的判定定理.

定理 2.2.3 若 $\boldsymbol{\alpha}_1,\boldsymbol{\alpha}_2,\cdots,\boldsymbol{\alpha}_r$ 线性相关,则 $\boldsymbol{\alpha}_1,\boldsymbol{\alpha}_2,\cdots,\boldsymbol{\alpha}_r,\boldsymbol{\alpha}_{r+1},\cdots,\boldsymbol{\alpha}_m$ 也线性相关.

证 因 $\boldsymbol{\alpha}_1,\boldsymbol{\alpha}_2,\cdots,\boldsymbol{\alpha}_r$线性相关,故有不全为零的数 $k_1,k_2,\cdots,k_r$,使

$$k_1\boldsymbol{\alpha}_1+k_2\boldsymbol{\alpha}_2+\cdots+k_r\boldsymbol{\alpha}_r=\mathbf{0}.$$

从而

$$k_1\boldsymbol{\alpha}_1+k_2\boldsymbol{\alpha}_2+\cdots+k_r\boldsymbol{\alpha}_r+0\boldsymbol{\alpha}_{r+1}+\cdots+0\boldsymbol{\alpha}_m=\mathbf{0}.$$

因 $k_1,k_2,\cdots,k_r,0,\cdots,0$ 这 m 个数不全为零,故 $\boldsymbol{\alpha}_1,\boldsymbol{\alpha}_2,\cdots,\boldsymbol{\alpha}_m$线性相关.

推论 一个线性无关的向量组的任何非空的部分向量组都线性无关.

定理 2.2.4 m 个 n 维向量 $\boldsymbol{\alpha}_i=(a_{i1},a_{i2},\cdots,a_{in})(i=1,2,\cdots,m)$线性相关的充要条件是矩阵

$$\boldsymbol{A}=\begin{pmatrix}\boldsymbol{\alpha}_1\\ \boldsymbol{\alpha}_2\\ \vdots\\ \boldsymbol{\alpha}_m\end{pmatrix}=\begin{pmatrix}a_{11}&a_{12}&\cdots&a_{1n}\\ a_{21}&a_{22}&\cdots&a_{2n}\\ \vdots&\vdots&&\vdots\\ a_{m1}&a_{m2}&\cdots&a_{mn}\end{pmatrix}$$

的秩 $r(\boldsymbol{A})<m$.

证 必要性.设 $\boldsymbol{\alpha}_1,\boldsymbol{\alpha}_2,\cdots,\boldsymbol{\alpha}_m$ 线性相关,由定理 2.2.1 知必有某个向量,不妨设为 $\boldsymbol{\alpha}_m$,可由其余 $m-1$ 个向量线性表示,即

$$\boldsymbol{\alpha}_m=k_1\boldsymbol{\alpha}_1+k_2\boldsymbol{\alpha}_2+\cdots+k_{m-1}\boldsymbol{\alpha}_{m-1},$$

写成分量形式即为

$$a_{mj}=k_1a_{1j}+k_2a_{2j}+\cdots+k_{m-1}a_{m-1,j},\tag{2.2.6}$$

其中 $j=1,2,\cdots,n$.对 $\boldsymbol{A}$ 作初等行变换,用$-k_1,-k_2,\cdots,-k_{m-1}$ 分别乘 $\boldsymbol{A}$ 的第 1,2,$\cdots$,$m-1$ 行后都加到第 m 行上去,根据(2.2.6)式有

$$\boldsymbol{A}=\begin{pmatrix}a_{11}&a_{12}&\cdots&a_{1n}\\ \vdots&\vdots&&\vdots\\ a_{m-1,1}&a_{m-1,2}&\cdots&a_{m-1,n}\\ a_{m1}&a_{m2}&\cdots&a_{mn}\end{pmatrix}\longrightarrow\begin{pmatrix}a_{11}&a_{12}&\cdots&a_{1n}\\ \vdots&\vdots&&\vdots\\ a_{m-1,1}&a_{m-1,2}&\cdots&a_{m-1,n}\\ 0&0&\cdots&0\end{pmatrix}=\boldsymbol{B}.\tag{2.2.7}$$

由矩阵秩的定义知 $r(\boldsymbol{B})<m$,但由于 $\boldsymbol{A}\cong\boldsymbol{B}$,所以 $r(\boldsymbol{A})=r(\boldsymbol{B})<m$.

充分性.设 $r(\boldsymbol{A})=r<m$,不妨设 $r>0$,且 $\boldsymbol{A}$ 的左上角的 r 阶子式 $D_r\neq0$,考虑 $\boldsymbol{A}$ 的 $r+1$ 阶子式

$$D_{r+1}=\begin{vmatrix} a_{11} & \cdots & a_{1r} & a_{1j} \\ \vdots & & \vdots & \vdots \\ a_{r1} & \cdots & a_{rr} & a_{rj} \\ a_{k1} & \cdots & a_{kr} & a_{kj} \end{vmatrix}, j=1,2,\cdots,n, r<k\leqslant m,$$

将 D_{r+1} 按最后一列展开，有

$$a_{1j}A_1+a_{2j}A_2+\cdots+a_{rj}A_r+a_{kj}D_r=0, j=1,2,\cdots,n,$$

其中 $A_1,A_2,\cdots,A_r,D_r$ 为 D_{r+1} 中最后一列元素的代数余子式且 $D_r\neq 0$，即

$$\begin{aligned} &a_{11}A_1+a_{21}A_2+\cdots+a_{r1}A_r+a_{k1}D_r=0, \\ &a_{12}A_1+a_{22}A_2+\cdots+a_{r2}A_r+a_{k2}D_r=0, \\ &\cdots\cdots\cdots\cdots \\ &a_{1n}A_1+a_{2n}A_2+\cdots+a_{rn}A_r+a_{kn}D_r=0, \end{aligned}$$

写成向量形式即为 $\boldsymbol{\alpha}_1A_1+\boldsymbol{\alpha}_2A_2+\cdots+\boldsymbol{\alpha}_rA_r+\boldsymbol{\alpha}_kD_r=\mathbf{0}$，由 $A_1,A_2,\cdots,A_r,D_r$ 不全为零，所以 $\boldsymbol{\alpha}_1,\boldsymbol{\alpha}_2,\cdots,\boldsymbol{\alpha}_k$ 线性相关，从而 $\boldsymbol{\alpha}_1,\boldsymbol{\alpha}_2,\cdots,\boldsymbol{\alpha}_m$ 线性相关.

推论 1 当 $m>n$ 时，m 个 n 维向量线性相关.

推论 2 任意 m 个 n 维向量线性无关的充要条件是由它们构成的矩阵$\mathbf{A}=\mathbf{A}_{m\times n}$ 的秩 $r(\mathbf{A})=m$.

推论 3 任意 n 个 n 维向量线性无关的充要条件是由它们构成的方阵 $\mathbf{A}$ 的行列式不等于零.

定理 2.2.5 若 m 个 r 维向量 $\boldsymbol{\alpha}_i=(a_{i1},a_{i2},\cdots,a_{ir})(i=1,2,\cdots,m)$ 线性无关，则对应的 m 个 $r+1$ 维向量 $\boldsymbol{\beta}_i=(a_{i1},a_{i2},\cdots,a_{ir},a_{i,r+1})$ 也线性无关.

证 令

$$\mathbf{A}=\begin{pmatrix} \boldsymbol{\alpha}_1 \\ \boldsymbol{\alpha}_2 \\ \vdots \\ \boldsymbol{\alpha}_m \end{pmatrix}=\begin{pmatrix} a_{11} & a_{12} & \cdots & a_{1r} \\ a_{21} & a_{22} & \cdots & a_{2r} \\ \vdots & \vdots & & \vdots \\ a_{m1} & a_{m2} & \cdots & a_{mr} \end{pmatrix},$$

$$\boldsymbol{B}=\begin{pmatrix} \boldsymbol{\beta}_1 \\ \boldsymbol{\beta}_2 \\ \vdots \\ \boldsymbol{\beta}_m \end{pmatrix}=\begin{pmatrix} a_{11} & a_{12} & \cdots & a_{1r} & a_{1,r+1} \\ a_{21} & a_{22} & \cdots & a_{2r} & a_{2,r+1} \\ \vdots & \vdots & & \vdots & \vdots \\ a_{m1} & a_{m2} & \cdots & a_{mr} & a_{m,r+1} \end{pmatrix}, \tag{2.2.8}$$

则 $r(\mathbf{A})\leqslant r(\boldsymbol{B})\leqslant m$，由定理 2.2.4 的推论 2 知 $r(\mathbf{A})=m$，故 $r(\boldsymbol{B})=m$，所以 $\boldsymbol{\beta}_1,\boldsymbol{\beta}_2,\cdots,\boldsymbol{\beta}_m$ 线性无关.

推论 r 维向量组的每个向量添上 $n-r$ 个分量成为 n 维向量组. 若 r 维向量组

线性无关,则 n 维向量组亦线性无关.

例 2.2.3 判断向量组 $\boldsymbol{\alpha}_1=(-1,-1,0,0)$,$\boldsymbol{\alpha}_2=(2,2,0,2)$,$\boldsymbol{\alpha}_3=(2,-1,1,0)$,$\boldsymbol{\alpha}_4=(1,1,0,2)$的线性相关性.

解 令

$$\boldsymbol{A}=\begin{pmatrix}\boldsymbol{\alpha}_1\\ \boldsymbol{\alpha}_2\\ \boldsymbol{\alpha}_3\\ \boldsymbol{\alpha}_4\end{pmatrix}=\begin{pmatrix}-1&-1&0&0\\ 2&2&0&2\\ 2&-1&1&0\\ 1&1&0&2\end{pmatrix},$$

由$|\boldsymbol{A}|=0$,根据定理 2.2.4 的推论 3 可得出向量组 $\boldsymbol{\alpha}_1,\boldsymbol{\alpha}_2,\boldsymbol{\alpha}_3,\boldsymbol{\alpha}_4$ 线性相关.

或由

$$\boldsymbol{A}\xrightarrow[r_4+r_1]{\substack{r_2+2r_1\\ r_3+2r_1}}\begin{pmatrix}-1&-1&0&0\\ 0&0&0&2\\ 0&-3&1&0\\ 0&0&0&2\end{pmatrix}\longrightarrow\begin{pmatrix}-1&-1&0&0\\ 0&-3&1&0\\ 0&0&0&2\\ 0&0&0&0\end{pmatrix},$$

得 $r(\boldsymbol{A})=3<4$,由定理 2.2.4 知向量组 $\boldsymbol{\alpha}_1,\boldsymbol{\alpha}_2,\boldsymbol{\alpha}_3,\boldsymbol{\alpha}_4$ 线性相关.

例 2.2.4 讨论向量组 $\boldsymbol{\alpha}_1=(-1,-1,5,2)$,$\boldsymbol{\alpha}_2=(-2,1,-2,a)$,$\boldsymbol{\alpha}_3=(a,-1,3,0)$的线性相关性.

解 令

$$\boldsymbol{A}=\begin{pmatrix}\boldsymbol{\alpha}_1\\ \boldsymbol{\alpha}_2\\ \boldsymbol{\alpha}_3\end{pmatrix}=\begin{pmatrix}-1&-1&5&2\\ -2&1&-2&a\\ a&-1&3&0\end{pmatrix}, \tag{2.2.9}$$

$$\boldsymbol{A}\xrightarrow{\substack{r_2-2r_1\\ r_3+ar_1}}\begin{pmatrix}-1&-1&5&2\\ 0&3&-12&a-4\\ 0&-1-a&3+5a&2a\end{pmatrix}\longrightarrow\begin{pmatrix}-1&-1&5&2\\ 0&1&-4&(a-4)/3\\ 0&0&a-1&(a-1)(a+4)/3\end{pmatrix}.$$

所以 $a=1$ 时,$r(\boldsymbol{A})=2<3$,向量组线性相关;$a\neq1$ 时,$r(\boldsymbol{A})=3$,向量组线性无关.

§2.3 向量组的秩

上一节研究了向量间的线性关系,本节介绍向量组的极大线性无关组与秩的概念及其性质.

1. 向量组的极大线性无关组

定义 2.3.1 设有两个 n 维向量组

(Ⅰ) $\boldsymbol{\alpha}_1,\boldsymbol{\alpha}_2,\cdots,\boldsymbol{\alpha}_s$,

(Ⅱ) $\boldsymbol{\beta}_1,\boldsymbol{\beta}_2,\cdots,\boldsymbol{\beta}_t$.

若向量组(Ⅰ)**中每个向量都可由向量组**(Ⅱ)**线性表示,则称向量组**(Ⅰ)**可由向量组**(Ⅱ)**线性表示;若向量组**(Ⅰ)**和**(Ⅱ)**可以相互线性表示,则称向量组**(Ⅰ)**与**(Ⅱ)**等价.**

向量组的等价具有下列性质:

(1) **自反性**:向量组与它自身等价;

(2) **对称性**:如果向量组(Ⅰ)与向量组(Ⅱ)等价,则向量组(Ⅱ)与向量组(Ⅰ)也等价;

(3) **传递性**:如果向量组(Ⅰ)与向量组(Ⅱ)等价,向量组(Ⅱ)与向量组(Ⅲ)等价,则向量组(Ⅰ)与向量组(Ⅲ)等价.

定义 2.3.2 **若向量组 $\boldsymbol{\alpha}_1,\boldsymbol{\alpha}_2,\cdots,\boldsymbol{\alpha}_m$ 的部分向量组 $\boldsymbol{\alpha}_{i_1},\boldsymbol{\alpha}_{i_2},\cdots,\boldsymbol{\alpha}_{i_r}$ 满足条件:**

(1) 部分向量组 $\boldsymbol{\alpha}_{i_1},\boldsymbol{\alpha}_{i_2},\cdots,\boldsymbol{\alpha}_{i_r}$ 线性无关;

(2) 向量组 $\boldsymbol{\alpha}_1,\boldsymbol{\alpha}_2,\cdots,\boldsymbol{\alpha}_m$ 可由部分向量组 $\boldsymbol{\alpha}_{i_1},\boldsymbol{\alpha}_{i_2},\cdots,\boldsymbol{\alpha}_{i_r}$ 线性表示,

则称 $\boldsymbol{\alpha}_{i_1},\boldsymbol{\alpha}_{i_2},\cdots,\boldsymbol{\alpha}_{i_r}$ 为向量组 $\boldsymbol{\alpha}_1,\boldsymbol{\alpha}_2,\cdots,\boldsymbol{\alpha}_m$ 的一个极大线性无关组.

从定义可以看出,一个线性无关向量组的极大线性无关组就是向量组本身.

例 2.3.1 求向量组 $\boldsymbol{\alpha}_1=(2,1,0),\boldsymbol{\alpha}_2=(1,0,1),\boldsymbol{\alpha}_3=(3,1,1)$ 的极大线性无关组.

解 因 $\boldsymbol{\alpha}_1$ 与 $\boldsymbol{\alpha}_2$ 对应分量不成比例,故 $\boldsymbol{\alpha}_1$ 与 $\boldsymbol{\alpha}_2$ 线性无关. 又由于

$$\boldsymbol{\alpha}_1=1\cdot\boldsymbol{\alpha}_1+0\cdot\boldsymbol{\alpha}_2,\quad \boldsymbol{\alpha}_2=0\cdot\boldsymbol{\alpha}_1+1\cdot\boldsymbol{\alpha}_2,\quad \boldsymbol{\alpha}_3=1\cdot\boldsymbol{\alpha}_1+1\cdot\boldsymbol{\alpha}_2,$$

所以 $\boldsymbol{\alpha}_1,\boldsymbol{\alpha}_2,\boldsymbol{\alpha}_3$ 可由 $\boldsymbol{\alpha}_1,\boldsymbol{\alpha}_2$ 线性表示. 故 $\boldsymbol{\alpha}_1,\boldsymbol{\alpha}_2$ 是向量组 $\boldsymbol{\alpha}_1,\boldsymbol{\alpha}_2,\boldsymbol{\alpha}_3$ 的一个极大线性无关组.

例 2.3.1 中极大线性无关组不止一个,可以验证 $\boldsymbol{\alpha}_1,\boldsymbol{\alpha}_3$ 和 $\boldsymbol{\alpha}_2,\boldsymbol{\alpha}_3$ 都是向量组的极大线性无关组. 因此从上面的讨论可以得到

(1) 一个向量组只要含有非零向量,该向量组就一定有极大线性无关组.

(2) 一个向量组的极大线性无关组一般是不惟一的.

这样就产生一个问题:同一个向量组的不同的极大线性无关组中所含向量的个数是否相同? 下面解决这个问题.

定理 2.3.1 **设向量组 $\boldsymbol{\alpha}_1,\boldsymbol{\alpha}_2,\cdots,\boldsymbol{\alpha}_s$ 线性无关,且可由向量组 $\boldsymbol{\beta}_1,\boldsymbol{\beta}_2,\cdots,\boldsymbol{\beta}_t$ 线性表示,则 $s\leqslant t$.**

证 设

$$\boldsymbol{\alpha}_i=(a_{i1},a_{i2},\cdots,a_{in}),i=1,2,\cdots,s,$$

$$\boldsymbol{\beta}_i=(b_{i1},b_{i2},\cdots,b_{in}),i=1,2,\cdots,t.$$

因为向量组 $\boldsymbol{\alpha}_1,\boldsymbol{\alpha}_2,\cdots,\boldsymbol{\alpha}_s$ 可由向量组 $\boldsymbol{\beta}_1,\boldsymbol{\beta}_2,\cdots,\boldsymbol{\beta}_t$ 线性表示,设

$$\boldsymbol{\alpha}_i=k_{i1}\boldsymbol{\beta}_1+k_{i2}\boldsymbol{\beta}_2+\cdots+k_{it}\boldsymbol{\beta}_t, i=1,2,\cdots,s.$$

令

$$\boldsymbol{A}=\begin{pmatrix}\boldsymbol{\alpha}_1\\\boldsymbol{\alpha}_2\\\vdots\\\boldsymbol{\alpha}_s\end{pmatrix},\quad \boldsymbol{C}=\begin{pmatrix}\boldsymbol{\beta}_1\\\boldsymbol{\beta}_2\\\vdots\\\boldsymbol{\beta}_t\\\boldsymbol{\alpha}_1\\\vdots\\\boldsymbol{\alpha}_s\end{pmatrix}.$$

对矩阵作初等行变换，以$-k_{i1},-k_{i2},\cdots,-k_{it}$分别乘矩阵$\boldsymbol{C}$的第$1,2,\cdots,t$行后加到第$t+i$行上$(i=1,2,\cdots,s)$，得

$$\boldsymbol{C}=\begin{pmatrix}\boldsymbol{\beta}_1\\\vdots\\\boldsymbol{\beta}_t\\\boldsymbol{\alpha}_1\\\vdots\\\boldsymbol{\alpha}_s\end{pmatrix}=\begin{pmatrix}b_{11}&b_{12}&\cdots&b_{1n}\\\vdots&\vdots&&\vdots\\b_{t1}&b_{t2}&\cdots&b_{tn}\\a_{11}&a_{12}&\cdots&a_{1n}\\\vdots&\vdots&&\vdots\\a_{s1}&a_{s2}&\cdots&a_{sn}\end{pmatrix}\longrightarrow\begin{pmatrix}b_{11}&b_{12}&\cdots&b_{1n}\\\vdots&\vdots&&\vdots\\b_{t1}&b_{t2}&\cdots&b_{tn}\\0&0&\cdots&0\\\vdots&\vdots&&\vdots\\0&0&\cdots&0\end{pmatrix},$$

于是$s=r(\boldsymbol{A})\leqslant r(\boldsymbol{C})\leqslant t$.

推论1 若向量组$\boldsymbol{\alpha}_1,\boldsymbol{\alpha}_2,\cdots,\boldsymbol{\alpha}_r$可由向量组$\boldsymbol{\beta}_1,\boldsymbol{\beta}_2,\cdots,\boldsymbol{\beta}_s$线性表示，且$r>s$，则$\boldsymbol{\alpha}_1,\boldsymbol{\alpha}_2,\cdots,\boldsymbol{\alpha}_r$线性相关.

推论2 任意两个线性无关的等价向量组所含的向量个数相同.

定理2.3.2 一个向量组的任意两个极大线性无关组所含向量的个数相等.

证 因为一个向量组的任意两个极大无关组都与原向量组等价，由等价的传递性知，它们彼此也等价，再由定理2.3.1的推论2知，它们所含向量个数相等.

2. 向量组的秩及其求法

由定理2.3.2我们知道，虽然一个向量组的极大线性无关组是不惟一的，但是它们所含的向量个数却是相同的，这个相同的数是向量组的一个重要的数字参数.

定义2.3.3 向量组$\boldsymbol{\alpha}_1,\boldsymbol{\alpha}_2,\cdots,\boldsymbol{\alpha}_m$的极大线性无关组中所包含的向量个数称为该向量组的秩，记为$r(\boldsymbol{\alpha}_1,\boldsymbol{\alpha}_2,\cdots,\boldsymbol{\alpha}_m)$.

如例2.3.1中，向量组的秩为2；仅含零向量的向量组的秩规定为0.

由向量组秩的定义及定理2.3.1推论2易知，两个等价向量组的秩相等.

一个$m\times n$矩阵

$$\begin{pmatrix} a_{11} & a_{12} & \cdots & a_{1n} \\ a_{21} & a_{22} & \cdots & a_{2n} \\ \vdots & \vdots & & \vdots \\ a_{m1} & a_{m2} & \cdots & a_{mn} \end{pmatrix} \tag{2.3.1}$$

可以看作一个由 m 个 n 维向量组成的行向量组，也可以看作一个由 n 个 m 维向量组成的列向量组. 反之，一个向量组也可以组成一个矩阵. 因此有下面的定义.

定义 2.3.4　矩阵的行向量组的秩称为矩阵的行秩；矩阵的列向量组的秩称为矩阵的列秩.

定理 2.3.3　矩阵的行秩等于其列秩且都等于矩阵的秩.

证明略.

定理 2.3.3 实际上给出了一个具体求向量组的秩的方法，即将向量组排成一个矩阵，然后用第 1 章介绍的求矩阵秩的方法求出矩阵的秩，再根据定理 2.3.3，这个矩阵的秩就是向量组的秩.

例 2.3.2　求向量组 $\boldsymbol{\alpha}_1=(1,-1,0,1)$，$\boldsymbol{\alpha}_2=(2,3,0,2)$，$\boldsymbol{\alpha}_3=(0,1,2,1)$，$\boldsymbol{\alpha}_4=(-3,3,0,-3)$，$\boldsymbol{\alpha}_5=(2,1,3,4)$的秩.

解　将向量组按行摆放构成矩阵

$$\boldsymbol{A}=\begin{pmatrix} \boldsymbol{\alpha}_1 \\ \boldsymbol{\alpha}_2 \\ \boldsymbol{\alpha}_3 \\ \boldsymbol{\alpha}_4 \\ \boldsymbol{\alpha}_5 \end{pmatrix}=\begin{pmatrix} 1 & -1 & 0 & 1 \\ 2 & 3 & 0 & 2 \\ 0 & 1 & 2 & 1 \\ -3 & 3 & 0 & -3 \\ 2 & 1 & 3 & 4 \end{pmatrix},$$

则

$$\boldsymbol{A}\xrightarrow[r_5-2r_1]{\substack{r_2-2r_1\\ r_4+3r_1}}\begin{pmatrix} 1 & -1 & 0 & 1 \\ 0 & 5 & 0 & 0 \\ 0 & 1 & 2 & 1 \\ 0 & 0 & 0 & 0 \\ 0 & 3 & 3 & 2 \end{pmatrix}\to\begin{pmatrix} 1 & -1 & 0 & 1 \\ 0 & 1 & 2 & 1 \\ 0 & 3 & 3 & 2 \\ 0 & 5 & 0 & 0 \\ 0 & 0 & 0 & 0 \end{pmatrix}\to\begin{pmatrix} 1 & -1 & 0 & 1 \\ 0 & 1 & 2 & 1 \\ 0 & 0 & -3 & -1 \\ 0 & 0 & -10 & -5 \\ 0 & 0 & 0 & 0 \end{pmatrix}$$

$$\to\begin{pmatrix} 1 & -1 & 0 & 1 \\ 0 & 1 & 2 & 1 \\ 0 & 0 & -3 & -1 \\ 0 & 0 & 0 & -\dfrac{5}{3} \\ 0 & 0 & 0 & 0 \end{pmatrix}.$$

所以向量组的秩为 4.

也可以将向量组按列摆放构成矩阵

$$\boldsymbol{B}=(\boldsymbol{\alpha}_1\quad \boldsymbol{\alpha}_2\quad \boldsymbol{\alpha}_3\quad \boldsymbol{\alpha}_4\quad \boldsymbol{\alpha}_5)=\begin{pmatrix}1&2&0&-3&2\\-1&3&1&3&1\\0&0&2&0&3\\1&2&1&-3&4\end{pmatrix},$$

则

$$\boldsymbol{B}\longrightarrow\begin{pmatrix}1&2&0&-3&2\\0&5&1&0&3\\0&0&2&0&3\\0&0&1&0&2\end{pmatrix}\longrightarrow\begin{pmatrix}1&2&0&-3&2\\0&5&1&0&3\\0&0&1&0&2\\0&0&0&0&-1\end{pmatrix},$$

所以向量组的秩为 4.

3. 极大线性无关组的求法

我们知道凡含有非零向量的向量组必有极大线性无关组. 设 $\boldsymbol{\alpha}_1,\boldsymbol{\alpha}_2,\cdots,\boldsymbol{\alpha}_m$ 是含非零向量的向量组. 下面介绍求极大线性无关组的一种常用的方法——初等变换法.

将向量 $\boldsymbol{\alpha}_1,\boldsymbol{\alpha}_2,\cdots,\boldsymbol{\alpha}_m$ 按列摆放构成矩阵 $\boldsymbol{A}$，对 $\boldsymbol{A}$ 进行初等行变换将其化为阶梯形矩阵 $\boldsymbol{B}$，从而求出矩阵 $\boldsymbol{A}$ 的秩，设 $r(\boldsymbol{A})=r$，然后在 $\boldsymbol{B}$ 中找一个不为零的 r 阶子式，则位于这 r 阶子式所在列的矩阵 $\boldsymbol{A}$ 的 r 个列向量一定线性无关，并构成向量组 $\boldsymbol{\alpha}_1,\boldsymbol{\alpha}_2,\cdots,\boldsymbol{\alpha}_m$ 的一个极大线性无关组.

例 2.3.3　求向量组 $\boldsymbol{\alpha}_1=(1,3,-2,1)$，$\boldsymbol{\alpha}_2=(-1,-4,2,-1)$，$\boldsymbol{\alpha}_3=(1,2,-2,1)$，$\boldsymbol{\alpha}_4=(0,1,3,1)$ 的秩及一个极大线性无关组.

解　将向量组按列摆放构成矩阵

$$\boldsymbol{A}=(\boldsymbol{\alpha}_1\quad \boldsymbol{\alpha}_2\quad \boldsymbol{\alpha}_3\quad \boldsymbol{\alpha}_4)=\begin{pmatrix}1&-1&1&0\\3&-4&2&1\\-2&2&-2&3\\1&-1&1&1\end{pmatrix},$$

对 $\boldsymbol{A}$ 作初等行变换，有

$$\boldsymbol{A}\xrightarrow[r_4-r_1]{\substack{r_2-3r_1\\ r_3+2r_1}}\begin{pmatrix}1&-1&1&0\\0&-1&-1&1\\0&0&0&3\\0&0&0&1\end{pmatrix}\longrightarrow\begin{pmatrix}1&-1&1&0\\0&-1&-1&1\\0&0&0&1\\0&0&0&0\end{pmatrix}.$$

故 $r(\boldsymbol{A})=3$，即向量组的秩为 3. 又因为 3 阶子式

$$\begin{vmatrix}1 & -1 & 0\\0 & -1 & 1\\0 & 0 & 1\end{vmatrix}=-1\neq 0,$$

因此，$\boldsymbol{\alpha}_1,\boldsymbol{\alpha}_2,\boldsymbol{\alpha}_4$ 为向量组的一个极大线性无关组.

这种方法称为"列摆行变换法"，当然我们也可以用"行摆列变换法"求得向量组的极大线性无关组，这里不再详细介绍.

例 2.3.4 讨论 a 取何值时，向量组 $\boldsymbol{\alpha}_1=(1,0,0,3)$，$\boldsymbol{\alpha}_2=(1,1,-1,2)$，$\boldsymbol{\alpha}_3=(1,2,a-3,a)$，$\boldsymbol{\alpha}_4=(0,1,a,-2)$ 线性相关，并在此时求其一个极大线性无关组.

解 将向量组按列摆放构成矩阵

$$\boldsymbol{A}=(\boldsymbol{\alpha}_1\quad\boldsymbol{\alpha}_2\quad\boldsymbol{\alpha}_3\quad\boldsymbol{\alpha}_4)=\begin{pmatrix}1 & 1 & 1 & 0\\0 & 1 & 2 & 1\\0 & -1 & a-3 & a\\3 & 2 & a & -2\end{pmatrix},$$

对 $\boldsymbol{A}$ 作初等行变换，有

$$\boldsymbol{A}\xrightarrow[r_4-3r_1]{r_3+r_2}\begin{pmatrix}1 & 1 & 1 & 0\\0 & 1 & 2 & 1\\0 & 0 & a-1 & a+1\\0 & -1 & a-3 & -2\end{pmatrix}\longrightarrow\begin{pmatrix}1 & 1 & 1 & 0\\0 & 1 & 2 & 1\\0 & 0 & a-1 & -1\\0 & 0 & a-1 & a+1\end{pmatrix}\longrightarrow\begin{pmatrix}1 & 1 & 1 & 0\\0 & 1 & 2 & 1\\0 & 0 & a-1 & -1\\0 & 0 & 0 & a+2\end{pmatrix}.$$

可以看出 $a=-2$ 或 $a=1$ 时，$r(\boldsymbol{A})=3$，向量组线性相关. $a=-2$ 时，向量组的一个极大线性无关组可以取 $\boldsymbol{\alpha}_1,\boldsymbol{\alpha}_2,\boldsymbol{\alpha}_3$ 或 $\boldsymbol{\alpha}_1,\boldsymbol{\alpha}_2,\boldsymbol{\alpha}_4$；$a=1$ 时，极大线性无关组可以取 $\boldsymbol{\alpha}_1,\boldsymbol{\alpha}_2,\boldsymbol{\alpha}_4$ 或 $\boldsymbol{\alpha}_1,\boldsymbol{\alpha}_3,\boldsymbol{\alpha}_4$.

例 2.3.5 相关性在医药领域的应用 某中药厂用 9 种中药（A—I）根据不同比例配制了 7 种成药，用量成分见下表：

	1 号成药	2 号成药	3 号成药	4 号成药	5 号成药	6 号成药	7 号成药
A	10	2	14	12	20	38	100
B	12	0	12	25	35	60	55
C	5	3	11	0	5	14	0
D	7	9	25	5	15	47	35
E	0	1	2	25	5	33	6
F	25	5	35	5	35	55	50
G	9	4	17	25	2	39	25
H	6	5	16	10	10	35	10
I	8	2	12	0	2	6	20

现假设 3 号和 6 号成药脱销，是否可以用其他成药配制 3 号和 6 号成药？

解 把每一种成药成分看作一个9维列向量 $\boldsymbol{\alpha}_i(i=1,2,\cdots,7)$,分析各列向量构成的向量组 $\boldsymbol{\alpha}_1,\boldsymbol{\alpha}_2,\cdots,\boldsymbol{\alpha}_7$ 的线性相关性.

$$\boldsymbol{A}=(\boldsymbol{\alpha}_1,\boldsymbol{\alpha}_2,\cdots,\boldsymbol{\alpha}_7)=\begin{pmatrix}10&2&14&12&20&38&100\\12&0&12&25&35&60&55\\5&3&11&0&5&14&0\\7&9&25&5&15&47&35\\0&1&2&25&5&33&6\\25&5&35&5&35&55&50\\9&4&17&25&2&39&25\\6&5&16&10&10&35&10\\8&2&12&0&2&6&20\end{pmatrix}.$$

若该向量组线性相关,且能找到一个不含 $\boldsymbol{\alpha}_3$ 和 $\boldsymbol{\alpha}_6$ 的极大线性无关组,则可以用其他成药配制3号和6号成药;若该向量组线性无关,或者向量组线性相关但找不到一个不含 $\boldsymbol{\alpha}_3$ 和 $\boldsymbol{\alpha}_6$ 的极大无关组,则无法用其他成药配制脱销的3号和6号成药.

将 $\boldsymbol{A}$ 化为如下形式:

$$\boldsymbol{A}\to\begin{pmatrix}1&0&1&0&0&0&0\\0&1&2&0&0&3&0\\0&0&0&1&0&1&0\\0&0&0&0&1&1&0\\0&0&0&0&0&0&1\\0&0&0&0&0&0&0\\0&0&0&0&0&0&0\\0&0&0&0&0&0&0\\0&0&0&0&0&0&0\end{pmatrix},$$

得:$r(\boldsymbol{A})=5$,一个极大线性无关组为 $\boldsymbol{\alpha}_1,\boldsymbol{\alpha}_2,\boldsymbol{\alpha}_4,\boldsymbol{\alpha}_5,\boldsymbol{\alpha}_7$,且

$$\boldsymbol{\alpha}_3=\boldsymbol{\alpha}_1+2\boldsymbol{\alpha}_2,\boldsymbol{\alpha}_6=3\boldsymbol{\alpha}_2+\boldsymbol{\alpha}_4+\boldsymbol{\alpha}_5,$$

由此可知,脱销的成药可以由其他成药配制.

§2.4 向量空间

本节将根据向量间线性运算的性质来研究向量集合的问题,并给出向量空间、子空间、基、维数及坐标等概念.

1. 向量空间的概念

我们已经熟知,向量的基本关系是用其线性运算来描述的,因此在研究向量集合

时必须同时考虑到其中所定义的线性运算.

定义 2.4.1 设 V 是非空的向量集合,如果对任意 $\boldsymbol{\alpha},\boldsymbol{\beta}\in V$ 及任意实数 k 都有 $\boldsymbol{\alpha}+\boldsymbol{\beta}\in V,k\boldsymbol{\alpha}\in V$,则称向量集合 V 是(实数域上的)向量空间.

根据这一定义,显然全体 n 维向量的集合

$$\mathbf{R}^n=\{(a_1,a_2,\cdots,a_n):a_1,a_2,\cdots,a_n\in\mathbf{R}\}$$

是一个向量空间,称为 n 维向量空间.

所有形如$(a_1,a_2,\cdots,a_{n-1},0)$的 n 维向量的集合

$$V_1=\{(a_1,a_2,\cdots,a_{n-1},0):a_1,a_2,\cdots,a_{n-1}\in\mathbf{R}\}$$

是一个向量空间.

但是,所有形如$(a_1,a_2,\cdots,a_{n-1},2)$的 n 维向量的集合

$$V_2=\{(a_1,a_2,\cdots,a_{n-1},2):a_1,a_2,\cdots,a_{n-1}\in\mathbf{R}\}$$

则不是一个向量空间.

由 s 个 n 维向量 $\boldsymbol{\alpha}_1,\boldsymbol{\alpha}_2,\cdots,\boldsymbol{\alpha}_s$ 的线性组合构成的集合

$$V_3=\{k_1\boldsymbol{\alpha}_1+k_2\boldsymbol{\alpha}_2+\cdots+k_s\boldsymbol{\alpha}_s:k_1,k_2,\cdots,k_s\in\mathbf{R}\}$$

也是一个向量空间,这个向量空间称为由向量 $\boldsymbol{\alpha}_1,\boldsymbol{\alpha}_2,\cdots,\boldsymbol{\alpha}_s$ 生成的向量空间,记为 $L(\boldsymbol{\alpha}_1,\boldsymbol{\alpha}_2,\cdots,\boldsymbol{\alpha}_s)$.

以上讨论的 $\mathbf{R}^n,V_1,V_3$ 都是由 n 维向量构成的向量空间,但易见 V_1,V_3 均是 $\mathbf{R}^n$ 的子集,所以也称 V_1,V_3 是 $\mathbf{R}^n$ 的子空间,一般地有下面的定义.

定义 2.4.2 设有向量空间 V 及 W,若 $W\subseteq V$,则称 W 为 V 的子空间.若 $W\subset V$,则称 W 为 V 的真子空间.

2. 向量空间的基与维数

为了搞清楚向量空间的内部结构,我们下面研究向量空间的基与维数.

定义 2.4.3 在向量空间 V 中,如果存在 m 个向量 $\boldsymbol{\varepsilon}_1,\boldsymbol{\varepsilon}_2,\cdots,\boldsymbol{\varepsilon}_m$ 满足

(1) $\boldsymbol{\varepsilon}_1,\boldsymbol{\varepsilon}_2,\cdots,\boldsymbol{\varepsilon}_m$ 线性无关;

(2) V 中任一个向量 $\boldsymbol{\alpha}$ 都可由 $\boldsymbol{\varepsilon}_1,\boldsymbol{\varepsilon}_2,\cdots,\boldsymbol{\varepsilon}_m$ 线性表示,

那么 $\boldsymbol{\varepsilon}_1,\boldsymbol{\varepsilon}_2,\cdots,\boldsymbol{\varepsilon}_m$ 就称为向量空间 V 的一组基,m 称为向量空间 V 的维数.

维数是 m 的向量空间称为 m 维向量空间.如果向量空间 V 没有基,那么 V 的维数为 0. 0 维向量空间只含一个零向量.

例如,n 维向量组

$$\boldsymbol{e}_1=(1,0,\cdots,0),\boldsymbol{e}_2=(0,1,\cdots,0),\cdots,\boldsymbol{e}_n=(0,0,\cdots,1)$$

是 $\mathbf{R}^n$ 的一组基,因此 $\mathbf{R}^n$ 的维数为 n,所以称 $\mathbf{R}^n$ 为 n 维向量空间.又如向量组 $\boldsymbol{e}_1,\boldsymbol{e}_2,\cdots,\boldsymbol{e}_{n-1}$ 是 V_1 的一组基,因此 V_1 的维数是 $n-1$,V_1 是 $n-1$ 维向量空间.而 $\boldsymbol{\alpha}_1,\boldsymbol{\alpha}_2,\cdots,\boldsymbol{\alpha}_s$ 的任意一个极大线性无关组都是 V_3 的一组基且 V_3 的维数就等于向量组

$\boldsymbol{\alpha}_1,\boldsymbol{\alpha}_2,\cdots,\boldsymbol{\alpha}_s$的秩.

3. 向量在基下的坐标

根据定义2.4.3,若$\boldsymbol{\varepsilon}_1,\boldsymbol{\varepsilon}_2,\cdots,\boldsymbol{\varepsilon}_m$是$V_m$的一组基,则$V_m$可表示为

$$V_m=\{k_1\boldsymbol{\varepsilon}_1+k_2\boldsymbol{\varepsilon}_2+\cdots+k_m\boldsymbol{\varepsilon}_m:k_1,k_2,\cdots,k_m\in\mathbf{R}\}.$$

这就清楚地显示出向量空间V_m的结构.

若$\boldsymbol{\varepsilon}_1,\boldsymbol{\varepsilon}_2,\cdots,\boldsymbol{\varepsilon}_m$为$V_m$的一组基,则对$V_m$中的任何向量$\boldsymbol{\alpha}$,都有一组有序实数$x_1,x_2,\cdots,x_m$,使$\boldsymbol{\alpha}=x_1\boldsymbol{\varepsilon}_1+x_2\boldsymbol{\varepsilon}_2+\cdots+x_m\boldsymbol{\varepsilon}_m$,并且由定理2.2.2知这组数是惟一的.

反之,任给一组有序数$x_1,x_2,\cdots,x_m$,也总有惟一的向量

$$\boldsymbol{\alpha}=x_1\boldsymbol{\varepsilon}_1+x_2\boldsymbol{\varepsilon}_2+\cdots+x_m\boldsymbol{\varepsilon}_m\in V_m.$$

这样V_m中的向量$\boldsymbol{\alpha}$与有序数组$(x_1,x_2,\cdots,x_m)$之间就建立了一种一一对应关系,我们可以用这组有序数组来表示向量$\boldsymbol{\alpha}$,于是有下面的定义.

定义2.4.4　设$\boldsymbol{\varepsilon}_1,\boldsymbol{\varepsilon}_2,\cdots,\boldsymbol{\varepsilon}_m$是向量空间$V_m$的一组基,对于任意向量$\boldsymbol{\alpha}\in V_m$,有惟一一组有序数$x_1,x_2,\cdots,x_m$,使

$$\boldsymbol{\alpha}=x_1\boldsymbol{\varepsilon}_1+x_2\boldsymbol{\varepsilon}_2+\cdots+x_m\boldsymbol{\varepsilon}_m,$$

有序数组$x_1,x_2,\cdots,x_m$就称为向量$\boldsymbol{\alpha}$在基$\boldsymbol{\varepsilon}_1,\boldsymbol{\varepsilon}_2,\cdots,\boldsymbol{\varepsilon}_m$下的坐标,并记作

$$\boldsymbol{\alpha}=(x_1,x_2,\cdots,x_m).$$

由于$\boldsymbol{e}_1,\boldsymbol{e}_2,\cdots,\boldsymbol{e}_n$是$\mathbf{R}^n$的一组基,$\mathbf{R}^n$中任一向量$\boldsymbol{\alpha}=(a_1,a_2,\cdots,a_n)$在这组基下的坐标就是$\boldsymbol{\alpha}$的各个分量$a_1,a_2,\cdots,a_n$,因此,向量组$\boldsymbol{e}_1,\boldsymbol{e}_2,\cdots,\boldsymbol{e}_n$常被称为$\mathbf{R}^n$的**标准基**或**自然基**.

值得注意的是,由于向量空间的基不惟一,因此一个向量在不同基下的坐标也不一样,所以提到向量坐标时,必须指明是在哪一组基下的坐标.

例2.4.1　试求向量$\boldsymbol{\alpha}=(1,-2,1)$在$\mathbf{R}^3$的一组基$\boldsymbol{\alpha}_1=(-3,1,-2)$,$\boldsymbol{\alpha}_2=(1,-1,1)$,$\boldsymbol{\alpha}_3=(2,3,-1)$下的坐标.

解　设(x_1,x_2,x_3)为$\boldsymbol{\alpha}$在基$\boldsymbol{\alpha}_1,\boldsymbol{\alpha}_2,\boldsymbol{\alpha}_3$下的坐标,则

$$\boldsymbol{\alpha}=x_1\boldsymbol{\alpha}_1+x_2\boldsymbol{\alpha}_2+x_3\boldsymbol{\alpha}_3,\tag{2.4.1}$$

将基向量$\boldsymbol{\alpha}_1,\boldsymbol{\alpha}_2,\boldsymbol{\alpha}_3$按列摆放成矩阵$\boldsymbol{A}$,则$\boldsymbol{A}$为可逆矩阵,记$\boldsymbol{X}=(x_1,x_2,x_3)^{\mathrm{T}}$,则(2.4.1)式化为矩阵方程$\boldsymbol{AX}=\boldsymbol{\alpha}^{\mathrm{T}}$. 用初等行变换法解此矩阵方程,即

$$(\boldsymbol{A}\mid\boldsymbol{\alpha}^{\mathrm{T}})=\left(\begin{array}{ccc|c}-3&1&2&1\\1&-1&3&-2\\-2&1&-1&1\end{array}\right)\to\cdots\to\left(\begin{array}{ccc|c}1&0&0&3\\0&1&0&8\\0&0&1&1\end{array}\right),$$

故$\boldsymbol{\alpha}$在基$\boldsymbol{\alpha}_1,\boldsymbol{\alpha}_2,\boldsymbol{\alpha}_3$下的坐标为(3,8,1).

§2.5 向量组的正交性与正交矩阵

本节我们先介绍向量的内积运算，然后利用内积来研究向量组的正交性及其性质，并介绍正交矩阵的概念及有关性质.

1. n 维向量的内积

我们知道，若向量 $\boldsymbol{\alpha}=(a_1,a_2,a_3)$，$\boldsymbol{\beta}=(b_1,b_2,b_3)$，则 $\boldsymbol{\alpha}$ 与 $\boldsymbol{\beta}$ 的内积 $\boldsymbol{\alpha}\cdot\boldsymbol{\beta}=a_1b_1+a_2b_2+a_3b_3$ 也称为数量积. 而向量的长度为

$$\|\boldsymbol{\alpha}\|=\sqrt{\boldsymbol{\alpha}\cdot\boldsymbol{\alpha}}=\sqrt{a_1^2+a_2^2+a_3^2}.$$

n 维向量的内积可类似的定义：

定义 2.5.1 **设** $\boldsymbol{\alpha}=(a_1,a_2,\cdots,a_n)$，$\boldsymbol{\beta}=(b_1,b_2,\cdots,b_n)$ **都是** n **维向量，那么实数** $a_1b_1+a_2b_2+\cdots+a_nb_n$ **称为向量** $\boldsymbol{\alpha}$ **与** $\boldsymbol{\beta}$ **的内积，记作** $(\boldsymbol{\alpha},\boldsymbol{\beta})$**，即**

$$(\boldsymbol{\alpha},\boldsymbol{\beta})=a_1b_1+a_2b_2+\cdots+a_nb_n.$$

内积是向量的一种运算，当 $\boldsymbol{\alpha},\boldsymbol{\beta}$ 都是行向量时，用矩阵记号表示，有

$$(\boldsymbol{\alpha},\boldsymbol{\beta})=\boldsymbol{\alpha}\boldsymbol{\beta}^{\mathrm{T}}.$$

内积具有下列性质：

性质 2.5.1 设 $\boldsymbol{\alpha},\boldsymbol{\beta}$ 为两个 n 维向量，则有

(1) $(\boldsymbol{\alpha},\boldsymbol{\beta})=(\boldsymbol{\beta},\boldsymbol{\alpha})$；

(2) $(k\boldsymbol{\alpha},\boldsymbol{\beta})=k(\boldsymbol{\alpha},\boldsymbol{\beta})$，$k$ 为实数；

(3) $(\boldsymbol{\alpha}+\boldsymbol{\beta},\boldsymbol{\gamma})=(\boldsymbol{\alpha},\boldsymbol{\gamma})+(\boldsymbol{\beta},\boldsymbol{\gamma})$.

定义 2.5.2 **设** $\boldsymbol{\alpha}=(a_1,a_2,\cdots,a_n)$ **为** n **维向量，**$\|\boldsymbol{\alpha}\|=\sqrt{(\boldsymbol{\alpha},\boldsymbol{\alpha})}=\sqrt{a_1^2+a_2^2+\cdots+a_n^2}$ **称为** n **维向量** $\boldsymbol{\alpha}$ **的长度（或模数）.**

向量的长度具有下列性质：

性质 2.5.2 设 $\boldsymbol{\alpha},\boldsymbol{\beta}$ 均为 n 维向量，则

(1) 当 $\boldsymbol{\alpha}\neq\mathbf{0}$ 时，$\|\boldsymbol{\alpha}\|>0$；当 $\boldsymbol{\alpha}=\mathbf{0}$ 时，$\|\boldsymbol{\alpha}\|=0$；

(2) $\|k\boldsymbol{\alpha}\|=|k|\,\|\boldsymbol{\alpha}\|$，$k$ 为实数；

(3) $\|\boldsymbol{\alpha}+\boldsymbol{\beta}\|\leqslant\|\boldsymbol{\alpha}\|+\|\boldsymbol{\beta}\|$.

当 $\|\boldsymbol{\alpha}\|=1$ 时，称 $\boldsymbol{\alpha}$ 为**单位向量**.

向量的内积满足

$$(\boldsymbol{\alpha},\boldsymbol{\beta})^2\leqslant(\boldsymbol{\alpha},\boldsymbol{\alpha})(\boldsymbol{\beta},\boldsymbol{\beta}).$$

上式称为**柯西－施瓦茨不等式**，这里不予证明. 由此可得

$$(\boldsymbol{\alpha},\boldsymbol{\beta})\leqslant\|\boldsymbol{\alpha}\|\,\|\boldsymbol{\beta}\|.$$

于是有下面两个 n 维向量夹角的定义：

定义 2.5.3 当 $\|\boldsymbol{\alpha}\| \neq 0$ 且 $\|\boldsymbol{\beta}\| \neq 0$ 时，

$$\theta = \arccos \frac{(\boldsymbol{\alpha}, \boldsymbol{\beta})}{\|\boldsymbol{\alpha}\| \|\boldsymbol{\beta}\|}$$

称为 n 维向量 $\boldsymbol{\alpha}$ 与 $\boldsymbol{\beta}$ 的**夹角**.

2. 向量组的正交规范化

我们来研究向量组的正交性与相关性的关系，为此先介绍向量正交的定义.

定义 2.5.4 若 n 维向量 $\boldsymbol{\alpha}$ 与 $\boldsymbol{\beta}$ 的内积为零，即 $(\boldsymbol{\alpha}, \boldsymbol{\beta}) = 0$，则称 $\boldsymbol{\alpha}$ 与 $\boldsymbol{\beta}$ **正交**.

显然，n 维零向量与任何 n 维向量都正交.

定义 2.5.5 设 $\boldsymbol{\alpha}_1, \boldsymbol{\alpha}_2, \cdots, \boldsymbol{\alpha}_m$ 为一组 n 维向量，$\boldsymbol{\alpha}_i \neq 0, i = 1, 2, \cdots, m$. 若对任意的 $i \neq j$，都有 $(\boldsymbol{\alpha}_i, \boldsymbol{\alpha}_j) = 0$，即向量组中的向量两两正交，则称向量组为 n 维**正交向量组**.

对正交向量组，我们有下面的定理.

定理 2.5.1 若 $\boldsymbol{\alpha}_1, \boldsymbol{\alpha}_2, \cdots, \boldsymbol{\alpha}_m$ 是 n 维正交向量组，则 $\boldsymbol{\alpha}_1, \boldsymbol{\alpha}_2, \cdots, \boldsymbol{\alpha}_m$ 线性无关.

证 设有常数 $k_1, k_2, \cdots, k_m$ 使

$$k_1\boldsymbol{\alpha}_1 + k_2\boldsymbol{\alpha}_2 + \cdots + k_m\boldsymbol{\alpha}_m = \mathbf{0}.$$

等式两边取与 $\boldsymbol{\alpha}_i$ 的内积并由内积的运算规律得

$$k_1(\boldsymbol{\alpha}_i, \boldsymbol{\alpha}_1) + \cdots + k_i(\boldsymbol{\alpha}_i, \boldsymbol{\alpha}_i) + \cdots + k_m(\boldsymbol{\alpha}_i, \boldsymbol{\alpha}_m) = 0.$$

因 $\boldsymbol{\alpha}_1, \boldsymbol{\alpha}_2, \cdots, \boldsymbol{\alpha}_m$ 是正交向量组，所以上式变为

$$k_i(\boldsymbol{\alpha}_i, \boldsymbol{\alpha}_i) = 0,$$

由于 $\boldsymbol{\alpha}_i \neq 0$ 而 $(\boldsymbol{\alpha}_i, \boldsymbol{\alpha}_i) = \|\boldsymbol{\alpha}_i\|^2 \neq 0$，所以 $k_i = 0$，其中 $i = 1, 2, \cdots, m$，故 $\boldsymbol{\alpha}_1, \boldsymbol{\alpha}_2, \cdots, \boldsymbol{\alpha}_m$ 线性无关.

但必须注意，线性无关的向量组不一定是正交向量组，如向量 $\boldsymbol{\alpha}_1 = (1, 1, 0, 0)$ 与 $\boldsymbol{\alpha}_2 = (1, 1, 1, 0)$ 构成一个线性无关的向量组，但显然 $(\boldsymbol{\alpha}_1, \boldsymbol{\alpha}_2) = 2 \neq 0$，故 $\boldsymbol{\alpha}_1, \boldsymbol{\alpha}_2$ 不是正交向量组. 不过，我们可以利用下面介绍的施密特正交化方法将线性无关的向量组化为正交向量组.

设 $\boldsymbol{\alpha}_1, \boldsymbol{\alpha}_2, \cdots, \boldsymbol{\alpha}_m$ 为线性无关的向量组，令

$$\boldsymbol{\beta}_1 = \boldsymbol{\alpha}_1,$$

$$\boldsymbol{\beta}_2 = \boldsymbol{\alpha}_2 - \frac{(\boldsymbol{\alpha}_2, \boldsymbol{\beta}_1)}{(\boldsymbol{\beta}_1, \boldsymbol{\beta}_1)}\boldsymbol{\beta}_1,$$

$$\cdots$$

$$\boldsymbol{\beta}_m = \boldsymbol{\alpha}_m - \frac{(\boldsymbol{\alpha}_m, \boldsymbol{\beta}_1)}{(\boldsymbol{\beta}_1, \boldsymbol{\beta}_1)}\boldsymbol{\beta}_1 - \cdots - \frac{(\boldsymbol{\alpha}_m, \boldsymbol{\beta}_{m-1})}{(\boldsymbol{\beta}_{m-1}, \boldsymbol{\beta}_{m-1})}\boldsymbol{\beta}_{m-1}.$$

容易验证 $\boldsymbol{\beta}_1, \boldsymbol{\beta}_2, \cdots, \boldsymbol{\beta}_m$ 为正交向量组，且 $\boldsymbol{\beta}_1, \boldsymbol{\beta}_2, \cdots, \boldsymbol{\beta}_m$ 与 $\boldsymbol{\alpha}_1, \boldsymbol{\alpha}_2, \cdots, \boldsymbol{\alpha}_m$ 等价.

进一步还可将它们化为正交单位向量组，令

$$\boldsymbol{\varepsilon}_1=\frac{\boldsymbol{\beta}_1}{\|\boldsymbol{\beta}_1\|},\boldsymbol{\varepsilon}_2=\frac{\boldsymbol{\beta}_2}{\|\boldsymbol{\beta}_2\|},\cdots,\boldsymbol{\varepsilon}_m=\frac{\boldsymbol{\beta}_m}{\|\boldsymbol{\beta}_m\|},$$

则 $\boldsymbol{\varepsilon}_1,\boldsymbol{\varepsilon}_2,\cdots,\boldsymbol{\varepsilon}_m$ 是一个正交单位向量组.

将线性无关的向量组 $\boldsymbol{\alpha}_1,\boldsymbol{\alpha}_2,\cdots,\boldsymbol{\alpha}_m$ 化为正交向量组 $\boldsymbol{\beta}_1,\boldsymbol{\beta}_2,\cdots,\boldsymbol{\beta}_m$ 的过程称为**施密特正交化过程**，若再将正交向量组单位化，则这一过程称为**正交规范化过程**.

在研究向量空间时，我们有时用正交单位向量组作向量空间的基，这样一组基称为**正交规范基**.

定义 2.5.6　设 n 维向量 $\boldsymbol{\varepsilon}_1,\boldsymbol{\varepsilon}_2,\cdots,\boldsymbol{\varepsilon}_m$ 是向量空间 V 的一组基，如果 $\boldsymbol{\varepsilon}_1,\boldsymbol{\varepsilon}_2,\cdots,\boldsymbol{\varepsilon}_m$ 两两正交，且都是单位向量，则称 $\boldsymbol{\varepsilon}_1,\boldsymbol{\varepsilon}_2,\cdots,\boldsymbol{\varepsilon}_m$ 是 V 的一组正交规范基或标准正交基.

例如，$\boldsymbol{\varepsilon}_1=\left(\frac{1}{\sqrt{2}},\frac{1}{\sqrt{2}},0,0\right),\boldsymbol{\varepsilon}_2=\left(\frac{1}{\sqrt{2}},-\frac{1}{\sqrt{2}},0,0\right),\boldsymbol{\varepsilon}_3=\left(0,0,\frac{1}{\sqrt{2}},\frac{1}{\sqrt{2}}\right),\boldsymbol{\varepsilon}_4=\left(0,0,\frac{1}{\sqrt{2}},-\frac{1}{\sqrt{2}}\right)$ 就是 $\mathbf{R}^4$ 的一个正交规范基.

若 $\boldsymbol{\varepsilon}_1,\boldsymbol{\varepsilon}_2,\cdots,\boldsymbol{\varepsilon}_m$ 是向量空间 V_m 的一组正交规范基，则 V_m 中任一向量 $\boldsymbol{\alpha}$ 可由 $\boldsymbol{\varepsilon}_1,\boldsymbol{\varepsilon}_2,\cdots,\boldsymbol{\varepsilon}_m$ 线性表示，设表示式为

$$\boldsymbol{\alpha}=k_1\boldsymbol{\varepsilon}_1+k_2\boldsymbol{\varepsilon}_2+\cdots+k_m\boldsymbol{\varepsilon}_m,$$

作内积 $(\boldsymbol{\alpha},\boldsymbol{\varepsilon}_i)$，得 $k_i=(\boldsymbol{\alpha},\boldsymbol{\varepsilon}_i),i=1,2,\cdots,m$. 即向量 $\boldsymbol{\alpha}$ 在正交规范基下的第 i 个坐标可由该向量与 $\boldsymbol{\varepsilon}_i$ 的内积表示.

例 2.5.1　用施密特正交化方法将 $\mathbf{R}^4$ 的一组基

$$\boldsymbol{\alpha}_1=(1,0,1,0),\boldsymbol{\alpha}_2=(1,-1,0,1),\boldsymbol{\alpha}_3=(2,1,-1,0),\boldsymbol{\alpha}_4=(0,-2,-1,1)$$

正交规范化，并求向量 $\boldsymbol{\alpha}=(1,-2,1,1)$ 在这组正交规范基下的坐标.

解　由施密特正交化方法，令

$$\boldsymbol{\beta}_1=\boldsymbol{\alpha}_1=(1,0,1,0),$$

$$\boldsymbol{\beta}_2=\boldsymbol{\alpha}_2-\frac{(\boldsymbol{\alpha}_2,\boldsymbol{\beta}_1)}{(\boldsymbol{\beta}_1,\boldsymbol{\beta}_1)}\boldsymbol{\beta}_1=(1,-1,0,1)-\frac{1}{2}(1,0,1,0)=\left(\frac{1}{2},-1,-\frac{1}{2},1\right),$$

$$\boldsymbol{\beta}_3=\boldsymbol{\alpha}_3-\frac{(\boldsymbol{\alpha}_3,\boldsymbol{\beta}_1)}{(\boldsymbol{\beta}_1,\boldsymbol{\beta}_1)}\boldsymbol{\beta}_1-\frac{(\boldsymbol{\alpha}_3,\boldsymbol{\beta}_2)}{(\boldsymbol{\beta}_2,\boldsymbol{\beta}_2)}\boldsymbol{\beta}_2=\frac{1}{5}(7,6,-7,-1),$$

$$\boldsymbol{\beta}_4=\boldsymbol{\alpha}_4-\frac{(\boldsymbol{\alpha}_4,\boldsymbol{\beta}_1)}{(\boldsymbol{\beta}_1,\boldsymbol{\beta}_1)}\boldsymbol{\beta}_1-\frac{(\boldsymbol{\alpha}_4,\boldsymbol{\beta}_2)}{(\boldsymbol{\beta}_2,\boldsymbol{\beta}_2)}\boldsymbol{\beta}_2-\frac{(\boldsymbol{\alpha}_4,\boldsymbol{\beta}_3)}{(\boldsymbol{\beta}_3,\boldsymbol{\beta}_3)}\boldsymbol{\beta}_3=\frac{1}{9}(1,-3,-1,-4).$$

再单位化得正交规范基

$$\boldsymbol{\varepsilon}_1=\frac{\boldsymbol{\beta}_1}{\|\boldsymbol{\beta}_1\|}=\frac{1}{\sqrt{2}}(1,0,1,0),$$

$$\boldsymbol{\varepsilon}_2=\frac{\boldsymbol{\beta}_2}{\|\boldsymbol{\beta}_2\|}=\frac{1}{\sqrt{10}}(1,-2,-1,2),$$

$$\boldsymbol{\varepsilon}_3=\frac{\boldsymbol{\beta}_3}{\|\boldsymbol{\beta}_3\|}=\frac{1}{\sqrt{135}}(7,6,-7,-1),$$

$$\boldsymbol{\varepsilon}_4=\frac{\boldsymbol{\beta}_4}{\|\boldsymbol{\beta}_4\|}=\frac{1}{3\sqrt{3}}(1,-3,-1,-4).$$

因为$(\boldsymbol{\alpha},\boldsymbol{\varepsilon}_1)=\sqrt{2}$，$(\boldsymbol{\alpha},\boldsymbol{\varepsilon}_2)=\dfrac{6}{\sqrt{10}}$，$(\boldsymbol{\alpha},\boldsymbol{\varepsilon}_3)=\dfrac{-13}{\sqrt{135}}$，$(\boldsymbol{\alpha},\boldsymbol{\varepsilon}_4)=\dfrac{2}{3\sqrt{3}}$，故$\boldsymbol{\alpha}$在基$\boldsymbol{\varepsilon}_1$，$\boldsymbol{\varepsilon}_2$，$\boldsymbol{\varepsilon}_3$，$\boldsymbol{\varepsilon}_4$下的坐标为$\left(\sqrt{2},\dfrac{6}{\sqrt{10}},\dfrac{-13}{\sqrt{135}},\dfrac{2}{3\sqrt{3}}\right)$.

3. 正交矩阵

正交矩阵是一类很重要的矩阵，我们先给出它的定义并进一步研究它的性质，最后利用向量组的正交性给出判定一个矩阵是否为正交矩阵的方法.

定义 2.5.7　若n阶方阵$\boldsymbol{A}$满足$\boldsymbol{A}^{\mathrm{T}}\boldsymbol{A}=\boldsymbol{E}$，则称$\boldsymbol{A}$为$n$阶正交矩阵.

由定义可得到正交矩阵的如下性质.

(1) 若$\boldsymbol{A}$是正交矩阵，则$|\boldsymbol{A}|=\pm1$；

(2) 若$\boldsymbol{A}$是正交矩阵，则$\boldsymbol{A}^{\mathrm{T}}$，$\boldsymbol{A}^{-1}$也是正交矩阵；

(3) 若$\boldsymbol{A}$，$\boldsymbol{B}$为同阶正交矩阵，则$\boldsymbol{AB}$与$\boldsymbol{BA}$都是正交矩阵.

请读者自己验证上面的性质成立.

定理 2.5.2　矩阵$\boldsymbol{A}=(a_{ij})_{n\times n}$为正交矩阵的充要条件是$\boldsymbol{A}$的行(列)向量组是单位正交向量组.

证　仅证列向量组的情形. 设$\boldsymbol{A}$的列向量组为$\boldsymbol{\alpha}_1,\boldsymbol{\alpha}_2,\cdots,\boldsymbol{\alpha}_n$，即$\boldsymbol{A}=(\boldsymbol{\alpha}_1,\boldsymbol{\alpha}_2,\cdots,\boldsymbol{\alpha}_n)$，则$\boldsymbol{A}$为正交矩阵当且仅当$\boldsymbol{A}^{\mathrm{T}}\boldsymbol{A}=\boldsymbol{E}$.

由于

$$\boldsymbol{A}^{\mathrm{T}}\boldsymbol{A}=\begin{pmatrix}\boldsymbol{\alpha}_1^{\mathrm{T}}\\\boldsymbol{\alpha}_2^{\mathrm{T}}\\\vdots\\\boldsymbol{\alpha}_n^{\mathrm{T}}\end{pmatrix}(\boldsymbol{\alpha}_1,\boldsymbol{\alpha}_2,\cdots,\boldsymbol{\alpha}_n)=\begin{pmatrix}\boldsymbol{\alpha}_1^{\mathrm{T}}\boldsymbol{\alpha}_1 & \boldsymbol{\alpha}_1^{\mathrm{T}}\boldsymbol{\alpha}_2 & \cdots & \boldsymbol{\alpha}_1^{\mathrm{T}}\boldsymbol{\alpha}_n\\\boldsymbol{\alpha}_2^{\mathrm{T}}\boldsymbol{\alpha}_1 & \boldsymbol{\alpha}_2^{\mathrm{T}}\boldsymbol{\alpha}_2 & \cdots & \boldsymbol{\alpha}_2^{\mathrm{T}}\boldsymbol{\alpha}_n\\\vdots & \vdots & & \vdots\\\boldsymbol{\alpha}_n^{\mathrm{T}}\boldsymbol{\alpha}_1 & \boldsymbol{\alpha}_n^{\mathrm{T}}\boldsymbol{\alpha}_2 & \cdots & \boldsymbol{\alpha}_n^{\mathrm{T}}\boldsymbol{\alpha}_n\end{pmatrix},$$

故$\boldsymbol{A}^{\mathrm{T}}\boldsymbol{A}=\boldsymbol{E}$当且仅当$\boldsymbol{\alpha}_i^{\mathrm{T}}\boldsymbol{\alpha}_j=(\boldsymbol{\alpha}_i,\boldsymbol{\alpha}_j)=\begin{cases}0, i\neq j,\\1, i=j,\end{cases}$ $i,j=1,2,\cdots,n$，即$\boldsymbol{A}$为正交矩阵的充要条件是$\boldsymbol{\alpha}_1,\boldsymbol{\alpha}_2,\cdots,\boldsymbol{\alpha}_n$为单位正交向量组.

我们常用该定理的结论验证一个矩阵是否为正交矩阵.

例 2.5.2　验证下列矩阵是否为正交矩阵.

$$(1)\ \boldsymbol{A}=\begin{pmatrix}1 & -2 & 1\\1 & 1 & 1\\2 & 1 & -2\end{pmatrix},\quad (2)\ \boldsymbol{B}=\begin{pmatrix}\dfrac{1}{\sqrt{3}} & \dfrac{1}{\sqrt{3}} & \dfrac{1}{\sqrt{3}}\\-\dfrac{1}{\sqrt{2}} & 0 & \dfrac{1}{\sqrt{2}}\\\dfrac{1}{\sqrt{6}} & -\dfrac{2}{\sqrt{6}} & \dfrac{1}{\sqrt{6}}\end{pmatrix}.$$

解 根据定理 2.5.2 可知：

(1) $\boldsymbol{A}$ 的第一行为(1,−2,1)不是单位向量，故 $\boldsymbol{A}$ 不是正交矩阵；

(2) $\boldsymbol{B}$ 的行向量组为 $\boldsymbol{\beta}_1=\left(\frac{1}{\sqrt{3}},\frac{1}{\sqrt{3}},\frac{1}{\sqrt{3}}\right)$，$\boldsymbol{\beta}_2=\left(-\frac{1}{\sqrt{2}},0,\frac{1}{\sqrt{2}}\right)$，$\boldsymbol{\beta}_3=\left(\frac{1}{\sqrt{6}},-\frac{2}{\sqrt{6}},\frac{1}{\sqrt{6}}\right)$. 显然 $\boldsymbol{B}$ 的行向量组为单位正交向量组，故 $\boldsymbol{B}$ 为正交矩阵.

§ 2.6 用 MATLAB 进行向量运算

由于向量可看作是矩阵的一种特殊形式，因此，只要适当地运用矩阵运算的技巧，便可完成向量运算.

例 2.6.1 设 $\boldsymbol{a}$，$\boldsymbol{b}$ 都是行向量：

```
a=[1    2    3    4];↙
b=[4    3    1    6];↙
```

计算 $\boldsymbol{a}$ 与 $\boldsymbol{b}$ 的内积：

```
ab=a*b′↙
ab=
    37
```

计算 $\boldsymbol{a}$ 的长度：

```
da=sqrt(a*a′)↙
da=
    5.4772
```

将 $\boldsymbol{a}$ 化成单位向量：

```
ia=a/sqrt(a*a′)↙
ia=
    0.1826    0.3651    0.5477    0.7303
```

计算向量 $\boldsymbol{a}$ 与向量 $\boldsymbol{b}$ 的夹角：

```
theta=acos(a*b′/sqrt(a*a′)/sqrt(b*b′))↙
theta=
    0.5396
```

习题 2

1. 填空题

(1) 设 $\boldsymbol{\alpha}=(3,5,7,9)$，$\boldsymbol{\beta}=(-1,5,-2,0)$，且 $2\boldsymbol{\alpha}+\boldsymbol{\xi}=\boldsymbol{\beta}$，则 $\boldsymbol{\xi}=($ $)$.

(2) 设 $\boldsymbol{\alpha}_1=(a,3,2)$,$\boldsymbol{\alpha}_2=(2,-1,3)$,$\boldsymbol{\alpha}_3=(3,2,1)$,若 $\boldsymbol{\alpha}_1,\boldsymbol{\alpha}_2,\boldsymbol{\alpha}_3$ 线性相关,则 $a=$(　　).

(3) 若向量组 $\boldsymbol{\alpha}_1,\boldsymbol{\alpha}_2,\boldsymbol{\alpha}_3$ 与向量组 $\boldsymbol{\beta}_1,\boldsymbol{\beta}_2$ 有如下关系 $\begin{cases}\boldsymbol{\alpha}_1=\boldsymbol{\beta}_1-\boldsymbol{\beta}_2,\\ \boldsymbol{\alpha}_2=\boldsymbol{\beta}_1+2\boldsymbol{\beta}_2,\\ \boldsymbol{\alpha}_3=5\boldsymbol{\beta}_1-2\boldsymbol{\beta}_2,\end{cases}$ 则 $\boldsymbol{\alpha}_1,\boldsymbol{\alpha}_2,\boldsymbol{\alpha}_3$ 一定线性(　　).

(4) 设 $\boldsymbol{\alpha}_1=(1,1,1)$,$\boldsymbol{\alpha}_2=(a,0,b)$,$\boldsymbol{\alpha}_3=(1,3,2)$线性相关,则 a,b 满足(　　).

(5) 矩阵 $\boldsymbol{A}=(\boldsymbol{\alpha}_1,\boldsymbol{\alpha}_2,\boldsymbol{\alpha}_3,\boldsymbol{\alpha}_4)$经过初等行变换后化为矩阵 $\boldsymbol{B}$,且

$$\boldsymbol{B}=\begin{pmatrix}1&0&0&-2\\0&\frac{1}{2}&0&3\\0&0&-1&5\\0&0&0&0\end{pmatrix},$$

则向量组 $\boldsymbol{\alpha}_1,\boldsymbol{\alpha}_2,\boldsymbol{\alpha}_3,\boldsymbol{\alpha}_4$ 的一个极大线性无关组是(　　).

(6) 已知向量组 $\boldsymbol{\alpha}_1=(1,2,-1,1)$,$\boldsymbol{\alpha}_2=(2,0,t,0)$,$\boldsymbol{\alpha}_3=(0,-4,5,-2)$的秩为2,则 $t=$(　　).

(7) 设 $\boldsymbol{\alpha}_1,\boldsymbol{\alpha}_2,\boldsymbol{\alpha}_3$ 线性无关,则 $\boldsymbol{\alpha}_1+\boldsymbol{\alpha}_2,\boldsymbol{\alpha}_2-\boldsymbol{\alpha}_1,\boldsymbol{\alpha}_2+\boldsymbol{\alpha}_3$ 线性(　　);$\boldsymbol{\alpha}_1+\boldsymbol{\alpha}_2,\boldsymbol{\alpha}_2+\boldsymbol{\alpha}_3,\boldsymbol{\alpha}_3+\boldsymbol{\alpha}_1$ 线性(　　).

(8) 设 n 维向量 $\boldsymbol{\alpha}_1,\boldsymbol{\alpha}_2,\boldsymbol{\alpha}_3$ 满足 $2\boldsymbol{\alpha}_1-\boldsymbol{\alpha}_2+3\boldsymbol{\alpha}_3=\boldsymbol{0}$,对于任意的 n 维向量 $\boldsymbol{\beta}$,向量组 $l_1\boldsymbol{\beta}+\boldsymbol{\alpha}_1$, $l_2\boldsymbol{\beta}+\boldsymbol{\alpha}_2$, $l_3\boldsymbol{\beta}+\boldsymbol{\alpha}_3$ 都线性相关,则参数 l_1,l_2,l_3 应满足(　　).

(9) 设 $\boldsymbol{e}_1=(1,0,0,\cdots,0)$,$\boldsymbol{e}_2=(0,1,0,\cdots,0)$,$\boldsymbol{e}_3=(0,0,1,\cdots,0)$,则向量空间 $V=\{\boldsymbol{\alpha}=k_1\boldsymbol{e}_1+k_2\boldsymbol{e}_2+k_3\boldsymbol{e}_3:k_1,k_2,k_3\in\mathbf{R}\}$ 是(　　)维向量空间.

(10) 设3维向量空间的一组基为 $\boldsymbol{\alpha}_1=(1,1,0)$,$\boldsymbol{\alpha}_2=(1,0,1)$,$\boldsymbol{\alpha}_3=(0,1,1)$,则向量 $\boldsymbol{\beta}=(2,0,0)$在此基下的坐标为(　　).

2. 选择题

(1) 向量组 $\boldsymbol{\alpha}_1,\boldsymbol{\alpha}_2,\cdots,\boldsymbol{\alpha}_m(m\geqslant 2)$线性相关的充要条件是(　　).

(A) $\boldsymbol{\alpha}_1,\boldsymbol{\alpha}_2,\cdots,\boldsymbol{\alpha}_m$中至少有两个向量成比例;

(B) $\boldsymbol{\alpha}_1,\boldsymbol{\alpha}_2,\cdots,\boldsymbol{\alpha}_m$中至少有一个零向量;

(C) $\boldsymbol{\alpha}_1,\boldsymbol{\alpha}_2,\cdots,\boldsymbol{\alpha}_m$中至少有一个向量可由其余向量线性表示;

(D) $\boldsymbol{\alpha}_1,\boldsymbol{\alpha}_2,\cdots,\boldsymbol{\alpha}_m$中任一部分组线性相关.

(2) 向量组 $\boldsymbol{\alpha}_1,\boldsymbol{\alpha}_2,\cdots,\boldsymbol{\alpha}_m$的秩不为零的充要条件是(　　).

(A) $\boldsymbol{\alpha}_1,\boldsymbol{\alpha}_2,\cdots,\boldsymbol{\alpha}_m$中没有相关的部分组;

(B) $\boldsymbol{\alpha}_1,\boldsymbol{\alpha}_2,\cdots,\boldsymbol{\alpha}_m$全是非零向量;

(C) $\boldsymbol{\alpha}_1,\boldsymbol{\alpha}_2,\cdots,\boldsymbol{\alpha}_m$线性无关;

(D) $\boldsymbol{\alpha}_1,\boldsymbol{\alpha}_2,\cdots,\boldsymbol{\alpha}_m$中有一个线性无关的部分组.

(3) 设 $\boldsymbol{A}$ 是 n 阶方阵,$r(\boldsymbol{A})=r<n$,则 $\boldsymbol{A}$ 的行向量中(　　).

(A) 必有 r 个行向量线性无关;

(B) 任意 r 个行向量线性无关；

(C) 任意 r 个行向量构成极大无关组；

(D) 任一行都可由其他 r 个行向量线性表示.

(4) 已知向量 $\boldsymbol{\alpha}_1,\boldsymbol{\alpha}_2,\boldsymbol{\alpha}_3,\boldsymbol{\alpha}_4$线性无关,则向量组(　　)线性无关.

(A) $\boldsymbol{\alpha}_1+\boldsymbol{\alpha}_2,\boldsymbol{\alpha}_2+\boldsymbol{\alpha}_3,\boldsymbol{\alpha}_3+\boldsymbol{\alpha}_4,\boldsymbol{\alpha}_4+\boldsymbol{\alpha}_1$；

(B) $\boldsymbol{\alpha}_1-\boldsymbol{\alpha}_2,\boldsymbol{\alpha}_2-\boldsymbol{\alpha}_3,\boldsymbol{\alpha}_3-\boldsymbol{\alpha}_4,\boldsymbol{\alpha}_4-\boldsymbol{\alpha}_1$；

(C) $\boldsymbol{\alpha}_1+\boldsymbol{\alpha}_2,\boldsymbol{\alpha}_2+\boldsymbol{\alpha}_3,\boldsymbol{\alpha}_3+\boldsymbol{\alpha}_4,\boldsymbol{\alpha}_4-\boldsymbol{\alpha}_1$；

(D) $\boldsymbol{\alpha}_1+\boldsymbol{\alpha}_2,\boldsymbol{\alpha}_2+\boldsymbol{\alpha}_3,\boldsymbol{\alpha}_3-\boldsymbol{\alpha}_4,\boldsymbol{\alpha}_4-\boldsymbol{\alpha}_1$.

(5) 若向量组 $\boldsymbol{\alpha},\boldsymbol{\beta},\boldsymbol{\gamma}$ 线性无关,$\boldsymbol{\alpha},\boldsymbol{\beta},\boldsymbol{\eta}$ 线性相关,则(　　).

(A) $\boldsymbol{\alpha}$ 必可由 $\boldsymbol{\beta},\boldsymbol{\gamma},\boldsymbol{\eta}$ 线性表示；

(B) $\boldsymbol{\beta}$ 必可由 $\boldsymbol{\alpha},\boldsymbol{\gamma},\boldsymbol{\eta}$ 线性表示；

(C) $\boldsymbol{\eta}$ 必可由 $\boldsymbol{\alpha},\boldsymbol{\beta},\boldsymbol{\gamma}$ 线性表示；

(D) $\boldsymbol{\eta}$ 必不可由 $\boldsymbol{\alpha},\boldsymbol{\beta},\boldsymbol{\gamma}$ 线性表示.

(6) 若 $\boldsymbol{\alpha}_1,\boldsymbol{\alpha}_2,\boldsymbol{\alpha}_3$ 是向量空间 V 的一组基,则下列结论中错误的是(　　).

(A) V 是一个 3 维向量空间；

(B) $\boldsymbol{\alpha}_1,\boldsymbol{\alpha}_2,\boldsymbol{\alpha}_3$ 线性无关；

(C) 向量 $\boldsymbol{\alpha}_1,\boldsymbol{\alpha}_2,\boldsymbol{\alpha}_3$ 都是 3 维向量；

(D) $\boldsymbol{\alpha}_1+2\boldsymbol{\alpha}_2,\boldsymbol{\alpha}_2+2\boldsymbol{\alpha}_3,\boldsymbol{\alpha}_3+2\boldsymbol{\alpha}_1$ 也是 V 的一组基.

(7) 设 n 维向量组 Ⅰ:$\boldsymbol{\alpha}_1,\boldsymbol{\alpha}_2,\cdots,\boldsymbol{\alpha}_s$ 和 Ⅱ:$\boldsymbol{\beta}_1,\boldsymbol{\beta}_2,\cdots,\boldsymbol{\beta}_t$ 的秩都是 r,则(　　).

(A) 向量组Ⅰ与Ⅱ等价；

(B) $\gamma(\boldsymbol{\alpha}_1,\boldsymbol{\alpha}_2,\cdots,\boldsymbol{\alpha}_s;\boldsymbol{\beta}_1,\boldsymbol{\beta}_2,\cdots,\boldsymbol{\beta}_t)=2r$；

(C) 若Ⅱ可由Ⅰ线性表示,则Ⅰ与Ⅱ等价；

(D) 若 $s=t=r$,则Ⅰ与Ⅱ等价.

(8) 设 $\boldsymbol{A}$ 是 n 阶方阵且 $|\boldsymbol{A}|=0$,则 $\boldsymbol{A}$ 的列向量中(　　).

(A) 必有一个向量为零向量；

(B) 必有两个向量对应分量成比例；

(C) 必有一个向量是其余向量的线性组合；

(D) 任一向量是其余向量的线性组合.

(9) 设 $\boldsymbol{A},\boldsymbol{B}$ 都是 3 阶方阵,且 $r(\boldsymbol{B})=2,r(\boldsymbol{AB})=1$,则(　　).

(A) 矩阵 $\boldsymbol{A}$ 可逆；

(B) $r(\boldsymbol{A}^{\mathrm{T}})=3$；

(C) $\boldsymbol{A}$ 的行向量组线性相关；

(D) $r(\boldsymbol{A})=0$.

(10) 设 $\boldsymbol{A}$ 是 $m\times n$ 阶矩阵,$\boldsymbol{B}$ 是 $n\times m$ 阶矩阵,则(　　).

(A) 当 $m>n$ 时,必有行列式 $|\boldsymbol{AB}|\neq 0$；

(B) 当 $m>n$ 时，必有行列式 $|\boldsymbol{AB}|=0$；

(C) 当 $n>m$ 时，必有行列式 $|\boldsymbol{AB}|\neq 0$；

(D) 当 $n>m$ 时，必有行列式 $|\boldsymbol{AB}|=0$.

*3. 举例说明下列各命题是错误的.

(1) 若向量组 $\boldsymbol{\alpha}_1,\boldsymbol{\alpha}_2,\cdots,\boldsymbol{\alpha}_m$ 线性相关，则 $\boldsymbol{\alpha}_1$ 可由 $\boldsymbol{\alpha}_2,\boldsymbol{\alpha}_3,\cdots,\boldsymbol{\alpha}_m$ 线性表示；

(2) 若有不全为零的数 $k_1,k_2,\cdots,k_m$ 使 $k_1\boldsymbol{\alpha}_1+\cdots+k_m\boldsymbol{\alpha}_m+k_1\boldsymbol{\beta}_1+\cdots+k_m\boldsymbol{\beta}_m=\boldsymbol{0}$ 成立，则 $\boldsymbol{\alpha}_1,\boldsymbol{\alpha}_2,\cdots,\boldsymbol{\alpha}_m$ 线性相关，$\boldsymbol{\beta}_1,\boldsymbol{\beta}_2,\cdots,\boldsymbol{\beta}_m$ 亦线性相关；

(3) 若只有 $k_1,k_2,\cdots,k_m$ 全为零时，等式 $k_1\boldsymbol{\alpha}_1+\cdots+k_m\boldsymbol{\alpha}_m+k_1\boldsymbol{\beta}_1+\cdots+k_m\boldsymbol{\beta}_m=\boldsymbol{0}$ 才能成立，则 $\boldsymbol{\alpha}_1,\boldsymbol{\alpha}_2,\cdots,\boldsymbol{\alpha}_m$ 线性无关，$\boldsymbol{\beta}_1,\boldsymbol{\beta}_2,\cdots,\boldsymbol{\beta}_m$ 亦线性无关；

(4) 若 $\boldsymbol{\alpha}_1,\boldsymbol{\alpha}_2,\cdots,\boldsymbol{\alpha}_m$ 线性相关，$\boldsymbol{\beta}_1,\boldsymbol{\beta}_2,\cdots,\boldsymbol{\beta}_m$ 亦线性相关，则有不全为零的数 $k_1,k_2,\cdots,k_m$ 使 $k_1\boldsymbol{\alpha}_1+\cdots+k_m\boldsymbol{\alpha}_m=\boldsymbol{0}$，$k_1\boldsymbol{\beta}_1+\cdots+k_m\boldsymbol{\beta}_m=\boldsymbol{0}$ 同时成立.

4. 判断下列向量组的线性相关性.

(1) $\boldsymbol{\alpha}_1=(1,2),\boldsymbol{\alpha}_2=(1,1),\boldsymbol{\alpha}_3=(3,2)$；

(2) $\boldsymbol{\alpha}_1=(3,2,1),\boldsymbol{\alpha}_2=(-3,5,1),\boldsymbol{\alpha}_3=(6,1,3)$；

(3) $\boldsymbol{\alpha}_1=(1,3,1),\boldsymbol{\alpha}_2=(2,0,1),\boldsymbol{\alpha}_3=(3,1,0)$；

(4) $\boldsymbol{\alpha}_1=(1,1,3,1),\boldsymbol{\alpha}_2=(4,1,-3,2),\boldsymbol{\alpha}_3=(1,0,1,2)$；

(5) $\boldsymbol{\alpha}_1=(1,1,-2,1),\boldsymbol{\alpha}_2=(0,-1,3,4),\boldsymbol{\alpha}_3=(5,2,1,3),\boldsymbol{\alpha}_4=(4,-1,9,10)$；

(6) $\boldsymbol{\alpha}_1=(1,1,3,1),\boldsymbol{\alpha}_2=(4,1,3,2),\boldsymbol{\alpha}_3=(1,0,1,2),\boldsymbol{\alpha}_4=(2,0,4,7),\boldsymbol{\alpha}_5=(1,7,3,4),\boldsymbol{\alpha}_6=(7,6,3,1)$；

(7) $\boldsymbol{\alpha}_1=(1,0,-2,1,1),\boldsymbol{\alpha}_2=(2,-1,1,1,4),\boldsymbol{\alpha}_3=(3,2,1,1,3),\boldsymbol{\alpha}_4=(4,0,9,1,2)$；

(8) $\boldsymbol{\alpha}_1=(2,1,0,1,1),\boldsymbol{\alpha}_2=(1,0,1,3,4),\boldsymbol{\alpha}_3=(0,0,1,2,3),\boldsymbol{\alpha}_4=(4,0,7,1,1)$，$\boldsymbol{\alpha}_5=(1,0,0,1,1)$.

5. 已知向量组 $\boldsymbol{\alpha}_1=(1,4,3),\boldsymbol{\alpha}_2=(2,t,-1),\boldsymbol{\alpha}_3=(-2,3,1)$ 线性无关，求 t.

6. 设向量组 $\boldsymbol{\alpha}_1=(\lambda-5,1,-3),\boldsymbol{\alpha}_2=(1,\lambda-5,3),\boldsymbol{\alpha}_3=(-3,3,-3)$ 线性相关，求 λ.

7. 设常数 $\lambda_1\neq\lambda_2$，$\boldsymbol{A}$ 为 n 阶方阵，向量 $\boldsymbol{\alpha}\neq\boldsymbol{0},\boldsymbol{\beta}\neq\boldsymbol{0}$ 且满足 $\boldsymbol{A\alpha}=\lambda_1\boldsymbol{\alpha}$，$\boldsymbol{A\beta}=\lambda_2\boldsymbol{\beta}$. 证明 $\boldsymbol{\alpha},\boldsymbol{\beta}$ 线性无关.

8. 设向量组 $\boldsymbol{\alpha}_1,\boldsymbol{\alpha}_2,\boldsymbol{\alpha}_3$ 线性无关，证明 $\boldsymbol{\alpha}_1+\boldsymbol{\alpha}_2,\boldsymbol{\alpha}_2+\boldsymbol{\alpha}_3,\boldsymbol{\alpha}_3+\boldsymbol{\alpha}_1$ 线性无关.

9. 设向量组Ⅰ:$\boldsymbol{\alpha}_1,\cdots,\boldsymbol{\alpha}_s$；Ⅱ:$\boldsymbol{\alpha}_1,\cdots,\boldsymbol{\alpha}_s,\boldsymbol{\beta}$；Ⅲ:$\boldsymbol{\alpha}_1,\cdots,\boldsymbol{\alpha}_s,\boldsymbol{\gamma}$；且有 $r(\text{Ⅰ})=r(\text{Ⅱ})=s$，$r(\text{Ⅲ})=s+1$. 证明向量组 $\boldsymbol{\alpha}_1,\cdots,\boldsymbol{\alpha}_s,\boldsymbol{\gamma}-\boldsymbol{\beta}$ 线性无关.

10. 已知 3 维向量组Ⅰ:$\boldsymbol{\alpha}_1,\boldsymbol{\alpha}_2$ 和Ⅱ:$\boldsymbol{\beta}_1,\boldsymbol{\beta}_2$ 都线性无关，证明存在向量 $\boldsymbol{\xi}\neq\boldsymbol{0}$，$\boldsymbol{\xi}$ 既可由向量组Ⅰ线性表示，也可由向量组Ⅱ线性表示.

11. 设 $\boldsymbol{A}=\begin{pmatrix}-2&1&3\\1&1&0\\-4&1&a\end{pmatrix}$，三维列向量 $\boldsymbol{\alpha}_1,\boldsymbol{\alpha}_2$ 线性无关，而 $\boldsymbol{A\alpha}_1,\boldsymbol{A\alpha}_2$ 线性相关，求 a 的值.

12. 设向量组 $\boldsymbol{\alpha}_1,\boldsymbol{\alpha}_2,\cdots,\boldsymbol{\alpha}_m(m>1)$线性无关,证明向量组 $\boldsymbol{\alpha}_2+\boldsymbol{\alpha}_3+\cdots+\boldsymbol{\alpha}_m,\boldsymbol{\alpha}_1+\boldsymbol{\alpha}_3+\cdots+\boldsymbol{\alpha}_m,\cdots,\boldsymbol{\alpha}_1+\boldsymbol{\alpha}_2+\cdots+\boldsymbol{\alpha}_{m-1}$ 线性无关.

13. 设 $\boldsymbol{A}$ 是 n 阶方阵,$\boldsymbol{\alpha}$ 为 n 维非零列向量,若存在正整数 k,使得 $\boldsymbol{A}^k\boldsymbol{\alpha}=0$ 且 $\boldsymbol{A}^{k-1}\boldsymbol{\alpha}\neq 0$,证明向量组 $\boldsymbol{\alpha},\boldsymbol{A\alpha},\cdots,\boldsymbol{A}^{k-1}\boldsymbol{\alpha}$ 线性无关.

14. 设 $\boldsymbol{\alpha}_1=(1,5,1),\boldsymbol{\alpha}_2=(-1,0,-1),\boldsymbol{\beta}_1=(0,1,0),\boldsymbol{\beta}_2=(3,0,3)$,又设 $V_1=\{\boldsymbol{\alpha}:\boldsymbol{\alpha}=k_1\boldsymbol{\alpha}_1+k_2\boldsymbol{\alpha}_2,k_1,k_2\in\mathbf{R}\},V_2=\{\boldsymbol{\beta}:\boldsymbol{\beta}=k_1\boldsymbol{\beta}_1+k_2\boldsymbol{\beta}_2,k_1,k_2\in\mathbf{R}\}$,证明 $V_1=V_2$.

15. 设向量组 $\boldsymbol{\alpha}_1,\boldsymbol{\alpha}_2,\cdots,\boldsymbol{\alpha}_m$ 线性无关但可由向量组 $\boldsymbol{\beta}_1,\boldsymbol{\beta}_2,\cdots,\boldsymbol{\beta}_m$ 线性表示,求向量组 $\boldsymbol{\beta}_1,\boldsymbol{\beta}_2,\cdots,\boldsymbol{\beta}_m$ 的秩.

16. 设向量组Ⅰ:$\boldsymbol{\alpha}_1,\boldsymbol{\alpha}_2,\cdots,\boldsymbol{\alpha}_r$与向量组Ⅱ:$\boldsymbol{\alpha}_1,\boldsymbol{\alpha}_2,\cdots,\boldsymbol{\alpha}_r,\boldsymbol{\alpha}_{r+1},\cdots,\boldsymbol{\alpha}_s$有相同的秩,证明两个向量组等价.

17. 已知 $\boldsymbol{A}$ 是 $m\times n$ 阶矩阵,$\boldsymbol{B}$ 是 $n\times p$ 阶矩阵,$\boldsymbol{AB}=\boldsymbol{C}$ 且 $r(\boldsymbol{C})=m$,试证明 $\boldsymbol{A}$ 的行向量组线性无关.

18. 若矩阵 $\boldsymbol{A}_{m\times s},\boldsymbol{B}_{s\times n},\boldsymbol{C}_{m\times n}$ 满足 $\boldsymbol{AB}=\boldsymbol{C}$,证明 $r(\boldsymbol{C})\leqslant\min\{r(\boldsymbol{A}),r(\boldsymbol{B})\}$.

19. 求下列向量组的秩及极大线性无关组.

(1) $\boldsymbol{\alpha}_1=(1,4,3),\boldsymbol{\alpha}_2=(2,0,-1),\boldsymbol{\alpha}_3=(-2,3,1)$;

(2) $\boldsymbol{\alpha}_1=(1,0,1),\boldsymbol{\alpha}_2=(2,0,-1),\boldsymbol{\alpha}_3=(3,3,1),\boldsymbol{\alpha}_4=(0,1,1)$;

(3) $\boldsymbol{\alpha}_1=(2,3,1,1),\boldsymbol{\alpha}_2=(4,6,2,2),\boldsymbol{\alpha}_3=(0,1,2,1),\boldsymbol{\alpha}_4=(0,-1,-2,-1)$;

(4) $\boldsymbol{\alpha}_1=(0,4,10,1),\boldsymbol{\alpha}_2=(4,8,18,7),\boldsymbol{\alpha}_3=(10,18,40,17),\boldsymbol{\alpha}_4=(1,7,17,3)$;

(5) $\boldsymbol{\alpha}_1=(-1,0,1,0,0),\boldsymbol{\alpha}_2=(1,1,1,1,0),\boldsymbol{\alpha}_3=(0,1,2,1,0)$;

(6) $\boldsymbol{\alpha}_1=(1,0,-2,1,1),\boldsymbol{\alpha}_2=(2,-1,1,1,4),\boldsymbol{\alpha}_3=(3,2,1,1,3),\boldsymbol{\alpha}_4=(4,0,9,1,2)$.

20. 已知向量 $\boldsymbol{\alpha}_1=(1,2,-1,1)$, $\boldsymbol{\alpha}_2=(2,3,1,-1)$, $\boldsymbol{\alpha}_3=(-1,-1,-2,2)$,求 $\boldsymbol{\alpha}_1,\boldsymbol{\alpha}_2,\boldsymbol{\alpha}_3$ 的长度和任意两个向量的内积及夹角.

21. 设 $V_1=\{(x_1,x_2,\cdots,x_n):x_1,x_2,\cdots,x_n\in\mathbf{R}$ 满足 $x_1+x_2+\cdots+x_n=0\},V_2=\{(x_1,x_2,\cdots,x_n):x_1,x_2,\cdots,x_n\in\mathbf{R}$ 满足 $x_1+x_2+\cdots+x_n=1\}$,问 V_1,V_2 是不是向量空间?为什么?

22. 设 $V=\{(x_1,x_2,\cdots,x_n):x_1+x_2=0,x_3+x_4=0\}$,求向量空间 V 的维数及一个基.

23. 验证 $\boldsymbol{\alpha}_1=(1,-1,0),\boldsymbol{\alpha}_2=(2,1,3),\boldsymbol{\alpha}_3=(3,1,2)$ 是 $\mathbf{R}^3$ 的一组基,并把 $\boldsymbol{\beta}_1=(5,0,7),\boldsymbol{\beta}_2=(-9,-8,-13)$用这组基线性表示.

24. 试求 $\mathbf{R}^3$ 中向量 $\boldsymbol{\beta}=(1,2,1)$在基 $\boldsymbol{\alpha}_1=(1,1,1),\boldsymbol{\alpha}_2=(1,1,-1),\boldsymbol{\alpha}_3=(1,-1,-1)$下的坐标.

25. 设 $\boldsymbol{\alpha}_1=(1,0,2),\boldsymbol{\alpha}_2=(2,0,-3),\boldsymbol{\alpha}_3=(1,2,1)$.

(1) 任一向量 $\boldsymbol{\beta}=(a,b,c)$能否由 $\boldsymbol{\alpha}_1,\boldsymbol{\alpha}_2,\boldsymbol{\alpha}_3$ 线性表示?

(2) 证明你的结论.

26. 已知 $\boldsymbol{\alpha}_1=(1,1,1),\boldsymbol{\alpha}_2=(1,-2,1)$,求一向量 $\boldsymbol{\alpha}_3$ 使 $\boldsymbol{\alpha}_1,\boldsymbol{\alpha}_2,\boldsymbol{\alpha}_3$ 为正交向量组.

27. 设向量组 $\boldsymbol{\alpha}_1=(1,0,1,2),\boldsymbol{\alpha}_2=(-1,a,2,2),\boldsymbol{\alpha}_3=(-1,a-1,5,6),\boldsymbol{\alpha}_4=(1,1,2a,-2)$

线性相关，求 a 的值和向量空间 $L(\boldsymbol{\alpha}_1,\boldsymbol{\alpha}_2,\boldsymbol{\alpha}_3,\boldsymbol{\alpha}_4)$ 的一组基.

28. 用施密特正交化方法把下列向量组正交化.

(1) $\boldsymbol{\alpha}_1=(1,1,1),\boldsymbol{\alpha}_2=(1,2,3),\boldsymbol{\alpha}_3=(1,4,9)$；

(2) $\boldsymbol{\alpha}_1=(1,0,-1,1),\boldsymbol{\alpha}_2=(1,-1,0,1),\boldsymbol{\alpha}_3=(-1,1,1,0)$.

29. 由 $\mathbf{R}^4$ 的一组基 $\boldsymbol{\alpha}_1=(1,1,0,0)$，$\boldsymbol{\alpha}_2=(0,0,1,1)$，$\boldsymbol{\alpha}_3=(1,0,0,-1)$，$\boldsymbol{\alpha}_4=(1,-1,-1,1)$，求一组正交规范基.

30. 判定下列矩阵是否为正交矩阵.

(1) $\begin{pmatrix} 1 & -\frac{1}{2} & \frac{1}{3} \\ -\frac{1}{2} & 1 & \frac{1}{2} \\ \frac{1}{3} & \frac{1}{3} & -1 \end{pmatrix}$； (2) $\begin{pmatrix} \frac{1}{9} & -\frac{8}{9} & -\frac{4}{9} \\ -\frac{8}{9} & \frac{1}{9} & -\frac{4}{9} \\ -\frac{4}{9} & -\frac{4}{9} & \frac{7}{9} \end{pmatrix}$；

(3) $\begin{pmatrix} 1 & 0 & 0 \\ 0 & \frac{\sqrt{2}}{\sqrt{3}} & \frac{1}{\sqrt{3}} \\ 0 & -\frac{1}{\sqrt{3}} & \frac{\sqrt{2}}{\sqrt{3}} \end{pmatrix}$； (4) $\begin{pmatrix} \frac{1}{3} & \frac{2}{3} & -\frac{2}{3} \\ -\frac{2}{3} & -\frac{1}{3} & -\frac{2}{3} \\ -\frac{2}{3} & \frac{2}{3} & \frac{1}{3} \end{pmatrix}$.

31. 设 $\boldsymbol{A}$ 是反对称矩阵，$\boldsymbol{B}=(\boldsymbol{E}-\boldsymbol{A})(\boldsymbol{E}+\boldsymbol{A})^{-1}$，证明 $\boldsymbol{B}$ 为正交矩阵.

32. 设 $\boldsymbol{\alpha}_1,\boldsymbol{\alpha}_2,\boldsymbol{\alpha}_3,\boldsymbol{\beta}$ 均为 n 维非零列向量，$\boldsymbol{\alpha}_1,\boldsymbol{\alpha}_2,\boldsymbol{\alpha}_3$ 线性无关且 $\boldsymbol{\beta}$ 与 $\boldsymbol{\alpha}_1,\boldsymbol{\alpha}_2,\boldsymbol{\alpha}_3$ 分别正交，试证明 $\boldsymbol{\alpha}_1,\boldsymbol{\alpha}_2,\boldsymbol{\alpha}_3,\boldsymbol{\beta}$ 线性无关.

33. 向量 $\boldsymbol{\alpha}_1=(1,1,0,-1),\boldsymbol{\alpha}_2=(2,1,1,-1),\boldsymbol{\alpha}_3=(0,1,1,-1)$，求 $V=L(\boldsymbol{\alpha}_1,\boldsymbol{\alpha}_2,\boldsymbol{\alpha}_3)$ 的维数及一组正交规范基.

34. 设 $\boldsymbol{\alpha}$ 是非零 n 维列向量，$\boldsymbol{A}=\boldsymbol{E}-\boldsymbol{\alpha}\boldsymbol{\alpha}^{\mathrm{T}}$，证明：

(1) $\boldsymbol{A}^2=\boldsymbol{A}\Leftrightarrow\boldsymbol{\alpha}^{\mathrm{T}}\boldsymbol{\alpha}=1$；(2) $\boldsymbol{\alpha}^{\mathrm{T}}\boldsymbol{\alpha}=1$ 时，$\boldsymbol{A}$ 不可逆.

第 3 章 线性方程组

线性方程组是线性代数的基本内容，它的理论与方法被广泛地应用于自然科学、工程技术以及管理科学之中. 本章将以向量和矩阵为工具，讨论线性方程组的一般理论及其求解方法.

§3.1 齐次线性方程组

在 $D=\begin{vmatrix} a_{11} & a_{12} \\ a_{21} & a_{22} \end{vmatrix}\neq 0$ 的条件下，我们已经会求解方程组

$$\begin{cases} a_{11}x_1+a_{12}x_2=b_1, \\ a_{21}x_1+a_{22}x_2=b_2, \end{cases}$$

也就是说，当方程组中未知量个数等于方程个数且系数行列式不为零时，我们可以利用克拉默法则求出这个方程组的解 . 但是，我们在实际问题中遇到的常常是系数行列式等于零或未知量个数不等于方程个数的方程组，如讨论三条直线

$$a_1x+b_1y+c_1=0,$$

$$a_2x+b_2y+c_2=0,$$

$$a_3x+b_3y+c_3=0$$

能否交于一点，就要解方程组

$$\begin{cases} a_1x+b_1y=-c_1, \\ a_2x+b_2y=-c_2, \\ a_3x+b_3y=-c_3. \end{cases} \tag{3.1.1}$$

求两平面 $A_1x+B_1y+C_1z=D_1$ 及 $A_2x+B_2y+C_2z=D_2$ 的交点，就要解方程组

$$\begin{cases} A_1x+B_1y+C_1z=D_1, \\ A_2x+B_2y+C_2z=D_2. \end{cases} \tag{3.1.2}$$

显然方程组(3.1.1)和(3.1.2)是更一般的方程组,我们现在就来讨论这类方程组的求解问题.

1. 齐次线性方程组的基本概念

方程组

$$\begin{cases} a_{11}x_1+a_{12}x_2+\cdots+a_{1n}x_n=0, \\ a_{21}x_1+a_{22}x_2+\cdots+a_{2n}x_n=0, \\ \cdots\cdots\cdots\cdots \\ a_{m1}x_1+a_{m2}x_2+\cdots+a_{mn}x_n=0 \end{cases} \tag{3.1.3}$$

称为**齐次线性方程组**,其中 $x_1,x_2,\cdots,x_n$ 表示 n 个**未知量**,$a_{ij}(i=1,2,\cdots,m;j=1,2,\cdots,n)$为常数,称为方程组的**系数**;系数 a_{ij} 的第一个下标 i 表示它在第 i 个方程,第二个下标 j 表示它是 x_j 的系数.一般情况下,未知量个数与方程个数不一定相等.由于(3.1.3)式含有 n 个未知量,故也称为 n **元齐次线性方程组**.

记

$$\boldsymbol{A}=\begin{pmatrix} a_{11} & a_{12} & \cdots & a_{1n} \\ a_{21} & a_{22} & \cdots & a_{2n} \\ \vdots & \vdots & & \vdots \\ a_{m1} & a_{m2} & \cdots & a_{mn} \end{pmatrix}, \quad \boldsymbol{X}=\begin{pmatrix} x_1 \\ x_2 \\ \vdots \\ x_n \end{pmatrix}.$$

由第 1 章 § 1.2,(3.1.3)式可以写为

$$\boldsymbol{AX}=\boldsymbol{0}. \tag{3.1.4}$$

(3.1.4)式称为方程组(3.1.3)的矩阵形式,$\boldsymbol{A}$ 称为方程组(3.1.3)的**系数矩阵**.

若 $x_1=c_1,x_2=c_2,\cdots,x_n=c_n$ 使(3.1.3)中 m 个方程都成立,则称 $c_1,c_2,\cdots,c_n$ 是方程组(3.1.3)的**解**.

向量

$$\boldsymbol{X}=\boldsymbol{\xi}=\begin{pmatrix} c_1 \\ c_2 \\ \vdots \\ c_n \end{pmatrix}$$

也称为方程组(3.1.3) 的**解向量**,它也是(3.1.4) 的解.

如果两个线性方程组有相同的解集合,则称它们是**同解的**. 容易验证,若 $m\times n$ 阶矩阵 $\boldsymbol{A}$ 与 $\boldsymbol{B}$ 行等价,即 $\boldsymbol{A}$ 可经一系列初等行变换化为 $\boldsymbol{B}$,则方程组 $\boldsymbol{AX}=\boldsymbol{0}$ 与 $\boldsymbol{BX}=\boldsymbol{0}$ 是同解的.

显然 $\boldsymbol{X}=(0,0,\cdots,0)^{\mathrm{T}}$ 是方程组(3.1.3)的解,称为**零解**或**平凡解**.我们关心的问题是,除零解外,方程组(3.1.3)还有没有其他解?也就是说,齐次线性方程组(3.1.3)在什么条件下有非零解?当方程组有非零解时,如何求出全部的解?

2. 齐次线性方程组解的性质

齐次线性方程组(3.1.3)的解有两个重要性质.

性质 3.1.1 设 $\boldsymbol{\xi}_1$ 与 $\boldsymbol{\xi}_2$ 是方程组(3.1.3)的两个解,则 $\boldsymbol{\xi}_1+\boldsymbol{\xi}_2$ 也是方程组(3.1.3)的解.

证 由于 $\boldsymbol{\xi}_1$ 与 $\boldsymbol{\xi}_2$ 是方程组(3.1.3)的解,即有 $\boldsymbol{A\xi}_1=\boldsymbol{0}$ 与 $\boldsymbol{A\xi}_2=\boldsymbol{0}$,从而有

$$\boldsymbol{A}(\boldsymbol{\xi}_1+\boldsymbol{\xi}_2)=\boldsymbol{A\xi}_1+\boldsymbol{A\xi}_2=\boldsymbol{0},$$

故 $\boldsymbol{\xi}_1+\boldsymbol{\xi}_2$ 也是方程组(3.1.3)的解.

性质 3.1.2 设 $\boldsymbol{\xi}$ 是方程组(3.1.3)的解,则对任意常数 k,$k\boldsymbol{\xi}$ 也是方程组(3.1.3)的解.

仿照性质1的证明,请读者自己完成该性质的证明.

令

$$V=\{\boldsymbol{\xi}:\boldsymbol{A\xi}=\boldsymbol{0}\},$$

则 V 非空.由性质3.1.1与性质3.1.2知,V 构成 $\mathbf{R}^n$ 的一个子空间,称为方程组(3.1.3)的**解空间**或矩阵 $\boldsymbol{A}$ 的**零子空间**,若方程组(3.1.3)有非零解,则 V 的维数$\geqslant 1$.

3. 齐次线性方程组的基础解系及其求法

既然方程组(3.1.3)的解构成 $\mathbf{R}^n$ 的一个子空间,那么只要找出这个空间的一组基,方程组(3.1.3)的每一个解就都可由这组基线性表示了.

定义 3.1.1 **若齐次线性方程组**(3.1.3)**的有限个解** $\xi_1,\xi_2,\cdots,\xi_t$ **满足**

(1) $\xi_1,\xi_2,\cdots,\xi_t$ **线性无关**;

(2) **方程组**(3.1.3)**的每一个解都可由** $\xi_1,\xi_2,\cdots,\xi_t$ **线性表示**,

则称 $\xi_1,\xi_2,\cdots,\xi_t$ **是齐次线性方程组**(3.1.3)**的一个基础解系.相应地,称** $\xi_1,\xi_2,\cdots,\xi_t$ **的线性组合**

$$k_1\boldsymbol{\xi}_1+k_2\boldsymbol{\xi}_2+\cdots+k_t\boldsymbol{\xi}_t$$

为方程组(3.1.3)**的通解或一般解,其中** $k_1,k_2,\cdots,k_t$ **为任意常数.**

求解齐次线性方程组的关键就是求其基础解系,并进而求出通解.

引理 3.1.1 设 $m\times n$ 阶矩阵 $\boldsymbol{A}$ 的秩为 r,且 $\boldsymbol{A}$ 中左上角的 r 阶子式不为零,则 $\boldsymbol{A}$ 可经过一系列初等行变换化为

$$
\boldsymbol{I}_A=\begin{pmatrix}
1 & & & & b_{11} & b_{12} & \cdots & b_{1,n-r}\\
 & 1 & & & b_{21} & b_{22} & \cdots & b_{2,n-r}\\
 & & \ddots & & \vdots & \vdots & & \vdots\\
 & & & 1 & b_{r1} & b_{r2} & \cdots & b_{r,n-r}\\
0 & 0 & \cdots & 0 & 0 & 0 & \cdots & 0\\
\vdots & \vdots & & \vdots & \vdots & \vdots & & \vdots\\
0 & 0 & \cdots & 0 & 0 & 0 & \cdots & 0
\end{pmatrix}=\begin{pmatrix}\boldsymbol{E}_r & \boldsymbol{B}_{r\times(n-r)}\\ \boldsymbol{O} & \boldsymbol{O}\end{pmatrix}.
$$

证 设$\boldsymbol{A}=(a_{ij})_{m\times n}$,由于$\boldsymbol{A}$中左上角的$r$阶子式不为零且$r(\boldsymbol{A})=r$,则$\boldsymbol{A}$的后$m-r$行必可由前$r$行线性表示,故经过一系列初等行变换,$\boldsymbol{A}$可化为如下阶梯形矩阵:

$$
\boldsymbol{A}\xrightarrow{\text{初等行变换}}\begin{pmatrix}
a'_{11} & a'_{12} & \cdots & a'_{1r} & a'_{1,r+1} & \cdots & a'_{1n}\\
0 & a'_{22} & \cdots & a'_{2r} & a'_{2,r+1} & \cdots & a'_{2n}\\
\vdots & \vdots & & \vdots & \vdots & & \vdots\\
0 & 0 & \cdots & a'_{rr} & a'_{r,r+1} & \cdots & a'_{rn}\\
0 & 0 & \cdots & 0 & 0 & \cdots & 0\\
\vdots & \vdots & & \vdots & \vdots & & \vdots\\
0 & 0 & \cdots & 0 & 0 & \cdots & 0
\end{pmatrix},
$$

其中$a'_{ii}\neq 0,i=1,2,\cdots,r$.

再经过初等行变换,上面的阶梯形矩阵就可进一步化为$\boldsymbol{I}_A$的形式了.

任一秩为r的矩阵$\boldsymbol{A}$都可经初等行变换化为具有下列特点的矩阵:非零行的第一个非零元为1,且这第一个非零元所在的列的其他元素全为0.就是说:将1所在的r行r列集中起来,恰好组成一个r阶单位矩阵.这样的矩阵称为矩阵$\boldsymbol{A}$的**行最简形矩阵**,引理3.1.1中.矩阵$\boldsymbol{I}_A$就是矩阵$\boldsymbol{A}$的一种行最简形矩阵.

在引理3.1.1中,因为有条件$\boldsymbol{A}$中左上角的r阶子式不为零,故$\boldsymbol{E}_r$所在的r行r列位于左上角,即$\boldsymbol{I}_A$的左上角有一个r阶单位矩阵.一般情况下不一定有$\boldsymbol{A}$中左上角的r阶子式不为零这一条件,此时$\boldsymbol{A}$的行最简形矩阵是什么形状的?请读者思考.

例3.1.1 求矩阵

$$
\boldsymbol{A}=\begin{pmatrix}1&1&1&1&1\\3&2&1&1&-3\\0&1&2&2&6\\5&4&3&3&-1\end{pmatrix},\quad \boldsymbol{B}=\begin{pmatrix}1&1&2&3\\1&3&6&1\\3&-1&-2&15\\1&-5&-10&12\end{pmatrix}
$$

的行最简形矩阵.

解 由初等行变换,得

$$\boldsymbol{A}\xrightarrow[r_4-5r_1]{r_2-3r_1}\begin{pmatrix}1&1&1&1&1\\0&-1&-2&-2&-6\\0&1&2&2&6\\0&-1&-2&-2&-6\end{pmatrix}$$

$$\xrightarrow[(-1)r_2]{\substack{r_3+r_2\\r_4-r_2}}\begin{pmatrix}1&1&1&1&1\\0&1&2&2&6\\0&0&0&0&0\\0&0&0&0&0\end{pmatrix}$$

$$\xrightarrow{r_1-r_2}\begin{pmatrix}1&0&-1&-1&-5\\0&1&2&2&6\\0&0&0&0&0\\0&0&0&0&0\end{pmatrix}=\boldsymbol{I}_A.$$

$$\boldsymbol{B}\xrightarrow{\substack{r_2-r_1\\r_3-3r_1\\r_4-r_1}}\begin{pmatrix}1&1&2&3\\0&2&4&-2\\0&-4&-8&6\\0&-6&-12&9\end{pmatrix}$$

$$\xrightarrow{\substack{r_3+2r_2\\r_4+3r_2}}\begin{pmatrix}1&1&2&3\\0&2&4&-2\\0&0&0&2\\0&0&0&3\end{pmatrix}\longrightarrow\begin{pmatrix}1&1&2&3\\0&1&2&-1\\0&0&0&1\\0&0&0&0\end{pmatrix}$$

$$\xrightarrow{\substack{r_1-3r_3\\r_2+r_3}}\begin{pmatrix}1&1&2&0\\0&1&2&0\\0&0&0&1\\0&0&0&0\end{pmatrix}\longrightarrow\begin{pmatrix}1&0&0&0\\0&1&2&0\\0&0&0&1\\0&0&0&0\end{pmatrix}=\boldsymbol{I}_B.$$

$\boldsymbol{I}_A$ 为 $\boldsymbol{A}$ 的行最简形矩阵,$\boldsymbol{I}_B$ 为 $\boldsymbol{B}$ 的行最简形矩阵.

定理 3.1.1 **若齐次线性方程组**(3.1.3)**的系数矩阵 $\boldsymbol{A}$ 的秩为 $r<n$,则方程组**(3.1.3)**有基础解系,且基础解系所含解向量的个数为 $n-r$.**

基础解系的求法

证 由于 $\boldsymbol{A}$ 的秩为 r,故 $\boldsymbol{A}$ 中至少有一 r 阶子式不为零,不妨设 $\boldsymbol{A}$ 中左上角的 r 阶子式不为零,由引理 3.1.1,$\boldsymbol{A}$ 可经一系列初等行变换化为行最简形

$$
\boldsymbol{I}_A=\begin{pmatrix}
1 & & & & b_{11} & b_{12} & \cdots & b_{1,n-r} \\
 & 1 & & & b_{21} & b_{22} & \cdots & b_{2,n-r} \\
 & & \ddots & & \vdots & \vdots & & \vdots \\
 & & & 1 & b_{r1} & b_{r2} & \cdots & b_{n,n-r} \\
0 & 0 & \cdots & 0 & 0 & 0 & \cdots & 0 \\
\vdots & \vdots & & \vdots & \vdots & \vdots & & \vdots \\
0 & 0 & \cdots & 0 & 0 & 0 & \cdots & 0
\end{pmatrix},
$$

而且方程组 $\boldsymbol{AX}=\boldsymbol{0}$ 与 $\boldsymbol{I}_A\boldsymbol{X}=\boldsymbol{0}$ 同解.

$\boldsymbol{I}_A\boldsymbol{X}=\boldsymbol{0}$ 所表示的方程组为

$$
\begin{cases}
x_1+b_{11}x_{r+1}+b_{12}x_{r+2}+\cdots+b_{1,n-r}x_n=0, \\
x_2+b_{21}x_{r+1}+b_{22}x_{r+2}+\cdots+b_{2,n-r}x_n=0, \\
\cdots\cdots\cdots \\
x_r+b_{r1}x_{r+1}+b_{r2}x_{r+2}+\cdots+b_{r,n-r}x_n=0,
\end{cases}
$$

或写为

$$
\begin{cases}
x_1=-(b_{11}x_{r+1}+b_{12}x_{r+2}+\cdots+b_{1,n-r}x_n), \\
x_2=-(b_{21}x_{r+1}+b_{22}x_{r+2}+\cdots+b_{2,n-r}x_n), \\
\cdots\cdots\cdots \\
x_r=-(b_{r1}x_{r+1}+b_{r2}x_{r+2}+\cdots+b_{r,n-r}x_n).
\end{cases} \tag{3.1.5}
$$

由(3.1.5)知,未知量 $x_1,x_2,\cdots,x_r$ 由 $x_{r+1},x_{r+2},\cdots,x_n$ 惟一确定. $x_1,x_2,\cdots,x_r$ 称为**真未知量**,$x_{r+1},x_{r+2},\cdots,x_n$ 称为**自由未知量**.取

$$
\begin{pmatrix} x_{r+1} \\ x_{r+2} \\ \vdots \\ x_n \end{pmatrix}=\begin{pmatrix} 1 \\ 0 \\ \vdots \\ 0 \end{pmatrix},\begin{pmatrix} 0 \\ 1 \\ \vdots \\ 0 \end{pmatrix},\cdots,\begin{pmatrix} 0 \\ 0 \\ \vdots \\ 1 \end{pmatrix},
$$

从(3.1.5)可以解得

$$
\begin{pmatrix} x_1 \\ x_2 \\ \vdots \\ x_r \end{pmatrix}=\begin{pmatrix} -b_{11} \\ -b_{21} \\ \vdots \\ -b_{r1} \end{pmatrix},\begin{pmatrix} -b_{12} \\ -b_{22} \\ \vdots \\ -b_{r2} \end{pmatrix},\cdots,\begin{pmatrix} -b_{1,n-r} \\ -b_{2,n-r} \\ \vdots \\ -b_{r,n-r} \end{pmatrix},
$$

从而得到方程组(3.1.5)也是方程组(3.1.3)的 $n-r$ 个解向量:

$$
\boldsymbol{\xi}_1=(-b_{11},-b_{21},\cdots,-b_{r1},1,0,\cdots,0)^{\mathrm{T}},
$$

$$
\boldsymbol{\xi}_2=(-b_{12},-b_{22},\cdots,-b_{r2},0,1,\cdots,0)^{\mathrm{T}},
$$

…………

$$\boldsymbol{\xi}_{n-r}=(-b_{1,n-r},-b_{2,n-r},\cdots,-b_{r,n-r},0,0,\cdots,1)^{\mathrm{T}}.$$

显然,$\boldsymbol{\xi}_1,\boldsymbol{\xi}_2,\cdots,\boldsymbol{\xi}_{n-r}$ 是线性无关的.

设 $\boldsymbol{\xi}=(c_1,c_2,\cdots,c_r,c_{r+1},\cdots,c_n)^{\mathrm{T}}$ 是方程组(3.1.3)的任一解,令

$$\boldsymbol{\xi}_0=c_{r+1}\boldsymbol{\xi}_1+c_{r+2}\boldsymbol{\xi}_2+\cdots+c_n\boldsymbol{\xi}_{n-r}.$$

由齐次线性方程组的性质知,$\boldsymbol{\xi}_0$ 也是方程组(3.1.3)的解向量,且 $\boldsymbol{\xi}_0$ 的后 $n-r$ 个分量为 $c_{r+1},c_{r+2},\cdots,c_n$,与 $\boldsymbol{\xi}$ 的后 $n-r$ 个分量相等. 由于自由未知量的一组确定值惟一决定方程组(3.1.3)的解向量,故有 $\boldsymbol{\xi}=\boldsymbol{\xi}_0=c_{r+1}\boldsymbol{\xi}_1+c_{r+2}\boldsymbol{\xi}_2+\cdots+c_n\boldsymbol{\xi}_{n-r}$.

从而方程组(3.1.3) 的任一解向量都可由 $\boldsymbol{\xi}_1,\boldsymbol{\xi}_2,\cdots,\boldsymbol{\xi}_{n-r}$ 线性表示.

这就证明了 $\boldsymbol{\xi}_1,\boldsymbol{\xi}_2,\cdots,\boldsymbol{\xi}_{n-r}$ 是方程组(3.1.3)的一个基础解系,且基础解系含有 $n-r$ 个解向量.

注意:由定理的证明过程可以看出,方程组有基础解系时,其基础解系是不惟一的,它取决于自由未知量的选取. 为方便起见,我们总是遵循这样的规则:真未知量尽量从前往后取,自由未知量尽量从后往前取. 但是,同一个方程组的基础解系所含解向量的个数相同,都等于 $n-r(\boldsymbol{A})$. 定理的证明过程给出了求基础解系的方法.

例 3.1.2 求方程组

$$\begin{cases} x_1+x_2+x_3+x_4+x_5=0, \\ 3x_1+2x_2+x_3+x_4-3x_5=0, \\ x_2+2x_3+2x_4+6x_5=0, \\ 5x_1+4x_2+3x_3+3x_4-x_5=0 \end{cases}$$

的基础解系及通解.

解 方程组的系数矩阵为

$$\boldsymbol{A}=\begin{pmatrix} 1 & 1 & 1 & 1 & 1 \\ 3 & 2 & 1 & 1 & -3 \\ 0 & 1 & 2 & 2 & 6 \\ 5 & 4 & 3 & 3 & -1 \end{pmatrix},$$

对 $\boldsymbol{A}$ 进行初等行变换可将 $\boldsymbol{A}$ 化为行最简形矩阵(见例 3.1.1)

$$\boldsymbol{A}\xrightarrow{\text{初等行变换}}\begin{pmatrix} 1 & 0 & -1 & -1 & -5 \\ 0 & 1 & 2 & 2 & 6 \\ 0 & 0 & 0 & 0 & 0 \\ 0 & 0 & 0 & 0 & 0 \end{pmatrix}.$$

由于 $r(\boldsymbol{A})=2<n=5$,故方程组有基础解系,且基础解系含有 $5-2=3$ 个解向量. 同

解方程组为

$$\begin{cases}x_1-x_3-x_4-5x_5=0,\\ x_2+2x_3+2x_4+6x_5=0\end{cases} \text{或写为} \begin{cases}x_1=x_3+x_4+5x_5,\\ x_2=-2x_3-2x_4-6x_5.\end{cases}$$

取

$$\begin{pmatrix}x_3\\ x_4\\ x_5\end{pmatrix}=\begin{pmatrix}1\\ 0\\ 0\end{pmatrix},\begin{pmatrix}0\\ 1\\ 0\end{pmatrix},\begin{pmatrix}0\\ 0\\ 1\end{pmatrix},$$

求得

$$\begin{pmatrix}x_1\\ x_2\end{pmatrix}=\begin{pmatrix}1\\ -2\end{pmatrix},\begin{pmatrix}1\\ -2\end{pmatrix},\begin{pmatrix}5\\ -6\end{pmatrix}.$$

从而得方程组的一个基础解系为

$$\boldsymbol{\xi}_1=\begin{pmatrix}1\\ -2\\ 1\\ 0\\ 0\end{pmatrix},\boldsymbol{\xi}_2=\begin{pmatrix}1\\ -2\\ 0\\ 1\\ 0\end{pmatrix},\boldsymbol{\xi}_3=\begin{pmatrix}5\\ -6\\ 0\\ 0\\ 1\end{pmatrix}.$$

方程组的通解为 $k_1\boldsymbol{\xi}_1+k_2\boldsymbol{\xi}_2+k_3\boldsymbol{\xi}_3$，其中 k_1,k_2,k_3 为任意常数.

例 3.1.3 求方程组

$$\begin{cases}x_1+x_2+2x_3+3x_4=0,\\ x_1+3x_2+6x_3+x_4=0,\\ 3x_1-x_2-2x_3+15x_4=0,\\ x_1-5x_2-10x_3+12x_4=0\end{cases}$$

的基础解系.

解 方程组的系数矩阵为

$$\boldsymbol{A}=\begin{pmatrix}1&1&2&3\\ 1&3&6&1\\ 3&-1&-2&15\\ 1&-5&-10&12\end{pmatrix}.$$

经一系列初等行变换 $\boldsymbol{A}$ 可化为行最简形矩阵(见例 3.1.1)

$$\boldsymbol{A}\xrightarrow{\text{初等行变换}}\begin{pmatrix}1&0&0&0\\ 0&1&2&0\\ 0&0&0&1\\ 0&0&0&0\end{pmatrix}.$$

同解方程组为

$$\begin{cases}x_1=0,\\x_2=-2x_3,\\x_4=0.\end{cases}$$

取 $x_3=1$，得 $x_1=0,x_2=-2,x_4=0$. 故基础解系为 $\boldsymbol{\xi}=(0,-2,1,0)^{\mathrm{T}}$.

请读者思考：在求方程组的基础解系时为什么要将系数矩阵化为行最简形矩阵？如何确定真未知量和自由未知量？

推论 1 对齐次线性方程组(3.1.3)有

(1) 若 $r(\boldsymbol{A})=n$，则方程组(3.1.3)有惟一零解；

(2) 若 $r(\boldsymbol{A})=r<n$，则方程组(3.1.3)有无穷多个解，其通解为

$$k_1\boldsymbol{\xi}_1+k_2\boldsymbol{\xi}_2+\cdots+k_{n-r}\boldsymbol{\xi}_{n-r},$$

其中 $\boldsymbol{\xi}_1,\boldsymbol{\xi}_2,\cdots,\boldsymbol{\xi}_{n-r}$ 是方程组的基础解系，而 $k_1,k_2,\cdots,k_{n-r}$ 为任意常数.

推论 2 n 元齐次线性方程组

$$\begin{cases}a_{11}x_1+a_{12}x_2+\cdots+a_{1n}x_n=0,\\a_{21}x_1+a_{22}x_2+\cdots+a_{2n}x_n=0,\\\cdots\cdots\cdots\cdots\\a_{n1}x_1+a_{n2}x_2+\cdots+a_{nn}x_n=0\end{cases}$$

有非零解的充要条件是其系数矩阵为降秩矩阵.

例 3.1.4 设 $\boldsymbol{A},\boldsymbol{B}$ 均为 n 阶方阵，且 $\boldsymbol{AB}=\boldsymbol{O}$. 证明 $r(\boldsymbol{A})+r(\boldsymbol{B})\leqslant n$，并证明当 $r(\boldsymbol{A})=n-1$ 时，$r(\boldsymbol{A}^*)=1$.

证 令 $\boldsymbol{B}=(\boldsymbol{\beta}_1,\boldsymbol{\beta}_2,\cdots,\boldsymbol{\beta}_n)$，则由 $\boldsymbol{AB}=\boldsymbol{O}$ 得 $\boldsymbol{A\beta}_i=\boldsymbol{0},i=1,2,\cdots,n$，即 $\boldsymbol{\beta}_i$ 为方程组 $\boldsymbol{AX}=\boldsymbol{0}$ 的解向量，故

$$r(\boldsymbol{\beta}_1,\boldsymbol{\beta}_2,\cdots,\boldsymbol{\beta}_n)\leqslant n-r(\boldsymbol{A}),$$

即 $r(\boldsymbol{B})\leqslant n-r(\boldsymbol{A})$，因此 $r(\boldsymbol{A})+r(\boldsymbol{B})\leqslant n$.

由于 $\boldsymbol{A}^*\boldsymbol{A}=|\boldsymbol{A}|\boldsymbol{E}$ 且 $r(\boldsymbol{A})=n-1$，从而 $|\boldsymbol{A}|=0$. 于是 $\boldsymbol{A}^*\boldsymbol{A}=\boldsymbol{O}$，由前面的证明知 $r(\boldsymbol{A}^*)+r(\boldsymbol{A})\leqslant n$，即 $r(\boldsymbol{A}^*)\leqslant n-r(\boldsymbol{A})=1$.

又 $\boldsymbol{A}$ 中至少有一个 $n-1$ 阶子式不为零，故 $r(\boldsymbol{A}^*)\geqslant 1$，从而必有 $r(\boldsymbol{A}^*)=1$.

例 3.1.5 设 $\boldsymbol{\xi}_1,\boldsymbol{\xi}_2,\cdots,\boldsymbol{\xi}_t$ 是方程组 $\boldsymbol{AX}=\boldsymbol{0}$ 的一个基础解系，$\boldsymbol{A\beta}\neq\boldsymbol{0}$，试证明 $\boldsymbol{\beta}$，$\boldsymbol{\beta}+\boldsymbol{\xi}_1,\cdots,\boldsymbol{\beta}+\boldsymbol{\xi}_t$ 线性无关.

证 设 $k_0\boldsymbol{\beta}+k_1(\boldsymbol{\beta}+\boldsymbol{\xi}_1)+\cdots+k_t(\boldsymbol{\beta}+\boldsymbol{\xi}_t)=\boldsymbol{0}$，即

$$(k_0+k_1+\cdots+k_t)\boldsymbol{\beta}+k_1\boldsymbol{\xi}_1+\cdots+k_t\boldsymbol{\xi}_t=\boldsymbol{0}, \tag{3.1.6}$$

两边左乘 $\boldsymbol{A}$. 注意到 $\boldsymbol{A\xi}_i=\boldsymbol{0},i=1,2,\cdots,t$，得

$$(k_0+k_1+\cdots+k_t)A\boldsymbol{\beta}=\mathbf{0}.$$

由于 $A\boldsymbol{\beta}\neq\mathbf{0}$,故有

$$k_0+k_1+\cdots+k_t=0,$$

代入(3.1.6)式得

$$k_1\boldsymbol{\xi}_1+\cdots+k_t\boldsymbol{\xi}_t=\mathbf{0}.$$

由于 $\boldsymbol{\xi}_1,\boldsymbol{\xi}_2,\cdots,\boldsymbol{\xi}_t$ 线性无关,故 $k_1=k_2=\cdots=k_t=0$,从而 $k_0=0$,即 $\boldsymbol{\beta},\boldsymbol{\beta}+\boldsymbol{\xi}_1,\cdots,\boldsymbol{\beta}+\boldsymbol{\xi}_t$ 线性无关.

思考题 3-1

设 A 为 n 阶矩阵,$\boldsymbol{b}$ 为 n 维非零向量,$\boldsymbol{x}_1$ 为 $AX=\boldsymbol{b}$ 的解,$\boldsymbol{\alpha}_1,\boldsymbol{\alpha}_2,\cdots,\boldsymbol{\alpha}_r$ 为 $AX=\mathbf{0}$ 的基础解系,则 $r(\boldsymbol{x}_1,\boldsymbol{\alpha}_1,\boldsymbol{\alpha}_2,\cdots,\boldsymbol{\alpha}_r)=r+1$. 对吗?

§3.2 非齐次线性方程组

方程组

$$\begin{cases}a_{11}x_1+a_{12}x_2+\cdots+a_{1n}x_n=b_1,\\a_{21}x_1+a_{22}x_2+\cdots+a_{2n}x_n=b_2,\\\cdots\cdots\cdots\cdots\\a_{m1}x_1+a_{m2}x_2+\cdots+a_{mn}x_n=b_m,\end{cases}\tag{3.2.1}$$

称为非齐次线性方程组,其中 $x_1,x_2,\cdots,x_n$ 表示 n 个未知量,$a_{ij}(i=1,2,\cdots,m,j=1,2,\cdots,n)$ 称为**系数**,$b_i(i=1,2,\cdots,m)$ 称为方程组的**常数项**. 若方程组(3.2.1)有解,就称方程组是**相容的**,否则就称方程组是**不相容的**.

当方程组(3.2.1)中的常数项全为零时,得到形如(3.1.3)的齐次线性方程组,也称为非齐次线性方程组(3.2.1)的**导出组**.

方程组(3.1.1)与(3.1.2)都是非齐次线性方程组.

投入产出中的"分配平衡方程"就是一个非齐次线性方程组. 在一个系统中,每个部门(企业)作为生产者,它要为系统内其他部门乃至自身进行生产而提供一定产品,又要满足系统外部(包括出口)对该产品的需求. 另一方面,每个部门(企业)为了生产其产品,必然又是消耗者,要消耗本部门(企业)和系统内部其他部门(企业)所生产的产品,如原材料、设备、能源、运输等. 此外,还有人力方面的消耗,且需要获取合理的利润. 这些物资方面的消耗和新创造的价值,等于它的总产值,这就是"投入"与"产出"的总的平衡关系.

设某个经济系统由 n 个企业组成,并且用 x_i 表示第 i 个企业的总产值,$x_i\geqslant0$;d_i 表示系统外部对第 i 个企业的产值需求量,$d_i\geqslant0$;a_{ij} 表示第 j 个企业生产单位产值需要消耗第 i 个企业的产值数,称为第 j 个企业对第 i 个企业的直接消耗系数,$a_{ij}\geqslant0$(如表 3.2.1).

表 3.2.1 x_i, d_i, a_{ij} 的含义及相互关系

<table>
<tr><td colspan="2" rowspan="2">直接消耗系数</td><td colspan="4">消耗企业</td><td rowspan="2">外部需求</td><td rowspan="2">总产值</td></tr>
<tr><td>1</td><td>2</td><td>…</td><td>n</td></tr>
<tr><td rowspan="4">生产企业</td><td>1</td><td>a_{11}</td><td>a_{12}</td><td>…</td><td>a_{1n}</td><td>d_1</td><td>x_1</td></tr>
<tr><td>2</td><td>a_{21}</td><td>a_{22}</td><td>…</td><td>a_{2n}</td><td>d_2</td><td>x_2</td></tr>
<tr><td>⋮</td><td colspan="4">…………</td><td>⋮</td><td>⋮</td></tr>
<tr><td>n</td><td>a_{n1}</td><td>a_{n2}</td><td>…</td><td>a_{nn}</td><td>d_n</td><td>x_n</td></tr>
</table>

由上面的假设，第 i 个企业分配给系统内各企业生产性消耗的产值数为

$$a_{i1}x_1+a_{i2}x_2+\cdots+a_{in}x_n.$$

提供给外部的产值数为 d_i，这两部分之和就是第 i 个企业的总产值 x_i，于是得分配平衡方程组

$$a_{i1}x_1+a_{i2}x_2+\cdots+a_{in}x_n+d_i=x_i \qquad (i=1,2,\cdots,n),$$

即

$$\begin{cases}(1-a_{11})x_1-a_{12}x_2-\cdots-a_{1n}x_n=d_1,\\ -a_{21}x_1+(1-a_{22})x_2-\cdots-a_{2n}x_n=d_2,\\ \cdots\cdots\cdots\cdots\\ -a_{n1}x_1-a_{n2}x_2-\cdots+(1-a_{nn})x_n=d_n.\end{cases} \tag{3.2.2}$$

记 $\boldsymbol{A}=(a_{ij})_{n\times n}$，$\boldsymbol{d}=(d_1,d_2,\cdots,d_n)^{\mathrm{T}}$，则(3.2.2)可以写成矩阵形式

$$(\boldsymbol{E}-\boldsymbol{A})\boldsymbol{X}=\boldsymbol{d}.$$

在投入产出问题中，$\boldsymbol{A}$ 称为消耗矩阵，表示企业间的消耗关系，$\boldsymbol{E}-\boldsymbol{A}$ 称为列昂惕夫矩阵.

向量间的线性表示问题也可转化为非齐次线性方程组. 例如，设向量 $\boldsymbol{\beta}=(1,a,3,b)^{\mathrm{T}}$，$\boldsymbol{\alpha}_1=(1,3,0,5)^{\mathrm{T}}$，$\boldsymbol{\alpha}_2=(1,2,1,4)^{\mathrm{T}}$，$\boldsymbol{\alpha}_3=(1,1,2,3)^{\mathrm{T}}$. 问 a,b 取何值时，$\boldsymbol{\beta}$ 能由 $\boldsymbol{\alpha}_1,\boldsymbol{\alpha}_2,\boldsymbol{\alpha}_3$ 线性表示？表示式如何？

若 $\boldsymbol{\beta}$ 能由 $\boldsymbol{\alpha}_1,\boldsymbol{\alpha}_2,\boldsymbol{\alpha}_3$ 线性表示，则有常数 k_1,k_2,k_3，使

$$\boldsymbol{\beta}=k_1\boldsymbol{\alpha}_1+k_2\boldsymbol{\alpha}_2+k_3\boldsymbol{\alpha}_3.$$

按分量写出来，即

$$\begin{cases}1=k_1+k_2+k_3,\\ a=3k_1+2k_2+k_3,\\ 3=k_2+2k_3,\\ b=5k_1+4k_2+3k_3.\end{cases}$$

故问题转化为:a,b 取何值时,方程组

$$\begin{cases} x_1+x_2+x_3=1, \\ 3x_1+2x_2+x_3=a, \\ x_2+2x_3=3, \\ 5x_1+4x_2+3x_3=b \end{cases}$$

有解,解是什么?

必须注意,非齐次线性方程组并非一定有解.我们首先要解决的问题就是:

如何判断方程组(3.2.1)有解?或者说方程组(3.2.1)有解的充要条件是什么?在有解时,它有多少解?怎样求出所有解?

1. 线性方程组的相容性

对非齐次线性方程组(3.2.1),引入向量

$$\boldsymbol{\alpha}_1=\begin{pmatrix} a_{11} \\ a_{21} \\ \vdots \\ a_{m1} \end{pmatrix}, \quad \boldsymbol{\alpha}_2=\begin{pmatrix} a_{12} \\ a_{22} \\ \vdots \\ a_{m2} \end{pmatrix}, \quad \cdots, \quad \boldsymbol{\alpha}_n=\begin{pmatrix} a_{1n} \\ a_{2n} \\ \vdots \\ a_{mn} \end{pmatrix}, \quad \boldsymbol{b}=\begin{pmatrix} b_1 \\ b_2 \\ \vdots \\ b_m \end{pmatrix},$$

于是方程组(3.2.1)可以写成向量方程

$$x_1\boldsymbol{\alpha}_1+x_2\boldsymbol{\alpha}_2+\cdots+x_n\boldsymbol{\alpha}_n=\boldsymbol{b}. \tag{3.2.3}$$

显然,方程组(3.2.1)有解的充分必要条件是 $\boldsymbol{b}$ 可由 $\boldsymbol{\alpha}_1,\boldsymbol{\alpha}_2,\cdots,\boldsymbol{\alpha}_n$ 线性表示.

方程组(3.2.1)还可以写成矩阵形式

$$\boldsymbol{AX}=\boldsymbol{b},$$

其中

$$\boldsymbol{A}=(a_{ij})_{m\times n}, \quad \boldsymbol{X}=\begin{pmatrix} x_1 \\ x_2 \\ \vdots \\ x_n \end{pmatrix}, \quad \boldsymbol{b}=\begin{pmatrix} b_1 \\ b_2 \\ \vdots \\ b_m \end{pmatrix}.$$

矩阵 $\boldsymbol{A}$ 称为方程组的系数矩阵.记

$$\overline{\boldsymbol{A}}=(\boldsymbol{A} \mid \boldsymbol{b})=\left(\begin{array}{cccc|c} a_{11} & a_{12} & \cdots & a_{1n} & b_1 \\ a_{21} & a_{22} & \cdots & a_{2n} & b_2 \\ \vdots & \vdots & & \vdots & \vdots \\ a_{m1} & a_{m2} & \cdots & a_{mn} & b_m \end{array}\right),$$

矩阵 $\overline{\boldsymbol{A}}$ 称为方程组(3.2.1)的**增广矩阵**.

定理 3.2.1 **方程组(3.2.1)有解的充分必要条件是系数矩阵 $\boldsymbol{A}$ 与增广矩阵 $\overline{\boldsymbol{A}}$**

的秩相等,即 $r(\overline{\boldsymbol{A}})=r(\boldsymbol{A})$.

证 必要性.

方程组(3.2.1)有解,即有 $x_1=c_1,x_2=c_2,\cdots,x_n=c_n$ 使方程组(3.2.1)中的每一个方程都成立,从而 $x_1=c_1,x_2=c_2,\cdots,x_n=c_n$ 也使向量方程(3.2.3)成立,故 $\boldsymbol{b}$ 是 $\boldsymbol{\alpha}_1,\boldsymbol{\alpha}_2,\cdots,\boldsymbol{\alpha}_n$ 的线性组合.因此向量组 $\boldsymbol{\alpha}_1,\boldsymbol{\alpha}_2,\cdots,\boldsymbol{\alpha}_n$ 与向量组 $\boldsymbol{\alpha}_1,\boldsymbol{\alpha}_2,\cdots,\boldsymbol{\alpha}_n,\boldsymbol{b}$ 等价,故有

$$r(\boldsymbol{\alpha}_1,\boldsymbol{\alpha}_2,\cdots,\boldsymbol{\alpha}_n,\boldsymbol{b})=r(\boldsymbol{\alpha}_1,\boldsymbol{\alpha}_2,\cdots,\boldsymbol{\alpha}_n),$$

也就是 $r(\overline{\boldsymbol{A}})=r(\boldsymbol{A})$.

充分性.

若 $r(\overline{\boldsymbol{A}})=r(\boldsymbol{A})$,则有

$$r(\boldsymbol{\alpha}_1,\boldsymbol{\alpha}_2,\cdots,\boldsymbol{\alpha}_n,\boldsymbol{b})=r(\boldsymbol{\alpha}_1,\boldsymbol{\alpha}_2,\cdots,\boldsymbol{\alpha}_n).$$

令它们的秩为 r,则 $\boldsymbol{\alpha}_1,\boldsymbol{\alpha}_2,\cdots,\boldsymbol{\alpha}_n$ 的极大无关组由 r 个向量组成,不妨设 $\boldsymbol{\alpha}_1,\boldsymbol{\alpha}_2,\cdots,\boldsymbol{\alpha}_r$ 是它的一个极大无关组,显然 $\boldsymbol{\alpha}_1,\boldsymbol{\alpha}_2,\cdots,\boldsymbol{\alpha}_r$ 也是向量组 $\boldsymbol{\alpha}_1,\boldsymbol{\alpha}_2,\cdots,\boldsymbol{\alpha}_n,\boldsymbol{b}$ 的一个极大线性无关组,故 $\boldsymbol{b}$ 可由 $\boldsymbol{\alpha}_1,\boldsymbol{\alpha}_2,\cdots,\boldsymbol{\alpha}_r$ 线性表示,从而 $\boldsymbol{b}$ 可由 $\boldsymbol{\alpha}_1,\boldsymbol{\alpha}_2,\cdots,\boldsymbol{\alpha}_n$ 线性表示,即方程组(3.2.1)有解.

由于 $r(\boldsymbol{A})=r(\boldsymbol{A}\ \vdots\ \boldsymbol{0})$,因此下面的推论成立.

推论 齐次线性方程组(3.1.3)恒有解.

2. 非齐次线性方程组的解的性质

非齐次线性方程组(3.2.1)的解具有如下性质.

性质 3.2.1 非齐次线性方程组(3.2.1)的两个解之差是它的导出组(3.1.3)的解.

证 设 $\boldsymbol{\eta}_1$ 与 $\boldsymbol{\eta}_2$ 是方程组(3.2.1)的两个解,即 $\boldsymbol{A\eta}_1=\boldsymbol{b},\boldsymbol{A\eta}_2=\boldsymbol{b}$,则

$$\boldsymbol{A}(\boldsymbol{\eta}_1-\boldsymbol{\eta}_2)=\boldsymbol{A\eta}_1-\boldsymbol{A\eta}_2=\boldsymbol{b}-\boldsymbol{b}=\boldsymbol{0},$$

故 $\boldsymbol{\eta}_1-\boldsymbol{\eta}_2$ 是导出组(3.1.3)的解.

性质 3.2.2 非齐次线性方程组(3.2.1)的一个解与其导出组(3.1.3)的一个解的和是非齐次线性方程组(3.2.1)的解.

证 设 $\boldsymbol{\eta}$ 是方程组(3.2.1)的一个解,$\boldsymbol{\xi}$ 是其导出组(3.1.3)的一个解,即有

$$\boldsymbol{A\eta}=\boldsymbol{b},\boldsymbol{A\xi}=\boldsymbol{0}.$$

于是 $\boldsymbol{A}(\boldsymbol{\eta}+\boldsymbol{\xi})=\boldsymbol{A\eta}+\boldsymbol{A\xi}=\boldsymbol{b}$,故 $\boldsymbol{\eta}+\boldsymbol{\xi}$ 是非齐次线性方程组(3.2.1)的解.

由以上两个性质,可得非齐次线性方程组的解的结构定理.

定理 3.2.2 设 $\boldsymbol{\eta}^*$ 是非齐次线性方程组(3.2.1)的一个特解,$\boldsymbol{\xi}_1,\boldsymbol{\xi}_2,\cdots,\boldsymbol{\xi}_{n-r}$ 是其导出组(3.1.3)的一个基础解系,则方程组(3.2.1)的全部解为

$$\boldsymbol{\eta}^*+k_1\boldsymbol{\xi}_1+k_2\boldsymbol{\xi}_2+\cdots+k_{n-r}\boldsymbol{\xi}_{n-r}, \tag{3.2.4}$$

其中 $r=r(\boldsymbol{A}),k_1,k_2,\cdots,k_{n-r}$ 为任意常数.

称(3.2.4)为非齐次线性方程组(3.2.1)的通解.

证 设$\boldsymbol{\eta}$是方程组(3.2.1)的任意一个解,由性质3.2.1知$\boldsymbol{\eta}-\boldsymbol{\eta}^*$是其导出组(3.1.3)的一个解,于是存在一组常数$k_1,k_2,\cdots,k_{n-r}$,使

$$\boldsymbol{\eta}-\boldsymbol{\eta}^*=k_1\boldsymbol{\xi}_1+k_2\boldsymbol{\xi}_2+\cdots+k_{n-r}\boldsymbol{\xi}_{n-r},$$

即$\boldsymbol{\eta}=\boldsymbol{\eta}^*+k_1\boldsymbol{\xi}_1+k_2\boldsymbol{\xi}_2+\cdots+k_{n-r}\boldsymbol{\xi}_{n-r}$,由$\boldsymbol{\eta}$的任意性,定理得证.

推论 对非齐次线性方程组(3.2.1)有

(1) 当$r(\overline{\boldsymbol{A}})=r(\boldsymbol{A})=n$时,方程组(3.2.1)有惟一解;

(2) 当$r(\overline{\boldsymbol{A}})=r(\boldsymbol{A})=r<n$时,方程组(3.2.1)有无穷多解,其通解为

$$\boldsymbol{\eta}^*+k_1\boldsymbol{\xi}_1+k_2\boldsymbol{\xi}_2+\cdots+k_{n-r}\boldsymbol{\xi}_{n-r},$$

其中$\boldsymbol{\eta}^*$为方程组(3.2.1)的一个特解,$\boldsymbol{\xi}_1,\boldsymbol{\xi}_2,\cdots,\boldsymbol{\xi}_{n-r}$为导出组(3.1.3)的一个基础解系,$k_1,k_2,\cdots,k_{n-r}$为任意常数;

(3) 当$r(\overline{\boldsymbol{A}})\neq r(\boldsymbol{A})$时,方程组(3.2.1)无解.

例 3.2.1 设四元非齐次线性方程组$\boldsymbol{AX}=\boldsymbol{b}$的系数矩阵的秩为3,$\boldsymbol{\eta}_1,\boldsymbol{\eta}_2,\boldsymbol{\eta}_3$是其三个特解,且$\boldsymbol{\eta}_1=(1,2,3,4)^{\mathrm{T}}$,$\boldsymbol{\eta}_2+\boldsymbol{\eta}_3=(3,5,7,9)^{\mathrm{T}}$,求该方程组的通解.

解 由非齐次线性方程组解的性质知:$\boldsymbol{\xi}=\boldsymbol{\eta}_2+\boldsymbol{\eta}_3-2\boldsymbol{\eta}_1=(1,1,1,1)^{\mathrm{T}}$是导出组$\boldsymbol{AX}=\boldsymbol{0}$的解.

又$r(\boldsymbol{A})=3$,未知量个数$n=4$,故$\boldsymbol{AX}=\boldsymbol{0}$的基础解系由一个向量组成.因此$\boldsymbol{\xi}=(1,1,1,1)^{\mathrm{T}}$就构成一个基础解系,从而该方程组的通解为

$$\boldsymbol{\eta}_1+k\boldsymbol{\xi}=(1,2,3,4)^{\mathrm{T}}+k(1,1,1,1)^{\mathrm{T}},$$

其中k为任意常数.

3. 非齐次线性方程组的解法

由非齐次线性方程组的结构定理知,欲求其通解,只需求

(1) 方程组的一个特解;

(2) 对应的导出组的一个基础解系.

我们已经在§3.1中介绍了基础解系的求法,故现在只讨论特解的求法.

设非齐次线性方程组(3.2.1)的系数矩阵$\boldsymbol{A}$的秩为r,且其最左上角的r阶子式不为零,对增广矩阵$\overline{\boldsymbol{A}}$作初等行变换将其化为行最简形矩阵,即

$$\overline{\boldsymbol{A}}=(\boldsymbol{A}\mid\boldsymbol{b})\xrightarrow{\text{行变换}}(\boldsymbol{I}_A\mid\boldsymbol{b}_1)=\overline{\boldsymbol{I}}_A,$$

由初等变换与初等矩阵的关系知,存在一系列初等矩阵$\boldsymbol{P}_1,\boldsymbol{P}_2,\cdots,\boldsymbol{P}_s$,使

$$\boldsymbol{P}_1\boldsymbol{P}_2\cdots\boldsymbol{P}_s\overline{\boldsymbol{A}}=\overline{\boldsymbol{I}}_A,$$

也就是

$$\begin{cases}\boldsymbol{P}_1\boldsymbol{P}_2\cdots\boldsymbol{P}_s\boldsymbol{A}=\boldsymbol{I}_A,\\ \boldsymbol{P}_1\boldsymbol{P}_2\cdots\boldsymbol{P}_s\boldsymbol{b}=\boldsymbol{b}_1.\end{cases}$$

由此可知方程组 $\boldsymbol{AX}=\boldsymbol{b}$ 与方程组 $\boldsymbol{I}_A\boldsymbol{X}=\boldsymbol{b}_1$ 是同解方程组.

例 3.2.2 求非齐次线性方程组

$$\begin{cases} x_1+x_2+2x_3+3x_4=1,\\ x_1+3x_2+6x_3+x_4=3,\\ 3x_1-x_2-2x_3+15x_4=3,\\ x_1-5x_2-10x_3+12x_4=1\end{cases}$$

的一个特解 $\boldsymbol{\eta}^*$.

解 方程组的增广矩阵为

$$\overline{\boldsymbol{A}}=\left(\begin{array}{cccc:c}1 & 1 & 2 & 3 & 1\\ 1 & 3 & 6 & 1 & 3\\ 3 & -1 & -2 & 15 & 3\\ 1 & -5 & -10 & 12 & 1\end{array}\right).$$

经初等行变换,可将 $\overline{\boldsymbol{A}}$ 化为行最简形矩阵:

$$\overline{\boldsymbol{A}}\xrightarrow[r_4-r_1]{\substack{r_2-r_1\\ r_3-3r_1}}\left(\begin{array}{cccc:c}1 & 1 & 2 & 3 & 1\\ 0 & 2 & 4 & -2 & 2\\ 0 & -4 & -8 & 6 & 0\\ 0 & -6 & -12 & 9 & 0\end{array}\right)\longrightarrow\left(\begin{array}{cccc:c}1 & 1 & 2 & 3 & 1\\ 0 & 2 & 4 & -2 & 2\\ 0 & 0 & 0 & 2 & 4\\ 0 & 0 & 0 & 3 & 6\end{array}\right)$$

$$\longrightarrow\left(\begin{array}{cccc:c}1 & 1 & 2 & 3 & 1\\ 0 & 1 & 2 & -1 & 1\\ 0 & 0 & 0 & 1 & 2\\ 0 & 0 & 0 & 0 & 0\end{array}\right)\longrightarrow\left(\begin{array}{cccc:c}1 & 0 & 0 & 0 & -8\\ 0 & 1 & 2 & 0 & 3\\ 0 & 0 & 0 & 1 & 2\\ 0 & 0 & 0 & 0 & 0\end{array}\right),$$

由此得 $r(\overline{\boldsymbol{A}})=r(\boldsymbol{A})=3$,故方程组有解且同解方程组为

$$\begin{cases}x_1=-8,\\ x_2+2x_3=3,\\ x_4=2\end{cases}\quad 或\quad \begin{cases}x_1=-8,\\ x_2=-2x_3+3,\\ x_4=2.\end{cases}$$

令自由变量 $x_3=0$,得 $x_1=-8,x_2=3,x_4=2$,即方程组的一个特解为

$$\boldsymbol{\eta}^*=(-8,3,0,2)^{\mathrm{T}}.$$

为计算简便,经常通过给自由变量赋值为零来求特解. 这一点读者应记牢.

例 3.2.3 求方程组

$$\begin{cases}2x_1-x_2+4x_3-3x_4=-4,\\ x_1\qquad\quad+x_3-x_4=-3,\\ 3x_1+x_2+x_3-2x_4=-11,\\ 7x_1+x_2+5x_3-6x_4=-23\end{cases}$$

的通解.

解 方程组的增广矩阵为

$$\overline{\boldsymbol{A}}=\left(\begin{array}{cccc|c}2&-1&4&-3&-4\\1&0&1&-1&-3\\3&1&1&-2&-11\\7&1&5&-6&-23\end{array}\right),$$

经初等行变换可将 $\overline{\boldsymbol{A}}$ 化为行最简形矩阵

$$\overline{\boldsymbol{A}}\xrightarrow{\text{初等行变换}}\left(\begin{array}{cccc|c}1&0&1&-1&-3\\0&1&-2&1&-2\\0&0&0&0&0\\0&0&0&0&0\end{array}\right).$$

故 $r(\overline{\boldsymbol{A}})=r(\boldsymbol{A})=2$,方程组有解且同解方程组为

$$\begin{cases}x_1=-x_3+x_4-3,\\ x_2=\ 2x_3-x_4-2.\end{cases}\tag{3.2.5}$$

令 $x_3=x_4=0$,得 $x_1=-3,x_2=-2$,即方程组的一个特解为

$$\boldsymbol{\eta}^*=(-3,-2,0,0)^{\mathrm{T}}.$$

将(3.2.5)式中的常数项去掉,即得导出组的同解方程组

$$\begin{cases}x_1=-x_3+x_4,\\ x_2=\ 2x_3-x_4.\end{cases}\tag{3.2.6}$$

令自由未知量 $\begin{pmatrix}x_3\\x_4\end{pmatrix}=\begin{pmatrix}1\\0\end{pmatrix},\begin{pmatrix}0\\1\end{pmatrix}$,得 $\begin{pmatrix}x_1\\x_2\end{pmatrix}=\begin{pmatrix}-1\\2\end{pmatrix},\begin{pmatrix}1\\-1\end{pmatrix}$,故基础解系为

$$\boldsymbol{\xi}_1=(-1,2,1,0)^{\mathrm{T}},\boldsymbol{\xi}_2=(1,-1,0,1)^{\mathrm{T}}.$$

因此方程组的通解为

$$\boldsymbol{\eta}^*+k_1\boldsymbol{\xi}_1+k_2\boldsymbol{\xi}_2=\begin{pmatrix}-3\\-2\\0\\0\end{pmatrix}+k_1\begin{pmatrix}-1\\2\\1\\0\end{pmatrix}+k_2\begin{pmatrix}1\\-1\\0\\1\end{pmatrix},$$

其中 k_1,k_2 为任意常数.

在实际求解过程中,(3.2.6)式可以不出现,而直接利用(3.2.5)式求导出组的基础解系,只不过这时要注意忽略常数项.

例 3.2.4 设方程组为

$$\begin{cases} x_1+\ x_2+\lambda x_3=4, \\ -x_1+\lambda x_2+\ x_3=\lambda^2, \\ x_1-\ x_2+2x_3=-4. \end{cases}$$

含参数的方程组

问 λ 取何值时,方程组有惟一解、无解、无穷多解?并在有无穷多解时,求其通解.

解 方程组的系数矩阵为

$$\boldsymbol{A}=\begin{pmatrix} 1 & 1 & \lambda \\ -1 & \lambda & 1 \\ 1 & -1 & 2 \end{pmatrix}.$$

其行列式为 $|\boldsymbol{A}|=-(\lambda-4)(\lambda+1)$. 故当 $\lambda\neq 4$ 且 $\lambda\neq-1$ 时,方程组有惟一解 .

当 $\lambda=4$ 时,方程组的增广矩阵为

$$\overline{\boldsymbol{A}}=\left(\begin{array}{ccc:c} 1 & 1 & 4 & 4 \\ -1 & 4 & 1 & 16 \\ 1 & -1 & 2 & -4 \end{array}\right)\xrightarrow{\text{初等行变换}}\left(\begin{array}{ccc:c} 1 & 0 & 3 & 0 \\ 0 & 1 & 1 & 4 \\ 0 & 0 & 0 & 0 \end{array}\right).$$

这样 $r(\overline{\boldsymbol{A}})=r(\boldsymbol{A})=2$. 方程组有无穷多解,同解方程组为

$$\begin{cases} x_1=-3x_3, \\ x_2=-x_3+4. \end{cases}$$

令 $x_3=0$,得特解 $\boldsymbol{\eta}^*=(0,4,0)^{\mathrm{T}}$.

令 $x_3=1$,得基础解系 $\boldsymbol{\xi}=(-3,-1,1)^{\mathrm{T}}$,故通解为 $\boldsymbol{\eta}^*+k\boldsymbol{\xi}$,其中 k 为任意常数.

当 $\lambda=-1$ 时,方程组的增广矩阵为

$$\overline{\boldsymbol{A}}=\left(\begin{array}{ccc:c} 1 & 1 & -1 & 4 \\ -1 & -1 & 1 & 1 \\ 1 & -1 & 2 & -4 \end{array}\right)\xrightarrow{\text{初等行变换}}\left(\begin{array}{ccc:c} 1 & 1 & -1 & 4 \\ 0 & -2 & 3 & -8 \\ 0 & 0 & 0 & 5 \end{array}\right).$$

$r(\boldsymbol{A})=2$,但 $r(\overline{\boldsymbol{A}})=3$,故方程组无解.

例 3.2.5 某地有一个煤矿、一个电厂和一条铁路,经成本核算,每生产价值 1 元钱的煤,需要消耗 0.3 元的电,为了把这 1 元钱的煤运出去,需要花费 0.2 元的运费. 每生产价值 1 元的电,需要 0.6 元的煤作燃料,为了运行电厂的辅助设备,要消耗本身 0.1 元的电,还需花费 0.1 元的运费. 作为铁路局,每提供 1 元钱运费的运输,要消耗 0.5 元的煤,辅助设备要消耗 0.1 元的电. 现煤矿接到外地 6 万元煤

的订货，电厂有10万元电的外地需求，问煤矿和电厂各生产多少才能满足需求？

解 煤矿、电厂和铁路之间的消耗关系可以表示为矩阵

$$\boldsymbol{A}=\begin{pmatrix} 0 & 0.6 & 0.5 \\ 0.3 & 0.1 & 0.1 \\ 0.2 & 0.1 & 0 \end{pmatrix}\begin{matrix}\text{煤矿}\\ \text{电厂}\\ \text{铁路}\end{matrix}.$$

（列依次为：煤矿 电厂 铁路）

$\boldsymbol{A}$ 中元素如 a_{21} 表示每生产一元钱的煤需消耗0.3元的电.

设煤矿实际生产 x_1 元的煤，电厂实际生产 x_2 元的电，铁路局实际提供价值 x_3 元的运输能力，令 $\boldsymbol{X}=(x_1,x_2,x_3)^{\mathrm{T}}$，则 $\boldsymbol{AX}$ 就是为完成 $\boldsymbol{X}$ 元的产值自身的消耗. 又记 $\boldsymbol{d}=(6,10,0)^{\mathrm{T}}$，则满足外地需求的实际生产量 $\boldsymbol{X}$ 应满足关系

$$\boldsymbol{X}-\boldsymbol{AX}=\boldsymbol{d} \text{ 或}(\boldsymbol{E}-\boldsymbol{A})\boldsymbol{X}=\boldsymbol{d}.$$

由于

$$\boldsymbol{E}-\boldsymbol{A}=\begin{pmatrix} 1 & -0.6 & -0.5 \\ -0.3 & 0.9 & -0.1 \\ -0.2 & -0.1 & 1 \end{pmatrix},$$

而 $|\boldsymbol{E}-\boldsymbol{A}|=0.593\neq 0$，故 $\boldsymbol{X}=(\boldsymbol{E}-\boldsymbol{A})^{-1}\boldsymbol{d}$. 这一工作我们将在下一节利用计算机完成，其结果为 $\boldsymbol{X}=(19.9663,18.4148,5.8347)^{\mathrm{T}}$，即煤矿要生产19.966 3万元的煤，电厂要生产18.414 8万元的电，铁路局要提供价值5.834 7万元的运输能力才能满足外地6万元煤和10万元电的需求.

§3.3 用 MATLAB 求解线性方程组

对于例3.2.5中的计算部分，我们用MATLAB来完成. 下面的例子实际上给出了用MATLAB求解线性方程组的一般方法.

例 3.3.1 已知方程为 $(\boldsymbol{E}-\boldsymbol{A})\boldsymbol{X}=\boldsymbol{d}$，其中

$$\boldsymbol{A}=\begin{pmatrix} 0 & 0.60 & 0.50 \\ 0.30 & 0.10 & 0.10 \\ 0.20 & 0.10 & 0 \end{pmatrix},\boldsymbol{d}=(6,10,0)^{\mathrm{T}}.$$

求 $\boldsymbol{X}$.

解 首先创建矩阵 $\boldsymbol{A},\boldsymbol{d},\boldsymbol{E}$：

```
A=[0  0.6  0.5;0.3  0.1  0.1;0.2  0.1  0];↙
d=[6    10    0]';↙
E=eye(3);↙
```

计算矩阵 $\boldsymbol{EA}=\boldsymbol{E}-\boldsymbol{A}$：

```
EA=E-A ↙
EA=

      1.0000   -0.6000   -0.5000
     -0.3000    0.9000   -0.1000
     -0.2000   -0.1000    1.0000
```

计算 $\boldsymbol{EA}$ 的行列式：

```
det(EA) ↙
ans=
    0.5930
```

由 $|\boldsymbol{E}-\boldsymbol{A}|=0.593\neq0$ 得 $\boldsymbol{X}=(\boldsymbol{E}-\boldsymbol{A})^{-1}\boldsymbol{d}$：

```
X=inv(EA)*d ↙
X=
   19.9663
   18.4148
    5.8347
```

其实更好的方法是直接利用矩阵的左除算子来求解：

```
X=EA\d ↙
X=
   19.9663
   18.4148
    5.8347
```

习题 3

1. 填空题

(1) 设 $\boldsymbol{A},\boldsymbol{B},\boldsymbol{C}$ 均为 5 阶方阵，$r(\boldsymbol{B})=2$，$r(\boldsymbol{C})=5$，$\boldsymbol{A}=\boldsymbol{BC}$，则方程组 $\boldsymbol{AX}=\boldsymbol{0}$ 的基础解系含(　　)个解向量.

(2) 当 λ 满足条件(　　)时，方程组

$$\begin{cases}\lambda x_1-x_2-x_3+x_4=0,\\-x_1+\lambda x_2+x_3-x_4=0,\\-x_1+x_2+\lambda x_3-x_4=0,\\x_1-x_2-x_3+\lambda x_4=0\end{cases}$$

仅有零解.

(3) 设 n 阶方阵 $\boldsymbol{A}$ 的各行元素之和均为零，且 $r(\boldsymbol{A})=n-1$，则线性方程组 $\boldsymbol{AX}=\boldsymbol{0}$ 的基础解系是(　　).

(4) 方程 $2x_1+x_2+3x_3-5x_4=0$ 的基础解系是(　　).

(5) 已知 n 阶方阵 $\boldsymbol{A}$，$\boldsymbol{B}$ 满足 $\boldsymbol{AB}=\boldsymbol{O}$ 且 $\boldsymbol{B}\neq\boldsymbol{O}$，则 $\boldsymbol{A}$ 的行向量组的秩为(　　).

(6) 设

$$\boldsymbol{A}=\begin{pmatrix}1 & a & a & \cdots & a\\ a & 1 & a & \cdots & a\\ a & a & 1 & \cdots & a\\ \vdots & \vdots & \vdots & & \vdots\\ a & a & a & \cdots & 1\end{pmatrix}_{n\times n}\quad (n>2)$$

且 $\boldsymbol{AX}=\boldsymbol{0}$ 的基础解系只有一个非零向量，则 $a=$(　　).

(7) 四元非齐次线性方程组的系数矩阵之秩为 3，已知其三个特解 $\boldsymbol{\eta}_1,\boldsymbol{\eta}_2,\boldsymbol{\eta}_3$ 满足 $\boldsymbol{\eta}_1+\boldsymbol{\eta}_2=(2,0,1,1)^{\mathrm{T}}$，$\boldsymbol{\eta}_3=(1,2,0,1)^{\mathrm{T}}$，则该方程组的通解为(　　).

(8) 设 $\boldsymbol{A},\boldsymbol{B}$ 是 n 阶方阵，$\boldsymbol{X},\boldsymbol{Y},\boldsymbol{b}$ 是 $n\times 1$ 阶矩阵，则方程组 $\begin{pmatrix}\boldsymbol{O} & \boldsymbol{B}\\ \boldsymbol{A} & \boldsymbol{O}\end{pmatrix}\begin{pmatrix}\boldsymbol{X}\\ \boldsymbol{Y}\end{pmatrix}=\begin{pmatrix}\boldsymbol{0}\\ \boldsymbol{b}\end{pmatrix}$ 有解的充要条件为(　　).

(9) 当 $\lambda=$(　　)时，方程组

$$\begin{cases}x_1+2x_2+3x_3=1,\\ x_1+3x_2+6x_3=2,\\ 2x_1+3x_2+3x_3=\lambda\end{cases}$$

有解，此时其导出组的基础解系含(　　)个解向量.

(10) 若方程组 $\begin{cases}bx+ay=0,\\ cx+az=b,\\ cy+bz=a\end{cases}$ 有惟一解，则 $abc\neq$(　　).

2. 选择题

(1) 设 $\boldsymbol{A}$ 是 $m\times n$ 矩阵，则方程组 $\boldsymbol{AX}=\boldsymbol{0}$ 仅有零解的充要条件为(　　).

(A) $\boldsymbol{A}$ 的列向量组线性无关；　(B) $\boldsymbol{A}$ 的列向量组线性相关；

(C) $\boldsymbol{A}$ 的行向量组线性无关；　(D) $\boldsymbol{A}$ 的行向量组线性相关.

(2) 设 $(1,0,2)^{\mathrm{T}}$ 及 $(0,1,-1)^{\mathrm{T}}$ 是齐次线性方程组 $\boldsymbol{AX}=\boldsymbol{0}$ 的两个解，则其系数矩阵为(　　).

(A) $\begin{pmatrix}2 & 0 & -1\\ 0 & 1 & 1\end{pmatrix}$；　(B) $\begin{pmatrix}-1 & 0 & 2\\ 0 & 1 & -1\end{pmatrix}$；

(C) $(-2,1,1)$；　(D) $\begin{pmatrix}0 & 1 & -1\\ 4 & -2 & -2\\ 0 & 1 & 1\end{pmatrix}$.

(3) 设 $\boldsymbol{A}$ 是 n 阶矩阵且 $r(\boldsymbol{A})=n-1$，$\boldsymbol{\alpha}_1,\boldsymbol{\alpha}_2$ 是 $\boldsymbol{AX}=\boldsymbol{0}$ 的两个不同的解向量，则 $\boldsymbol{AX}=\boldsymbol{0}$ 的通解为(　　).

(A) $k_1\boldsymbol{\alpha}_1+k_2\boldsymbol{\alpha}_2,k_1,k_2\in\mathbf{R}$；　　(B) $k(\boldsymbol{\alpha}_1+\boldsymbol{\alpha}_2),k\in\mathbf{R}$；

(C) $k(\boldsymbol{\alpha}_1-\boldsymbol{\alpha}_2),k\in\mathbf{R}$；　　(D) $k\boldsymbol{\alpha}_1$ 或 $k\boldsymbol{\alpha}_2,k\in\mathbf{R}$.

(4) 设 $\boldsymbol{A}$ 为 n 阶实矩阵，$\boldsymbol{A}^{\mathrm{T}}$ 是 $\boldsymbol{A}$ 的转置矩阵，则对于线性方程组(Ⅰ)：$\boldsymbol{AX}=\boldsymbol{0}$ 和(Ⅱ)：$\boldsymbol{A}^{\mathrm{T}}\boldsymbol{AX}=\boldsymbol{0}$ 必有(　　).

(A) (Ⅱ)的解是(Ⅰ)的解，(Ⅰ)的解也是(Ⅱ)的解；

(B) (Ⅱ)的解是(Ⅰ)的解，但(Ⅰ)的解不是(Ⅱ)的解；

(C) (Ⅰ)的解不是(Ⅱ)的解，(Ⅱ)的解也不是(Ⅰ)的解；

(D) (Ⅰ)的解是(Ⅱ)的解，但(Ⅱ)的解不是(Ⅰ)的解.

(5) 若 $\boldsymbol{\xi}_1,\boldsymbol{\xi}_2,\boldsymbol{\xi}_3$ 是齐次线性方程组 $\boldsymbol{AX}=\boldsymbol{0}$ 的一个基础解系，则下列结论中错误的是(　　).

(A) $\boldsymbol{\xi}_1,\boldsymbol{\xi}_2,\boldsymbol{\xi}_3$ 线性无关；

(B) $\boldsymbol{\xi}_1+\boldsymbol{\xi}_2+\boldsymbol{\xi}_3$ 是该齐次方程组的非零解；

(C) $\boldsymbol{\xi}_1,\boldsymbol{\xi}_1+\boldsymbol{\xi}_2,\boldsymbol{\xi}_1+\boldsymbol{\xi}_2+\boldsymbol{\xi}_3$ 也是该齐次方程组的一个基础解系；

(D) 该齐次方程组的解所构成的向量空间是 n 维的.

(6) 设 $\begin{vmatrix} a_{11} & a_{12} & \cdots & a_{1n} \\ a_{21} & a_{22} & \cdots & a_{2n} \\ \vdots & \vdots & & \vdots \\ a_{n1} & a_{n2} & \cdots & a_{nn} \end{vmatrix}\neq 0$，则方程组 $\begin{cases} a_{11}x_1+a_{12}x_2+\cdots+a_{1,n-1}x_{n-1}=a_{1n}, \\ a_{21}x_1+a_{22}x_2+\cdots+a_{2,n-1}x_{n-1}=a_{2n}, \\ \cdots\cdots\cdots\cdots \\ a_{n1}x_1+a_{n2}x_2+\cdots+a_{n,n-1}x_{n-1}=a_{nn} \end{cases}$ (　　).

(A) 有惟一解；　　(B) 无解；

(C) 有无穷多解；　　(D) 仅有零解.

(7) 设非齐次线性方程组 $\boldsymbol{AX}=\boldsymbol{b}$ 有 n 个未知量，m 个方程，且系数矩阵的秩为 r，则(　　).

(A) $r=m$ 时有解；　　(B) $r=n$ 时有惟一解；

(C) $m>n$ 时无解；　　(D) $r<n$ 时有无穷多组解.

(8) 当(　　)时，方程组

$$\begin{cases} x_2+x_3=1, \\ x_1+\lambda x_2+x_3=\lambda, \\ x_1+x_2+\lambda x_3=\lambda^2 \end{cases}$$

有无穷多个解.

(A) $\lambda=-2$；　　(B) $\lambda=1$；　　(C) $\lambda\neq-1$ 且 $\lambda\neq-2$；　　(D) $\lambda\neq-1$.

(9) 设 $\boldsymbol{\eta}_1,\boldsymbol{\eta}_2$ 是非齐次线性方程组 $\boldsymbol{AX}=\boldsymbol{b}$ 的两个不同的解，$\boldsymbol{\xi}_1,\boldsymbol{\xi}_2$ 是对应的导出组 $\boldsymbol{AX}=\boldsymbol{0}$ 的基础解系，则 $\boldsymbol{AX}=\boldsymbol{b}$ 的通解为(　　).

(A) $k_1\boldsymbol{\xi}_1+k_2(\boldsymbol{\xi}_1+\boldsymbol{\xi}_2)+\dfrac{\boldsymbol{\eta}_1-\boldsymbol{\eta}_2}{2}$； (B) $k_1\boldsymbol{\xi}_1+k_2(\boldsymbol{\xi}_1-\boldsymbol{\xi}_2)+\dfrac{\boldsymbol{\eta}_1+\boldsymbol{\eta}_2}{2}$；

(C) $k_1\boldsymbol{\xi}_1+k_2(\boldsymbol{\eta}_1+\boldsymbol{\eta}_2)+\dfrac{\boldsymbol{\eta}_1-\boldsymbol{\eta}_2}{2}$； (D) $k_1\boldsymbol{\xi}_1+k_2(\boldsymbol{\eta}_1-\boldsymbol{\eta}_2)+\dfrac{\boldsymbol{\eta}_1+\boldsymbol{\eta}_2}{2}$.

(10) 设有齐次线性方程组 $\boldsymbol{AX}=\boldsymbol{0}$ 和 $\boldsymbol{BX}=\boldsymbol{0}$，其中 $\boldsymbol{A},\boldsymbol{B}$ 均为 $m\times n$ 矩阵，现有4个命题：

① 若 $\boldsymbol{AX}=\boldsymbol{0}$ 的解均是 $\boldsymbol{BX}=\boldsymbol{0}$ 的解，则 $r(\boldsymbol{A})\geqslant r(\boldsymbol{B})$；

② 若 $r(\boldsymbol{A})\geqslant r(\boldsymbol{B})$，则 $\boldsymbol{AX}=\boldsymbol{0}$ 的解均是 $\boldsymbol{BX}=\boldsymbol{0}$ 的解；

③ 若 $\boldsymbol{AX}=\boldsymbol{0}$ 与 $\boldsymbol{BX}=\boldsymbol{0}$ 同解，则 $r(\boldsymbol{A})=r(\boldsymbol{B})$；

④ 若 $r(\boldsymbol{A})=r(\boldsymbol{B})$，则 $\boldsymbol{AX}=\boldsymbol{0}$ 与 $\boldsymbol{BX}=\boldsymbol{0}$ 同解.

以上命题正确的是(　　).

(A) ①、②； (B) ①、③； (C) ②、④； (D) ③、④.

3. 求下列方程组的基础解系与通解.

(1) $\begin{cases} x_2+x_3=0, \\ x_1+2x_2+x_3=0; \end{cases}$ (2) $3x_1+2x_2+x_3=0$；

(3) $\begin{cases} x_2+x_3=0, \\ x_1+x_2+x_3=0, \\ 2x_1+3x_2+3x_3=0; \end{cases}$ (4) $\begin{cases} x_1+x_2+x_3=0, \\ 2x_1+2x_3=0, \\ x_2=0; \end{cases}$

(5) $\begin{cases} x_1-x_2+2x_3+3x_4=0, \\ x_1-x_2+x_3+2x_4=0, \\ x_1-x_2+3x_3+4x_4=0, \\ x_1-x_2+5x_4=0; \end{cases}$ (6) $\begin{cases} x_1+x_3+3x_4=0, \\ x_1-x_2+x_3=0, \\ x_1-2x_2+4x_4=0, \\ x_2-x_3+5x_4=0; \end{cases}$

(7) $\begin{cases} x_1+x_2+x_5=0, \\ x_1+x_2-x_3=0, \\ x_3+x_4+x_5=0; \end{cases}$ (8) $\begin{cases} x_1+x_2+x_3+x_4+x_5=0, \\ 3x_1+2x_2+x_3+x_4-3x_5=0, \\ x_2+2x_3+2x_4+6x_5=0, \\ 5x_1+4x_2+3x_3+3x_4-x_5=0. \end{cases}$

4. 求方程组

$$\begin{cases} x_1-2x_2+x_3+2x_4=0, \\ 2x_1-x_2+3x_3-x_4=0, \\ -x_1+5x_2-7x_4=0 \end{cases}$$

的解空间的基与维数.

5. 设 $\boldsymbol{\alpha}_1,\boldsymbol{\alpha}_2,\cdots,\boldsymbol{\alpha}_s$ 是齐次线性方程组 $\boldsymbol{AX}=\boldsymbol{0}$ 的一个基础解系，且

$$\begin{cases} \boldsymbol{\beta}_1=t_1\boldsymbol{\alpha}_1+t_2\boldsymbol{\alpha}_2, \\ \boldsymbol{\beta}_2=t_1\boldsymbol{\alpha}_2+t_2\boldsymbol{\alpha}_3, \\ \cdots\cdots\cdots\cdots \\ \boldsymbol{\beta}_s=t_1\boldsymbol{\alpha}_s+t_2\boldsymbol{\alpha}_1, \end{cases}$$

其中 t_1,t_2 为实常数,试问 t_1,t_2 满足什么条件时,$\boldsymbol{\beta}_1,\boldsymbol{\beta}_2,\cdots,\boldsymbol{\beta}_s$ 也是方程组 $\boldsymbol{AX}=\boldsymbol{0}$ 的一个基础解系.

6. 设齐次线性方程组 $\boldsymbol{AX}=\boldsymbol{0}$ 有非零解,其中 $\boldsymbol{A}=\begin{pmatrix}1&2&-1\\1&a&1\\-1&-3&-2\\0&-1&-3\end{pmatrix}$,求 a 的值及其通解.

7. 设 $\boldsymbol{A}=\begin{pmatrix}1&1&2&1\\3&a+3&a+2&b+2\\2&3&a&2\end{pmatrix}$,且方程组 $\boldsymbol{AX}=\boldsymbol{0}$ 的基础解系中含有两个解向量,求 a,b 的值及 $\boldsymbol{AX}=\boldsymbol{0}$ 的通解.

8. 设 n 阶矩阵 $\boldsymbol{A}$ 满足 $\boldsymbol{A}^2=\boldsymbol{E}$,$\boldsymbol{E}$ 为单位矩阵,求 $r(\boldsymbol{A}+\boldsymbol{E})+r(\boldsymbol{A}-\boldsymbol{E})$的值.

9. 求下列方程组的通解.

(1) $\begin{cases}x_2+x_3=1,\\x_1+x_3=1,\\x_1+2x_2+x_3=2;\end{cases}$ (2) $\begin{cases}x_1+x_3=1,\\x_1+2x_2+3x_3=3;\end{cases}$

(3) $\begin{cases}x_2+x_3=1,\\x_1+x_2+x_3=0,\\2x_1+3x_2+3x_3=1;\end{cases}$ (4) $\begin{cases}x_1+x_3+x_4=1,\\x_1-x_2+x_3=0,\\2x_1-x_2+4x_4=2;\end{cases}$

(5) $\begin{cases}x_1+x_2+2x_5=0,\\x_1+2x_2-x_3=2,\\x_3+x_4+x_5=1;\end{cases}$ (6) $\begin{cases}x_1+x_2+x_3+x_4+x_5=1,\\2x_1+2x_2-3x_5=0,\\4x_3+4x_4+10x_5=4,\\6x_3+6x_4+15x_5=6.\end{cases}$

10. 设方程组

$$\begin{cases}x_1+x_2+\lambda x_3=4,\\-x_1+\lambda x_2+x_3=\lambda^2,\\x_1-x_2+2x_3=-4.\end{cases}$$

问 λ 取何值时方程组有惟一解,无穷多解,无解? 并在有无穷多解时求其通解.

11. 问 λ 取何值时,方程组

$$\begin{cases}x_1+x_3=\lambda,\\4x_1+x_2+2x_3=\lambda+2,\\6x_1+x_2+4x_3=2\lambda+3\end{cases}$$

有解,并求出全部解.

12. 求 a 使

$$\begin{cases} x_1+x_2+x_3+x_4+x_5=a, \\ x_1+2x_3+3x_4+2x_5=3, \\ 4x_1+5x_2+3x_3+2x_4+3x_5=2, \\ x_1+x_4+2x_5=1 \end{cases}$$

有解,并求出全部解.

13. 设

$$\boldsymbol{A}=\begin{pmatrix} 1 & 1 & \cdots & 1 \\ a_1 & a_2 & \cdots & a_n \\ a_1^2 & a_2^2 & \cdots & a_n^2 \\ \vdots & \vdots & & \vdots \\ a_1^{n-1} & a_2^{n-1} & \cdots & a_n^{n-1} \end{pmatrix}, \quad \boldsymbol{b}=\begin{pmatrix} 1 \\ 1 \\ 1 \\ \vdots \\ 1 \end{pmatrix},$$

其中当 $i\neq j$ 时,$a_i\neq a_j$.求解方程组 $\boldsymbol{A}^{\mathrm{T}}\boldsymbol{X}=\boldsymbol{b}$.

14. 解方程组

$$\begin{cases} x_1+ax_2+a^2x_3=a^3, \\ x_1+bx_2+b^2x_3=b^3, \\ x_1+cx_2+c^2x_3=c^3. \end{cases}$$

15. 设 $\boldsymbol{A}=\begin{pmatrix} a & 1 & 1 \\ 1 & a & 1 \\ 1 & 1 & a \end{pmatrix}$,$\boldsymbol{\beta}=\begin{pmatrix} b \\ 1 \\ 1 \end{pmatrix}$. 已知线性方程组 $\boldsymbol{AX}=\boldsymbol{\beta}$ 存在 2 个不同的解,

(1) 求 a,b;

(2) 求方程组 $\boldsymbol{AX}=\boldsymbol{\beta}$ 的通解.

16. 设 $\boldsymbol{A}=(\boldsymbol{\alpha}_1,\boldsymbol{\alpha}_2,\boldsymbol{\alpha}_3)$,$\boldsymbol{\alpha}_1,\boldsymbol{\alpha}_2,\boldsymbol{\alpha}_3,\boldsymbol{\beta}$ 都为 3 维列向量,$\boldsymbol{\alpha}_1,\boldsymbol{\alpha}_2$ 线性无关,且 $\boldsymbol{\alpha}_3=\boldsymbol{\alpha}_1-\boldsymbol{\alpha}_2$,$\boldsymbol{\beta}=\boldsymbol{\alpha}_1+\boldsymbol{\alpha}_2$,求方程组 $\boldsymbol{AX}=\boldsymbol{\beta}$ 的通解.

17. (1) 设 $\boldsymbol{\alpha}_1=(1,3,0,5)^{\mathrm{T}}$,$\boldsymbol{\alpha}_2=(1,2,1,4)^{\mathrm{T}}$,$\boldsymbol{\alpha}_3=(1,1,2,3)^{\mathrm{T}}$,$\boldsymbol{\beta}=(1,a,3,b)^{\mathrm{T}}$.

① a,b 取何值时,$\boldsymbol{\beta}$ 能用 $\boldsymbol{\alpha}_1,\boldsymbol{\alpha}_2,\boldsymbol{\alpha}_3$ 线性表示?并求出表示式.

② a,b 取何值时,$\boldsymbol{\beta}$ 不能用 $\boldsymbol{\alpha}_1,\boldsymbol{\alpha}_2,\boldsymbol{\alpha}_3$ 线性表示?

(2) 设 $\boldsymbol{\alpha}_1=(a,2,10)^{\mathrm{T}}$,$\boldsymbol{\alpha}_2=(-2,1,5)^{\mathrm{T}}$,$\boldsymbol{\alpha}_3=(-1,1,4)^{\mathrm{T}}$,$\boldsymbol{\beta}=(1,b,c)^{\mathrm{T}}$,问当 a,b,c 满足什么条件时,

① $\boldsymbol{\beta}$ 能用 $\boldsymbol{\alpha}_1,\boldsymbol{\alpha}_2,\boldsymbol{\alpha}_3$ 惟一线性表示?

② $\boldsymbol{\beta}$ 不能用 $\boldsymbol{\alpha}_1,\boldsymbol{\alpha}_2,\boldsymbol{\alpha}_3$ 线性表示?

③ $\boldsymbol{\beta}$ 能用 $\boldsymbol{\alpha}_1,\boldsymbol{\alpha}_2,\boldsymbol{\alpha}_3$ 线性表示,但表示式不惟一,并求出一般表示式.

18. 已知 $\boldsymbol{B}$ 是 $m\times n$ 矩阵,其 m 个行向量是齐次线性方程组 $\boldsymbol{AX}=\boldsymbol{0}$ 的一个基础解系. 设 $\boldsymbol{P}$ 是 m 阶可逆矩阵,试证:$\boldsymbol{PB}$ 的行向量也是 $\boldsymbol{AX}=\boldsymbol{0}$ 的一个基础解系.

19. 证明方程组

$$\begin{cases} x_1-x_2=a_1, \\ x_2-x_3=a_2, \\ x_3-x_4=a_3, \\ x_4-x_5=a_4, \\ x_5-x_1=a_5 \end{cases}$$

有解的充要条件是$\sum_{i=1}^{5}a_i=0$.

20. 设$\boldsymbol{A}$为$m\times n$阶实矩阵,证明方程组$\boldsymbol{AX}=\boldsymbol{0}$与$\boldsymbol{A}^{\mathrm{T}}\boldsymbol{AX}=\boldsymbol{0}$同解,从而$r(\boldsymbol{A})=r(\boldsymbol{A}^{\mathrm{T}}\boldsymbol{A})$.

21. 设矩阵$\boldsymbol{A}=\begin{pmatrix}1&2&3\\2&2&1\\3&4&2\end{pmatrix}$,$\boldsymbol{B}=\begin{pmatrix}1&2&1\\2&1&2\\0&-1&0\end{pmatrix}$,用 MATLAB 求矩阵方程$\boldsymbol{AX}=\boldsymbol{B}$中的矩阵$\boldsymbol{X}$.

22. 设$\boldsymbol{A}$,$\boldsymbol{B}$均是$m\times n$矩阵. $r(\boldsymbol{A})=n-s$,$r(\boldsymbol{B})=n-r$且$r+s>n$. 试证明:$\boldsymbol{AX}=\boldsymbol{0}$与$\boldsymbol{BX}=\boldsymbol{0}$有非零公共解.

23. 设$\boldsymbol{A}$是$m\times n$矩阵且行满秩,$\boldsymbol{B}$是$n\times(n-m)$矩阵且列满秩,而且$\boldsymbol{AB}=\boldsymbol{O}$. 试证明:若$\boldsymbol{\eta}$是齐次线性方程组$\boldsymbol{AX}=\boldsymbol{0}$的解,则存在惟一的$\boldsymbol{\xi}$,使得$\boldsymbol{B\xi}=\boldsymbol{\eta}$.

24. 设$\boldsymbol{A}^*$为n阶矩阵$\boldsymbol{A}$的伴随矩阵,且满足$r(\boldsymbol{A}^*)=1$,$\boldsymbol{\xi}_1$,$\boldsymbol{\xi}_2$是$\boldsymbol{AX}=\boldsymbol{0}$的解向量,证明:$\boldsymbol{\xi}_1$,$\boldsymbol{\xi}_2$线性相关.

25. 若n阶矩阵$\boldsymbol{A}$满足$r(\boldsymbol{A})=r$,且非齐次线性方程组$\boldsymbol{AX}=\boldsymbol{\beta}$有无穷多组解,证明$\boldsymbol{AX}=\boldsymbol{\beta}$的所有解向量中线性无关的个数为$n-r+1$.

第4章　矩阵的特征值与特征向量

在工程技术的许多问题中，如振动问题、稳定性问题、弹性力学问题等，从数量关系上常常归结为求矩阵的特征值与特征向量；在数学中，解微分方程组及简化矩阵计算等也要用到特征值理论.本章将从介绍特征值与特征向量的概念与计算开始，引入相似矩阵的概念，给出矩阵与对角矩阵相似的充要条件及将矩阵化为相似对角矩阵的方法，并应用这些理论解决一些实际问题，

本章所讨论的矩阵都是方阵.

§4.1　矩阵的特征值与特征向量

本节首先介绍相似矩阵的概念和性质，然后讨论矩阵的特征值和特征向量的性质及求法.

1. 相似矩阵

相似矩阵是一个非常重要的概念，我们首先介绍它的定义.

定义 4.1.1　设 $\boldsymbol{A}$ 与 $\boldsymbol{B}$ 都是 n 阶矩阵，若存在一个 n 阶可逆矩阵 $\boldsymbol{P}$，使

$$\boldsymbol{B}=\boldsymbol{P}^{-1}\boldsymbol{A}\boldsymbol{P},$$

则称矩阵 $\boldsymbol{A}$ 与 $\boldsymbol{B}$ 相似，记作 $\boldsymbol{A}\backsim\boldsymbol{B}$；可逆矩阵 $\boldsymbol{P}$ 称为相似变换矩阵.

相似是矩阵之间的一种重要关系，它满足

(1) 自反性　$\boldsymbol{A}\backsim\boldsymbol{A}$；

(2) 对称性　若 $\boldsymbol{A}\backsim\boldsymbol{B}$，则 $\boldsymbol{B}\backsim\boldsymbol{A}$；

(3) 传递性　若 $\boldsymbol{A}\backsim\boldsymbol{B}$，$\boldsymbol{B}\backsim\boldsymbol{C}$，则 $\boldsymbol{A}\backsim\boldsymbol{C}$.

即矩阵的相似关系是等价关系.相似矩阵具有如下性质：

(1) 若 $\boldsymbol{A}\backsim\boldsymbol{B}$，则 $r(\boldsymbol{A})=r(\boldsymbol{B})$，反之不然；

(2) 若 $\boldsymbol{A}\backsim\boldsymbol{B}$，则 $|\boldsymbol{A}|=|\boldsymbol{B}|$；

(3) 若 $\boldsymbol{A}\backsim\boldsymbol{B}$,则 $\boldsymbol{A}$ 与 $\boldsymbol{B}$ 同时可逆或同时不可逆,且当可逆时,$\boldsymbol{A}^{-1}\backsim\boldsymbol{B}^{-1}$;

(4) 若 $\boldsymbol{A}\backsim\boldsymbol{B}$,则 $f(\boldsymbol{A})\backsim f(\boldsymbol{B})$,其中

$$f(x)=a_mx^m+a_{m-1}x^{m-1}+\cdots+a_1x+a_0.$$

证 (1) 由 $\boldsymbol{A}\backsim\boldsymbol{B}$ 知:存在可逆矩阵 $\boldsymbol{P}$,使 $\boldsymbol{B}=\boldsymbol{P}^{-1}\boldsymbol{AP}$,从而 $r(\boldsymbol{B})=r(\boldsymbol{P}^{-1}\boldsymbol{AP})=r(\boldsymbol{A})$.

但由 $r(\boldsymbol{A})=r(\boldsymbol{B})$ 不能推出 $\boldsymbol{A}\backsim\boldsymbol{B}$,例如:$\boldsymbol{A}=\boldsymbol{E}_2=\begin{pmatrix}1&0\\0&1\end{pmatrix}$,$\boldsymbol{B}=\begin{pmatrix}1&1\\0&1\end{pmatrix}$,显然 $r(\boldsymbol{A})=r(\boldsymbol{B})=2$,但对任一个可逆矩阵 $\boldsymbol{P}$,$\boldsymbol{P}^{-1}\boldsymbol{AP}=\boldsymbol{E}_2\neq\boldsymbol{B}$,这说明 $\boldsymbol{A}$ 与 $\boldsymbol{B}$ 不相似.

该性质说明:矩阵相似可以推出矩阵等价,但反之不对,即两个等价的矩阵不一定相似.

(2),(3) 由读者自己证明.

(4) 由 $\boldsymbol{A}\backsim\boldsymbol{B}$ 可设 $\boldsymbol{B}=\boldsymbol{P}^{-1}\boldsymbol{AP}$,由于

$$\begin{aligned}f(\boldsymbol{B})&=a_m\boldsymbol{B}^m+a_{m-1}\boldsymbol{B}^{m-1}+\cdots+a_1\boldsymbol{B}+a_0\boldsymbol{E}\\&=a_m(\boldsymbol{P}^{-1}\boldsymbol{AP})^m+a_{m-1}(\boldsymbol{P}^{-1}\boldsymbol{AP})^{m-1}+\cdots+a_1(\boldsymbol{P}^{-1}\boldsymbol{AP})+a_0\boldsymbol{E}\\&=a_m\boldsymbol{P}^{-1}\boldsymbol{A}^m\boldsymbol{P}+a_{m-1}\boldsymbol{P}^{-1}\boldsymbol{A}^{m-1}\boldsymbol{P}+\cdots+a_1\boldsymbol{P}^{-1}\boldsymbol{AP}+a_0\boldsymbol{P}^{-1}\boldsymbol{P}\\&=\boldsymbol{P}^{-1}(a_m\boldsymbol{A}^m+a_{m-1}\boldsymbol{A}^{m-1}+\cdots+a_1\boldsymbol{A}+a_0\boldsymbol{E})\boldsymbol{P}\\&=\boldsymbol{P}^{-1}f(\boldsymbol{A})\boldsymbol{P},\end{aligned}$$

从而 $f(\boldsymbol{A})\backsim f(\boldsymbol{B})$.

2. 特征值与特征向量的定义

在实际应用中,常考虑这样的问题,对一个给定的 n 阶方阵 $\boldsymbol{A}$,是否存在 n 维非零向量 $\boldsymbol{\alpha}$,使得 $\boldsymbol{A\alpha}$ 与 $\boldsymbol{\alpha}$ 平行?如果有的话,这个 $\boldsymbol{\alpha}$ 如何求?这类问题涉及机械、电子、化工、土木、数学等多个学科领域,不仅有很强的应用背景,在理论研究上也极有价值.

思考题 4-1

两个矩阵如果等价,它们是否相似?反之,如果它们相似,是否等价?哪些矩阵与单位矩阵等价?哪些矩阵与单位矩阵相似?

因为所讨论的向量都可以认为是自由向量,因此 $\boldsymbol{A\alpha}$ 与 $\boldsymbol{\alpha}$ 平行,即 $\boldsymbol{A\alpha}=\lambda\boldsymbol{\alpha}$,其中 λ 为常数.

例 4.1.1 设 n 阶方阵 $\boldsymbol{A}$ 是标量矩阵 $k\boldsymbol{E}_n$,求使 $\boldsymbol{A\alpha}=\lambda\boldsymbol{\alpha}$ 的非零向量 $\boldsymbol{\alpha}$ 及常数 λ.

解 由于 $\boldsymbol{A\alpha}=k\boldsymbol{E}_n\boldsymbol{\alpha}=k\boldsymbol{\alpha}$,故一切 n 维非零向量 $\boldsymbol{\alpha}$ 均满足 $\boldsymbol{A\alpha}$ 与 $\boldsymbol{\alpha}$ 平行,且知 $\lambda=k$.

当 $k\geqslant1$ 时,$\boldsymbol{A\alpha}$ 即将 $\boldsymbol{\alpha}$ 放大 k 倍;当 $0<k<1$ 时,即将 $\boldsymbol{\alpha}$ 缩小 k 倍;当 $k<0$ 时,则

是将 $\boldsymbol{\alpha}$ 反向放大或缩小 k 倍.

例 4.1.2 设 $\boldsymbol{A}=\begin{pmatrix}0&1\\1&0\end{pmatrix}$，$\boldsymbol{\alpha}=(1,1)^{\mathrm{T}}$，$\boldsymbol{\beta}=(1,2)^{\mathrm{T}}$，验证 $\boldsymbol{A\alpha}=\boldsymbol{\alpha}$，但$\boldsymbol{A\beta}\neq k\boldsymbol{\beta}$.

解 经计算知

$$\boldsymbol{A\alpha}=\begin{pmatrix}0&1\\1&0\end{pmatrix}\begin{pmatrix}1\\1\end{pmatrix}=\begin{pmatrix}1\\1\end{pmatrix}=\boldsymbol{\alpha},\quad \boldsymbol{A\beta}=\begin{pmatrix}0&1\\1&0\end{pmatrix}\begin{pmatrix}1\\2\end{pmatrix}=\begin{pmatrix}2\\1\end{pmatrix}\neq k\begin{pmatrix}1\\2\end{pmatrix}=k\boldsymbol{\beta}.$$

从例 4.1.2 可以看出：对于给定的 n 阶矩阵 $\boldsymbol{A}$，有些向量 $\boldsymbol{\alpha}$ 有 $\boldsymbol{A\alpha}$ 与 $\boldsymbol{\alpha}$ 平行这个性质，但有些向量没有这个性质. 因此，我们从这里抽象出一个新的概念.

定义 4.1.2 设 $\boldsymbol{A}$ 是 n 阶矩阵，λ 为一个数，若存在非零向量 $\boldsymbol{\alpha}$，使

$$\boldsymbol{A\alpha}=\lambda\boldsymbol{\alpha},$$

则称数 λ 为矩阵 $\boldsymbol{A}$ 的特征值，非零向量 $\boldsymbol{\alpha}$ 为矩阵 $\boldsymbol{A}$ 的对应于（或属于）特征值 λ 的特征向量.

3. 特征值与特征向量的求法

由 $\boldsymbol{A\alpha}=\lambda\boldsymbol{\alpha}$ 可知，特征向量 $\boldsymbol{\alpha}$ 就是齐次线性方程组

$$(\boldsymbol{A}-\lambda\boldsymbol{E})\boldsymbol{X}=\boldsymbol{0}$$

的非零解向量. 由齐次线性方程组有非零解的充要条件是其系数行列式为零，得

$$|\boldsymbol{A}-\lambda\boldsymbol{E}|=0,$$

说明 $\boldsymbol{A}$ 的特征值 λ 为方程 $|\boldsymbol{A}-\lambda\boldsymbol{E}|=0$ 的根.

定义 4.1.3 对 n 阶矩阵 $\boldsymbol{A}=(a_{ij})_{n\times n}$，

$$f(\lambda)=|\boldsymbol{A}-\lambda\boldsymbol{E}|=\begin{vmatrix}a_{11}-\lambda&a_{12}&\cdots&a_{1n}\\a_{21}&a_{22}-\lambda&\cdots&a_{2n}\\\vdots&\vdots&&\vdots\\a_{n1}&a_{n2}&\cdots&a_{nn}-\lambda\end{vmatrix}$$

是 λ 的 n 次多项式，称为矩阵 $\boldsymbol{A}$ 的特征多项式；方程 $f(\lambda)=|\lambda\boldsymbol{E}-\boldsymbol{A}|=0$ 称为矩阵 $\boldsymbol{A}$ 的特征方程，特征方程的根称为矩阵 $\boldsymbol{A}$ 的特征根；矩阵 $\boldsymbol{A}-\lambda\boldsymbol{E}$ 称为矩阵 $\boldsymbol{A}$ 的特征矩阵；齐次方程组 $(\boldsymbol{A}-\lambda\boldsymbol{E})\boldsymbol{X}=\boldsymbol{0}$ 称为 $\boldsymbol{A}$ 的特征方程组.

由定义 4.1.3 知，矩阵 $\boldsymbol{A}$ 的特征根就是 $\boldsymbol{A}$ 的特征值；如果 λ_0 是 $\boldsymbol{A}$ 的一个特征值，则相应的特征方程组 $(\boldsymbol{A}-\lambda_0\boldsymbol{E})\boldsymbol{X}=\boldsymbol{0}$ 一定有非零解，它就是矩阵 $\boldsymbol{A}$ 的对应于特征值 λ_0 的特征向量，且易知若 $\boldsymbol{\xi}_1,\boldsymbol{\xi}_2,\cdots,\boldsymbol{\xi}_t$ 为 $(\boldsymbol{A}-\lambda_0\boldsymbol{E})\boldsymbol{X}=\boldsymbol{0}$ 的一个基础解系，则 $k_1\boldsymbol{\xi}_1+k_2\boldsymbol{\xi}_2+\cdots+k_t\boldsymbol{\xi}_t$（$k_1,k_2,\cdots,k_t$ 是不全为零的任意常数）也为矩阵 $\boldsymbol{A}$ 的对应于特征值 λ_0 的特征向量. 这也说明特征向量不是被特征值惟一确定的，但特征值却被特征向量惟一确定. 即一个特征向量只能对应于一个特征值，但一个特征值可以有无

数个特征向量. 事实上,若非零向量 $\boldsymbol{\alpha}$ 对应于 $\boldsymbol{A}$ 的两个特征值 λ_1 和 λ_2,即有

$$\boldsymbol{A\alpha}=\lambda_1\boldsymbol{\alpha} \quad 及 \quad \boldsymbol{A\alpha}=\lambda_2\boldsymbol{\alpha},$$

则有 $\lambda_1\boldsymbol{\alpha}=\lambda_2\boldsymbol{\alpha}$,即 $(\lambda_1-\lambda_2)\boldsymbol{\alpha}=\boldsymbol{0}$,但因 $\boldsymbol{\alpha}\neq\boldsymbol{0}$,所以必有 $\lambda_1=\lambda_2$.

求矩阵 $\boldsymbol{A}$ 的特征值与特征向量,一般分三步进行:

(1) 计算 $\boldsymbol{A}$ 的特征多项式 $f(\lambda)=|\boldsymbol{A}-\lambda\boldsymbol{E}|$;

(2) 求特征方程 $f(\lambda)=|\boldsymbol{A}-\lambda\boldsymbol{E}|=0$ 的全部根,它们就是 $\boldsymbol{A}$ 的全部特征值;

(3) 对于 $\boldsymbol{A}$ 的每一个特征值 λ_i,求出相应的特征方程组 $(\boldsymbol{A}-\lambda_i\boldsymbol{E})\boldsymbol{X}=\boldsymbol{0}$ 的一个基础解系 $\boldsymbol{\xi}_1,\boldsymbol{\xi}_2,\cdots,\boldsymbol{\xi}_t$,他们就是 $\boldsymbol{A}$ 的对应于 λ_i 的一组线性无关的特征向量,$\boldsymbol{A}$ 的对应于 λ_i 的全部特征向量就是

$$k_1\boldsymbol{\xi}_1+k_2\boldsymbol{\xi}_2+\cdots+k_t\boldsymbol{\xi}_t,$$

其中 $k_1,k_2,\cdots,k_t$ 是不全为零的任意常数.

例 4.1.3 求矩阵

$$\boldsymbol{A}=\begin{pmatrix}1&2&2\\2&1&2\\2&2&1\end{pmatrix}$$

的特征值与特征向量.

解 矩阵 $\boldsymbol{A}$ 的特征多项式为

$$f(\lambda)=|\boldsymbol{A}-\lambda\boldsymbol{E}|=\begin{vmatrix}1-\lambda&2&2\\2&1-\lambda&2\\2&2&1-\lambda\end{vmatrix}=(\lambda+1)^2(5-\lambda),$$

令 $f(\lambda)=0$,求得 $\boldsymbol{A}$ 的特征值为 $\lambda_1=\lambda_2=-1,\lambda_3=5$.

对 $\lambda_1=\lambda_2=-1$,相应的特征方程组的系数矩阵为

$$\boldsymbol{A}-\lambda_1\boldsymbol{E}=\boldsymbol{A}+\boldsymbol{E}=\begin{pmatrix}2&2&2\\2&2&2\\2&2&2\end{pmatrix}\xrightarrow{\text{初等行变换}}\begin{pmatrix}1&1&1\\0&0&0\\0&0&0\end{pmatrix},$$

由此得 $(\boldsymbol{A}-\lambda_1\boldsymbol{E})\boldsymbol{X}=(\boldsymbol{A}+\boldsymbol{E})\boldsymbol{X}=\boldsymbol{0}$ 的基础解系

$$\boldsymbol{\xi}_1=(1,-1,0)^{\mathrm{T}},\boldsymbol{\xi}_2=(1,0,-1)^{\mathrm{T}}.$$

$k_1\boldsymbol{\xi}_1+k_2\boldsymbol{\xi}_2$($k_1,k_2$ 不全为零) 为 $\boldsymbol{A}$ 的对应于 $\lambda_1=\lambda_2=-1$ 的全部特征向量.

对 $\lambda_3=5$,相应的特征方程组的系数矩阵为

$$\boldsymbol{A}-\lambda_3\boldsymbol{E}=\boldsymbol{A}-5\boldsymbol{E}=\begin{pmatrix}-4&2&2\\2&-4&2\\2&2&-4\end{pmatrix}\xrightarrow{\text{初等行变换}}\begin{pmatrix}1&0&-1\\0&1&-1\\0&0&0\end{pmatrix},$$

$\boldsymbol{\xi}_3=(1,1,1)^{\mathrm{T}}$ 为 $(\boldsymbol{A}-\lambda_3\boldsymbol{E})\boldsymbol{X}=(\boldsymbol{A}-5\boldsymbol{E})\boldsymbol{X}=\boldsymbol{0}$ 的一个基础解系，$k\boldsymbol{\xi}_3\ (k\neq0)$ 为 $\boldsymbol{A}$ 的对应于 $\lambda_3=5$ 的全部特征向量.

例 4.1.4 求矩阵

$$\boldsymbol{A}=\begin{pmatrix}1&-1&0\\4&-3&0\\-1&0&-2\end{pmatrix}$$

的特征值与特征向量.

解 $\boldsymbol{A}$ 的特征多项式为

$$f(\lambda)=|\boldsymbol{A}-\lambda\boldsymbol{E}|=\begin{vmatrix}1-\lambda&-1&0\\4&-3-\lambda&0\\-1&0&-2-\lambda\end{vmatrix}=-(\lambda+1)^2(\lambda+2),$$

由此得 $\boldsymbol{A}$ 的特征值为 $\lambda_1=-2,\lambda_2=\lambda_3=-1$.

对 $\lambda_1=-2$，相应的特征方程组的系数矩阵为

$$\boldsymbol{A}+2\boldsymbol{E}=\begin{pmatrix}3&-1&0\\4&-1&0\\-1&0&0\end{pmatrix}\xrightarrow{\text{初等行变换}}\begin{pmatrix}1&0&0\\0&1&0\\0&0&0\end{pmatrix},$$

故方程组 $(\boldsymbol{A}+2\boldsymbol{E})\boldsymbol{X}=\boldsymbol{0}$ 的一个基础解系为 $\boldsymbol{\xi}_1=(0,0,1)^{\mathrm{T}}$，$k\boldsymbol{\xi}_1\ (k\neq0)$ 为 $\boldsymbol{A}$ 的对应于 $\lambda_1=-2$ 的全部特征向量.

对 $\lambda_2=\lambda_3=-1$，相应的特征方程组的系数矩阵为

$$\boldsymbol{A}+\boldsymbol{E}=\begin{pmatrix}2&-1&0\\4&-2&0\\-1&0&-1\end{pmatrix}\xrightarrow{\text{初等行变换}}\begin{pmatrix}1&0&1\\0&1&2\\0&0&0\end{pmatrix},$$

$\boldsymbol{\xi}_2=(1,2,-1)^{\mathrm{T}}$ 为 $(\boldsymbol{A}+\boldsymbol{E})\boldsymbol{X}=\boldsymbol{0}$ 的一个基础解系，$k\boldsymbol{\xi}_2\ (k\neq0)$ 为 $\boldsymbol{A}$ 的对应于 $\lambda_2=\lambda_3=-1$ 的全部特征向量.

例 4.1.5 求 n 阶矩阵

$$\boldsymbol{A}=\begin{pmatrix}a&a&\cdots&a\\a&a&\cdots&a\\\vdots&\vdots&&\vdots\\a&a&\cdots&a\end{pmatrix}\qquad(a\neq0)$$

的特征值与特征向量.

解 $\boldsymbol{A}$ 的特征多项式为

$$f(\lambda)=\begin{vmatrix} a-\lambda & a & \cdots & a \\ a & a-\lambda & \cdots & a \\ \vdots & \vdots & & \vdots \\ a & a & \cdots & a-\lambda \end{vmatrix}$$

$$\xlongequal{r_1+r_2+\cdots+r_n}\begin{vmatrix} na-\lambda & na-\lambda & \cdots & na-\lambda \\ a & a-\lambda & \cdots & a \\ \vdots & \vdots & & \vdots \\ a & a & \cdots & a-\lambda \end{vmatrix}$$

$$=(na-\lambda)\begin{vmatrix} 1 & 1 & \cdots & 1 \\ a & a-\lambda & \cdots & a \\ \vdots & \vdots & & \vdots \\ a & a & \cdots & a-\lambda \end{vmatrix}$$

$$=(-1)^{n-1}\lambda^{n-1}(na-\lambda).$$

故 $\boldsymbol{A}$ 的特征值为 $\lambda_1=\lambda_2=\cdots=\lambda_{n-1}=0,\lambda_n=na$.

对 $\lambda_1=\lambda_2=\cdots=\lambda_{n-1}=0$,解 $(\boldsymbol{A}-0\boldsymbol{E})\boldsymbol{X}=\boldsymbol{A}\boldsymbol{X}=\boldsymbol{0}$. 由于

$$\boldsymbol{A}\xrightarrow{\text{初等行变换}}\begin{pmatrix} 1 & 1 & \cdots & 1 \\ 0 & 0 & \cdots & 0 \\ \vdots & \vdots & & \vdots \\ 0 & 0 & \cdots & 0 \end{pmatrix},$$

得基础解系

$$\boldsymbol{\xi}_1=(1,-1,0,\cdots,0)^{\mathrm{T}},\boldsymbol{\xi}_2=(1,0,-1,0,\cdots,0)^{\mathrm{T}},\cdots,\boldsymbol{\xi}_{n-1}=(1,0,\cdots,0,-1)^{\mathrm{T}}.$$

$k_1\boldsymbol{\xi}_1+k_2\boldsymbol{\xi}_2+\cdots+k_{n-1}\boldsymbol{\xi}_{n-1}$($k_1,k_2,\cdots,k_{n-1}$ 不全为 0)为 $\boldsymbol{A}$ 的对应于 $\lambda_1=\lambda_2=\cdots=\lambda_{n-1}=0$ 的全部特征向量.

对 $\lambda_n=na$,由于

$$\boldsymbol{A}-\lambda_n\boldsymbol{E}=\boldsymbol{A}-na\boldsymbol{E}$$

$$=\begin{pmatrix} -(n-1)a & a & \cdots & a \\ a & -(n-1)a & \cdots & a \\ \vdots & \vdots & & \vdots \\ a & a & \cdots & -(n-1)a \end{pmatrix}$$

$$\xrightarrow{\text{初等行变换}}\begin{pmatrix} 0 & 0 & 0 & \cdots & 0 \\ 1 & -n+1 & 1 & \cdots & 1 \\ 1 & 1 & -n+1 & \cdots & 1 \\ \vdots & \vdots & \vdots & & \vdots \\ 1 & 1 & 1 & \cdots & -n+1 \end{pmatrix}$$

$$\xrightarrow{\text{初等行变换}}\begin{pmatrix}1 & -n+1 & 1 & \cdots & 1 & 1\\ 0 & n & -n & \cdots & 0 & 0\\ 0 & 0 & n & \cdots & 0 & 0\\ \vdots & \vdots & \vdots & & \vdots & \vdots\\ 0 & 0 & 0 & \cdots & n & -n\\ 0 & 0 & 0 & \cdots & 0 & 0\end{pmatrix}$$

$$\xrightarrow{\text{初等行变换}}\begin{pmatrix}1 & -1 & 0 & \cdots & 0 & 0\\ 0 & 1 & -1 & \cdots & 0 & 0\\ 0 & 0 & 1 & \cdots & 0 & 0\\ \vdots & \vdots & \vdots & & \vdots & \vdots\\ 0 & 0 & 0 & \cdots & 1 & -1\\ 0 & 0 & 0 & \cdots & 0 & 0\end{pmatrix},$$

$(\boldsymbol{A}-\lambda_n\boldsymbol{E})\boldsymbol{X}=(\boldsymbol{A}-na\boldsymbol{E})\boldsymbol{X}=\boldsymbol{0}$ 的基础解系为 $\boldsymbol{\xi}_n=(1,1,\cdots,1,1)^{\mathrm{T}}$，$k\boldsymbol{\xi}_n$ ($k\neq 0$) 为 $\boldsymbol{A}$ 的对应于 $\lambda_n=na$ 的全部特征向量.

例 4.1.6 设 λ 是方阵 $\boldsymbol{A}$ 的特征值，证明 $\varphi(\lambda)$ 是 $\varphi(\boldsymbol{A})$ 的特征值(其中 $\varphi(x)=a_mx^m+a_{m-1}x^{m-1}+\cdots+a_0$).

证 设 $\boldsymbol{\alpha}$ 是方阵 $\boldsymbol{A}$ 的对应于特征值 λ 的特征向量，即

$$\boldsymbol{A\alpha}=\lambda\boldsymbol{\alpha}.$$

则显然有

$$\boldsymbol{A}^m\boldsymbol{\alpha}=\boldsymbol{A}^{m-1}(\boldsymbol{A\alpha})=\boldsymbol{A}^{m-1}(\lambda\boldsymbol{\alpha})=\lambda\boldsymbol{A}^{m-1}\boldsymbol{\alpha}=\cdots=\lambda^m\boldsymbol{\alpha},$$

故

$$\begin{aligned}\varphi(\boldsymbol{A})\boldsymbol{\alpha}&=(a_m\boldsymbol{A}^m+a_{m-1}\boldsymbol{A}^{m-1}+\cdots+a_0\boldsymbol{E})\boldsymbol{\alpha}\\&=a_m\boldsymbol{A}^m\boldsymbol{\alpha}+a_{m-1}\boldsymbol{A}^{m-1}\boldsymbol{\alpha}+\cdots+a_0\boldsymbol{E\alpha}\\&=a_m\lambda^m\boldsymbol{\alpha}+a_{m-1}\lambda^{m-1}\boldsymbol{\alpha}+\cdots+a_0\boldsymbol{\alpha}\\&=(a_m\lambda^m+a_{m-1}\lambda^{m-1}+\cdots+a_0)\boldsymbol{\alpha}\\&=\varphi(\lambda)\boldsymbol{\alpha},\end{aligned}$$

所以 $\varphi(\lambda)$ 是 $\varphi(\boldsymbol{A})$ 的特征值. 从证明过程中可以看出，$\boldsymbol{\alpha}$ 也是方阵 $\varphi(\boldsymbol{A})$ 的对应于特征值 $\varphi(\lambda)$ 的特征向量.

例 4.1.7 设矩阵 $\boldsymbol{A}$ 的特征值为 1,1,2，求 $(\boldsymbol{A}+\boldsymbol{E})^2$，$(\boldsymbol{A}-2\boldsymbol{E})(\boldsymbol{A}+\boldsymbol{E})$ 的特征值.

解 由例 4.1.6 知 $(\boldsymbol{A}+\boldsymbol{E})^2$ 的特征值为 4,4,9；$(\boldsymbol{A}-2\boldsymbol{E})(\boldsymbol{A}+\boldsymbol{E})$ 的特征值为 $-2,-2,0$.

4. 特征值与特征向量的性质

性质 4.1.1 n 阶矩阵 $\boldsymbol{A}$ 的相异特征值 $\lambda_1,\lambda_2,\cdots,\lambda_m$ 所对应的特征向量 $\boldsymbol{\xi}_1$，

$\xi_2,\cdots,\xi_m$ 线性无关.

特征值与特征向量的性质

证 用数学归纳法证明.

(1) 当 $m=1$ 时,由于特征向量不为零,因此结论成立.

(2) 设 $m-1$ 时结论成立,即 $\boldsymbol{A}$ 的 $m-1$ 个相异特征值 $\lambda_1,\lambda_2,\cdots,\lambda_{m-1}$ 所对应的特征向量 $\boldsymbol{\xi}_1,\boldsymbol{\xi}_2,\cdots,\boldsymbol{\xi}_{m-1}$ 线性无关. 现在证明 $\boldsymbol{A}$ 的 m 个相异特征值 $\lambda_1,\lambda_2,\cdots,\lambda_{m-1},\lambda_m$ 所对应的特征向量 $\boldsymbol{\xi}_1,\boldsymbol{\xi}_2,\cdots,\boldsymbol{\xi}_{m-1},\boldsymbol{\xi}_m$ 也是线性无关的. 设

$$k_1\boldsymbol{\xi}_1+\cdots+k_{m-1}\boldsymbol{\xi}_{m-1}+k_m\boldsymbol{\xi}_m=\boldsymbol{0}, \tag{4.1.1}$$

以矩阵 $\boldsymbol{A}$ 左乘(4.1.1)式两端,由 $\boldsymbol{A\xi}_i=\lambda_i\boldsymbol{\xi}_i$,整理后得

$$k_1\lambda_1\boldsymbol{\xi}_1+\cdots+k_{m-1}\lambda_{m-1}\boldsymbol{\xi}_{m-1}+k_m\lambda_m\boldsymbol{\xi}_m=\boldsymbol{0}. \tag{4.1.2}$$

思考题 4-2

设 n 阶矩阵 $\boldsymbol{A}$ 的特征值为 λ,则 $\boldsymbol{A}+\boldsymbol{E}$ 的特征值为 $\lambda+1$,那么是否有结论:如果 n 阶矩阵 $\boldsymbol{A},\boldsymbol{B}$ 的特征值为 λ,μ,则 $\boldsymbol{A}+\boldsymbol{B}$ 的特征值为 $\lambda+\mu$.

以 λ_m 左乘(4.1.1)式两端,得

$$k_1\lambda_m\boldsymbol{\xi}_1+\cdots+k_{m-1}\lambda_m\boldsymbol{\xi}_{m-1}+k_m\lambda_m\boldsymbol{\xi}_m=\boldsymbol{0}. \tag{4.1.3}$$

用(4.1.2)式减去(4.1.3)式,得

$$k_1(\lambda_1-\lambda_m)\boldsymbol{\xi}_1+\cdots+k_{m-1}(\lambda_{m-1}-\lambda_m)\boldsymbol{\xi}_{m-1}=\boldsymbol{0}.$$

由归纳假设 $\boldsymbol{\xi}_1,\cdots,\boldsymbol{\xi}_{m-1}$ 线性无关,于是

$$k_i(\lambda_i-\lambda_m)=0 \quad (i=1,2,\cdots,m-1),$$

因为 $\lambda_i-\lambda_m\neq0$,故必有

$$k_1=k_2=\cdots=k_{m-1}=0.$$

此时(4.1.1)式化为 $k_m\boldsymbol{\xi}_m=0$,又因为 $\boldsymbol{\xi}_m\neq0$,故有 $k_m=0$,因此 $\boldsymbol{\xi}_1,\boldsymbol{\xi}_2,\cdots,\boldsymbol{\xi}_m$ 线性无关. 由归纳原理得证.

推论 设 $\lambda_1,\lambda_2,\cdots,\lambda_m$ 是 $\boldsymbol{A}$ 的 m 个相异特征值,$\boldsymbol{\xi}_{i1},\cdots,\boldsymbol{\xi}_{ir_i}$ 是 $\boldsymbol{A}$ 的对应于特征值 λ_i 的 r_i 个线性无关的特征向量,则 $\sum\limits_{i=1}^{m}r_i$ 个特征向量

$$\boldsymbol{\xi}_{11},\cdots,\boldsymbol{\xi}_{1r_1};\boldsymbol{\xi}_{21},\cdots,\boldsymbol{\xi}_{2r_2};\cdots;\boldsymbol{\xi}_{m1},\cdots,\boldsymbol{\xi}_{mr_m}$$

也线性无关.

性质 4.1.2 相似矩阵有相同的特征值.

证 设 $\boldsymbol{A}\backsim\boldsymbol{B}$ 且 $\boldsymbol{B}=\boldsymbol{P}^{-1}\boldsymbol{AP}$,则有

$$\begin{aligned}|\boldsymbol{B}-\lambda\boldsymbol{E}|&=|\boldsymbol{P}^{-1}\boldsymbol{AP}-\lambda\boldsymbol{E}|=|\boldsymbol{P}^{-1}\boldsymbol{AP}-\boldsymbol{P}^{-1}\lambda\boldsymbol{EP}|\\&=|\boldsymbol{P}^{-1}(\boldsymbol{A}-\lambda\boldsymbol{E})\boldsymbol{P}|=|\boldsymbol{A}-\lambda\boldsymbol{E}|,\end{aligned}$$

即 $\boldsymbol{A}$ 与 $\boldsymbol{B}$ 有相同的特征多项式,所以它们有相同的特征值.

推论 若

$$\boldsymbol{A} \backsim \begin{pmatrix} \lambda_1 & & & \\ & \lambda_2 & & \\ & & \ddots & \\ & & & \lambda_n \end{pmatrix},$$

则 $\lambda_1,\lambda_2,\cdots,\lambda_n$ 为 $\boldsymbol{A}$ 的 n 个特征值.

性质 4.1.3 n 阶矩阵 $\boldsymbol{A}$ 与它的转置矩阵 $\boldsymbol{A}^{\mathrm{T}}$ 有相同的特征值.

证 因为

$$|\boldsymbol{A}^{\mathrm{T}}-\lambda\boldsymbol{E}|=|(\boldsymbol{A}-\lambda\boldsymbol{E})^{\mathrm{T}}|=|\boldsymbol{A}-\lambda\boldsymbol{E}|,$$

即 $\boldsymbol{A}$ 与 $\boldsymbol{A}^{\mathrm{T}}$ 有相同的特征多项式,所以它们有相同的特征值.

性质 4.1.4 设 n 阶矩阵 $\boldsymbol{A}=(a_{ij})_{n\times n}$ 的特征值为 $\lambda_1,\lambda_2,\cdots,\lambda_n$,则

(1) $\lambda_1+\lambda_2+\cdots+\lambda_n=a_{11}+a_{22}+\cdots+a_{nn}$;

(2) $\lambda_1\lambda_2\cdots\lambda_n=|\boldsymbol{A}|$.

证 由行列式的定义,

$$|\boldsymbol{A}-\lambda\boldsymbol{E}|=\begin{vmatrix} a_{11}-\lambda & a_{12} & \cdots & a_{1n} \\ a_{21} & a_{22}-\lambda & \cdots & a_{2n} \\ \vdots & \vdots & & \vdots \\ a_{n1} & a_{n2} & \cdots & a_{nn}-\lambda \end{vmatrix}$$

$$=(-1)^n[\lambda^n-(a_{11}+a_{22}+\cdots+a_{nn})\lambda^{n-1}+\cdots+(-1)^n|\boldsymbol{A}|]. \tag{4.1.4}$$

另一方面,因为 $\lambda_1,\lambda_2,\cdots,\lambda_n$ 是 $|\boldsymbol{A}-\lambda\boldsymbol{E}|=0$ 的 n 个根,所以

$$\begin{aligned}|\boldsymbol{A}-\lambda\boldsymbol{E}|&=(-1)^n(\lambda-\lambda_1)(\lambda-\lambda_2)\cdots(\lambda-\lambda_n)\\&=(-1)^n[\lambda^n-(\lambda_1+\lambda_2+\cdots+\lambda_n)\lambda^{n-1}+\cdots+\\&\quad(-1)^n\lambda_1\lambda_2\cdots\lambda_n].\end{aligned} \tag{4.1.5}$$

比较(4.1.4) 式与(4.1.5) 式,即得(1) 与(2) .

n 阶矩阵 $\boldsymbol{A}$ 的主对角线上 n 个元素之和称为 $\boldsymbol{A}$ 的**迹**,记为 $\mathrm{tr}\boldsymbol{A}$,性质 4.1.4 说明迹 $\mathrm{tr}\boldsymbol{A}$ 就等于特征值之和;而方阵 $\boldsymbol{A}$ 的行列式等于特征值之积.

例 4.1.8 设 λ_1 与 λ_2 是矩阵 $\boldsymbol{A}$ 的两个互异特征值,$\boldsymbol{\xi}_1$ 与 $\boldsymbol{\xi}_2$ 是分别属于 λ_1 与 λ_2 的特征向量,证明 $k_1\boldsymbol{\xi}_1+k_2\boldsymbol{\xi}_2$ 不是 $\boldsymbol{A}$ 的特征向量,其中 $k_1\cdot k_2\neq0$.

证 由题设

$$\boldsymbol{A}\boldsymbol{\xi}_1=\lambda_1\boldsymbol{\xi}_1,\boldsymbol{A}\boldsymbol{\xi}_2=\lambda_2\boldsymbol{\xi}_2.$$

由此得

$$\boldsymbol{A}(k_1\boldsymbol{\xi}_1+k_2\boldsymbol{\xi}_2)=\lambda_1k_1\boldsymbol{\xi}_1+\lambda_2k_2\boldsymbol{\xi}_2, \tag{4.1.6}$$

若 $k_1\boldsymbol{\xi}_1+k_2\boldsymbol{\xi}_2$ 是 $\boldsymbol{A}$ 的特征向量,设其对应的特征值为 λ,即

$$\boldsymbol{A}(k_1\boldsymbol{\xi}_1+k_2\boldsymbol{\xi}_2)=\lambda(k_1\boldsymbol{\xi}_1+k_2\boldsymbol{\xi}_2). \tag{4.1.7}$$

比较(4.1.6)式与(4.1.7)式,得

$$(\lambda-\lambda_1)k_1\boldsymbol{\xi}_1+(\lambda-\lambda_2)k_2\boldsymbol{\xi}_2=\boldsymbol{0}.$$

因为对应于不同特征值的特征向量线性无关,故

$$(\lambda-\lambda_1)k_1=0,\quad (\lambda-\lambda_2)k_2=0.$$

又 $k_1\cdot k_2\neq 0$,所以有

$$\lambda-\lambda_1=0=\lambda-\lambda_2,$$

即 $\lambda_1=\lambda_2$,与题设矛盾.故 $k_1\boldsymbol{\xi}_1+k_2\boldsymbol{\xi}_2$ 不是 $\boldsymbol{A}$ 的特征向量,其中 $k_1\cdot k_2\neq 0$.

例 4.1.9 设 3 阶方阵 $\boldsymbol{A}$ 的特征值为 $-1,0,1$,求 $|\boldsymbol{A}-5\boldsymbol{E}|$.

解 因为 3 阶方阵 $\boldsymbol{A}$ 的特征值为 $-1,0,1$,由例 4.1.6 知,$\boldsymbol{A}-5\boldsymbol{E}$ 的特征值为

$$(-1)-5\times 1=-6,\quad 0-5\times 1=-5,$$
$$1-5\times 1=-4,$$

故 $|\boldsymbol{A}-5\boldsymbol{E}|=(-6)\times(-5)\times(-4)=-120$.

思考题 4-3

设 λ_1,λ_2 为 n 阶方阵 $\boldsymbol{A}$ 的特征值,且 $\lambda_1\neq\lambda_2$,而 $\boldsymbol{\alpha}_1,\boldsymbol{\alpha}_2$ 分别为对应的特征向量,试讨论 $\boldsymbol{\alpha}_1+\boldsymbol{\alpha}_2$ 是否为 $\boldsymbol{A}$ 的特征向量.

** **5. 应用举例**

特征值与特征向量的应用之一是解常微分方程组.

例 4.1.10 求常微分方程组

$$\begin{cases}\dfrac{\mathrm{d}x}{\mathrm{d}t}=4x-5y,\\[2ex] \dfrac{\mathrm{d}y}{\mathrm{d}t}=2x-3y\end{cases} \tag{4.1.8}$$

满足初值条件 $x(0)=8,y(0)=5$ 的解.

解 记 $\boldsymbol{X}(t)=\begin{pmatrix}x(t)\\y(t)\end{pmatrix}$,$\boldsymbol{A}=\begin{pmatrix}4&-5\\2&-3\end{pmatrix}$,$\boldsymbol{X}_0=\begin{pmatrix}8\\5\end{pmatrix}$,则方程组可记为

$$\frac{\mathrm{d}\boldsymbol{X}(t)}{\mathrm{d}t}=\boldsymbol{A}\boldsymbol{X}(t). \tag{4.1.9}$$

该方程为常系数齐次方程,类似于一元常系数齐次微分方程,我们假设 $\dfrac{\mathrm{d}\boldsymbol{X}(t)}{\mathrm{d}t}=\boldsymbol{A}\boldsymbol{X}(t)$ 具有如下形式的解

$$\boldsymbol{X}(t)=\mathrm{e}^{\lambda t}\boldsymbol{X}, \tag{4.1.10}$$

其中 λ 为待定常数,$\boldsymbol{X}=\begin{pmatrix}x\\y\end{pmatrix}$ 为常向量.

将(4.1.10)式代入(4.1.9)式,并整理化简得

$$\boldsymbol{AX}=\lambda\boldsymbol{X}.$$

由此得知:λ 为 $\boldsymbol{A}$ 的特征值,$\boldsymbol{X}$ 为 $\boldsymbol{A}$ 的对应于特征值 λ 的特征向量.

由 $\boldsymbol{A}=\begin{pmatrix}4 & -5\\ 2 & -3\end{pmatrix}$,求得特征值 $\lambda_1=-1,\lambda_2=2$,对应的特征向量为 $\boldsymbol{\xi}_1=(1,1)^{\mathrm{T}}$ 及 $\boldsymbol{\xi}_2=(5,2)^{\mathrm{T}}$,所求微分方程(4.1.9)的解为

$$\boldsymbol{X}_1(t)=\mathrm{e}^{-t}\begin{pmatrix}1\\1\end{pmatrix}\quad 和 \quad \boldsymbol{X}_2(t)=\mathrm{e}^{2t}\begin{pmatrix}5\\2\end{pmatrix}.$$

因为方程是线性齐次的,故

$$\boldsymbol{X}(t)=c_1\boldsymbol{X}_1(t)+c_2\boldsymbol{X}_2(t)=c_1\mathrm{e}^{-t}\begin{pmatrix}1\\1\end{pmatrix}+c_2\mathrm{e}^{2t}\begin{pmatrix}5\\2\end{pmatrix} \tag{4.1.11}$$

仍是解. 将初值条件 $\boldsymbol{X}_0=\begin{pmatrix}8\\5\end{pmatrix}$ 代入(4.1.11)式,得

$$c_1\begin{pmatrix}1\\1\end{pmatrix}+c_2\begin{pmatrix}5\\2\end{pmatrix}=\begin{pmatrix}8\\5\end{pmatrix},$$

解之得 $c_1=3,c_2=1$;从而(4.1.9)的解为

$$\boldsymbol{X}(t)=3\mathrm{e}^{-t}\begin{pmatrix}1\\1\end{pmatrix}+\mathrm{e}^{2t}\begin{pmatrix}5\\2\end{pmatrix}.$$

将其分开来写,即得到微分方程组(4.1.8)的解为

$$x(t)=3\mathrm{e}^{-t}+5\mathrm{e}^{2t},\quad y(t)=3\mathrm{e}^{-t}+2\mathrm{e}^{2t}.$$

§ 4.2 矩阵的相似对角化

对任意 n 阶矩阵 $\boldsymbol{A}$,寻求相似变换矩阵 $\boldsymbol{P}$,使 $\boldsymbol{P}^{-1}\boldsymbol{AP}=\boldsymbol{\Lambda}$ 为对角矩阵,称为矩阵 $\boldsymbol{A}$ 的**相似对角化**. 本节讨论矩阵 $\boldsymbol{A}$ 的相似对角化的条件及方法.

1. 矩阵与对角矩阵相似的条件

如果有可逆矩阵 $\boldsymbol{P}$,使 $\boldsymbol{P}^{-1}\boldsymbol{AP}=\boldsymbol{\Lambda}$ 为对角矩阵,我们来讨论一下矩阵 $\boldsymbol{A}$ 与可逆矩阵 $\boldsymbol{P}$ 之间的关系.

设 $\boldsymbol{P}$ 的列向量为 $\boldsymbol{P}_1,\boldsymbol{P}_2,\cdots,\boldsymbol{P}_n$,即

$$\boldsymbol{P}=(\boldsymbol{P}_1\ \ \boldsymbol{P}_2\ \ \cdots\ \ \boldsymbol{P}_n).$$

对角矩阵为

$$\boldsymbol{\Lambda}=\begin{pmatrix}\lambda_1 & & & \\ & \lambda_2 & & \\ & & \ddots & \\ & & & \lambda_n\end{pmatrix},$$

由 $\boldsymbol{P}^{-1}\boldsymbol{A}\boldsymbol{P}=\boldsymbol{\Lambda}$，得 $\boldsymbol{A}\boldsymbol{P}=\boldsymbol{P}\boldsymbol{\Lambda}$，于是有

$$\begin{aligned}\boldsymbol{A}\boldsymbol{P}&=\boldsymbol{A}(\boldsymbol{P}_1\ \ \boldsymbol{P}_2\ \ \cdots\ \ \boldsymbol{P}_n)=(\boldsymbol{A}\boldsymbol{P}_1\ \ \boldsymbol{A}\boldsymbol{P}_2\ \ \cdots\ \ \boldsymbol{A}\boldsymbol{P}_n)\\&=(\boldsymbol{P}_1\ \ \boldsymbol{P}_2\ \ \cdots\ \ \boldsymbol{P}_n)\begin{pmatrix}\lambda_1 & & & \\ & \lambda_2 & & \\ & & \ddots & \\ & & & \lambda_n\end{pmatrix}\\&=(\lambda_1\boldsymbol{P}_1\ \ \lambda_2\boldsymbol{P}_2\ \ \cdots\ \ \lambda_n\boldsymbol{P}_n),\end{aligned}$$

即

$$\boldsymbol{A}\boldsymbol{P}_i=\lambda_i\boldsymbol{P}_i\quad(i=1,2,\cdots,n),$$

又 $\boldsymbol{P}$ 可逆，故 $|\boldsymbol{P}|\neq 0$，即 $\boldsymbol{P}_1,\boldsymbol{P}_2,\cdots,\boldsymbol{P}_n$ 均为非零向量，从而 $\lambda_1,\lambda_2,\cdots,\lambda_n$ 为 $\boldsymbol{A}$ 的特征值，$\boldsymbol{P}_1,\boldsymbol{P}_2,\cdots,\boldsymbol{P}_n$ 是 $\boldsymbol{A}$ 的分别对应于特征值 $\lambda_1,\lambda_2,\cdots,\lambda_n$ 的特征向量.

反之，因 n 阶矩阵 $\boldsymbol{A}$ 恰好有 n 个特征值，并可对应地求得 n 个特征向量 $\boldsymbol{P}_1,\boldsymbol{P}_2,\cdots,\boldsymbol{P}_n$，令

$$\boldsymbol{\Lambda}=\begin{pmatrix}\lambda_1 & & & \\ & \lambda_2 & & \\ & & \ddots & \\ & & & \lambda_n\end{pmatrix},$$

$$\boldsymbol{P}=(\boldsymbol{P}_1\ \ \boldsymbol{P}_2\ \ \cdots\ \ \boldsymbol{P}_n),$$

则有

$$\begin{aligned}\boldsymbol{A}\boldsymbol{P}&=\boldsymbol{A}(\boldsymbol{P}_1\ \ \boldsymbol{P}_2\ \ \cdots\ \ \boldsymbol{P}_n)=(\lambda_1\boldsymbol{P}_1\ \ \lambda_2\boldsymbol{P}_2\ \ \cdots\ \ \lambda_n\boldsymbol{P}_n)\\&=(\boldsymbol{P}_1\ \ \boldsymbol{P}_2\ \ \cdots\ \ \boldsymbol{P}_n)\begin{pmatrix}\lambda_1 & & & \\ & \lambda_2 & & \\ & & \ddots & \\ & & & \lambda_n\end{pmatrix}=\boldsymbol{P}\boldsymbol{\Lambda}.\end{aligned}$$

（因特征向量不惟一，所以矩阵 $\boldsymbol{P}$ 也不是惟一的，甚至可能是复矩阵.）

由上面讨论可知，能否与对角矩阵相似，取决于 $\boldsymbol{P}$ 是否可逆，即 $\boldsymbol{P}_1,\boldsymbol{P}_2,\cdots,\boldsymbol{P}_n$ 是否线性无关. 当 $\boldsymbol{P}_1,\boldsymbol{P}_2,\cdots,\boldsymbol{P}_n$ 线性无关时（此时 $\boldsymbol{P}$ 可逆），则由 $\boldsymbol{A}\boldsymbol{P}=\boldsymbol{P}\boldsymbol{\Lambda}$，得

$$P^{-1}AP=\Lambda,$$

即 A 与对角矩阵相似.

综上所述,有

定理 4.2.1 **n 阶矩阵 A 与对角矩阵相似的充要条件为 A 有 n 个线性无关的特征向量.**

由性质 4.1.1,矩阵的相异特征值所对应的特征向量线性无关,故有如下推论.

推论 若 n 阶矩阵 A 有 n 个相异的特征值 $\lambda_1,\lambda_2,\cdots,\lambda_n$,则 A 一定与对角矩阵 Λ 相似且

$$\Lambda=\begin{pmatrix}\lambda_1 & & & \\ & \lambda_2 & & \\ & & \ddots & \\ & & & \lambda_n\end{pmatrix}.$$

但此推论的逆是不成立的,也就是说,与对角矩阵相似的 n 阶矩阵 A 不一定有 n 个互异的特征值(即特征方程的根不一定都是单根).如例 4.1.3,方阵

$$A=\begin{pmatrix}1 & 2 & 2\\ 2 & 1 & 2\\ 2 & 2 & 1\end{pmatrix}$$

有三个特征向量

$$\xi_1=(1,-1,0)^{\mathrm T},\quad \xi_2=(1,0,-1)^{\mathrm T},\quad \xi_3=(1,1,1)^{\mathrm T},$$

易知 ξ_1,ξ_2,ξ_3 线性无关,令

$$P=(\xi_1\ \ \xi_2\ \ \xi_3),$$

则

$$P^{-1}AP=\begin{pmatrix}-1 & & \\ & -1 & \\ & & 5\end{pmatrix}.$$

即 A 与对角矩阵相似,但 A 只有两个(而不是 $n=3$ 个)互异特征值 -1 和 5. 这说明 A 的特征值不全相异时,A 也能与某一对角矩阵相似.

决定 n 阶方阵 A 能否与对角矩阵相似的是 A 是否有 n 个线性无关的特征向量,这将取决于 A 的重特征值.若 λ 为 A 的 k 重特征值,则对应于特征值 λ 的线性无关特征向量的个数 $\leqslant k$,只有取“=”时,即对应于 k 重特征值 λ 的线性无关的特征向量的个数为 k 时,A 才与对角矩阵相似.因此有

定理 4.2.2 **设 $\lambda_1,\lambda_2,\cdots,\lambda_m$ 是 n 阶矩阵 A 的互异特征值,其重数分别为 r_1,**

$r_2,\cdots,r_m$，且 $\sum_{i=1}^{m} r_i=n$，则 $\boldsymbol{A}$ 与对角矩阵相似的充要条件为

$$r(\boldsymbol{A}-\lambda_i\boldsymbol{E})=n-r_i,\qquad i=1,2,\cdots,m.$$

证 $(\boldsymbol{A}-\lambda_i\boldsymbol{E})\boldsymbol{X}=\boldsymbol{0}$ 的基础解系含有 r_i 个向量的充要条件为 $r(\boldsymbol{A}-\lambda_i\boldsymbol{E})=n-r_i$；即 r_i 重特征值 λ_i 有 r_i 个线性无关的特征向量的充要条件为 $r(\boldsymbol{A}-\lambda_i\boldsymbol{E})=n-r_i$，其中 λ_i 为 $\boldsymbol{A}$ 的 r_i 重特征值，$i=1,2,\cdots,m$.

2. 矩阵相似对角化的方法

判断一个 n 阶矩阵能否相似对角化以及如何相似对角化的一般步骤为：

(1) 求出 $\boldsymbol{A}$ 的所有特征值 $\lambda_1,\lambda_2,\cdots,\lambda_n$；若 $\lambda_1,\lambda_2,\cdots,\lambda_n$ 互异，则 $\boldsymbol{A}$ 一定与对角矩阵相似. 若 $\lambda_1,\lambda_2,\cdots,\lambda_n$ 中互异的为 $\lambda_1,\lambda_2,\cdots,\lambda_m$，每个 λ_i 的重数为 r_i，当 $r(\boldsymbol{A}-\lambda_i\boldsymbol{E})=n-r_i$，$i=1,2,\cdots,m$ 时，$\boldsymbol{A}$ 一定与对角矩阵相似；否则，$\boldsymbol{A}$ 不与对角矩阵相似.

(2) 当 $\boldsymbol{A}$ 与对角矩阵相似时，求出 $\boldsymbol{A}$ 的 n 个线性无关的特征向量 $\boldsymbol{\xi}_1,\boldsymbol{\xi}_2,\cdots,\boldsymbol{\xi}_n$，并令

$$\boldsymbol{P}=(\boldsymbol{\xi}_1\quad \boldsymbol{\xi}_2\quad \cdots\quad \boldsymbol{\xi}_n),$$

则有

$$\boldsymbol{P}^{-1}\boldsymbol{A}\boldsymbol{P}=\boldsymbol{\Lambda}=\begin{pmatrix}\lambda_1 & & & \\ & \lambda_2 & & \\ & & \ddots & \\ & & & \lambda_n\end{pmatrix}.$$

显然可逆矩阵 $\boldsymbol{P}$ 的取法是不惟一的，因而 $\boldsymbol{A}$ 的相似对角矩阵 $\boldsymbol{\Lambda}$ 也不惟一；但若不计 $\boldsymbol{\Lambda}$ 中主对角线上元素的顺序，则对角矩阵 $\boldsymbol{\Lambda}$ 是被 $\boldsymbol{A}$ 惟一确定的.

例 4.2.1 判断矩阵

$$\boldsymbol{A}=\begin{pmatrix}2 & 0 & 0\\ 1 & 3 & -1\\ 1 & 0 & 1\end{pmatrix},\quad \boldsymbol{B}=\begin{pmatrix}-2 & 1 & 1\\ 0 & 2 & 0\\ -4 & 1 & 3\end{pmatrix},\quad \boldsymbol{C}=\begin{pmatrix}1 & 1 & 0\\ 0 & 2 & 1\\ 0 & 0 & 1\end{pmatrix}$$

能否与对角矩阵相似？并在相似时，求可逆矩阵 $\boldsymbol{P}$，使 $\boldsymbol{P}^{-1}\boldsymbol{A}\boldsymbol{P}=\boldsymbol{\Lambda}$ 为对角矩阵.

解 由

$$|\boldsymbol{A}-\lambda\boldsymbol{E}|=\begin{vmatrix}2-\lambda & 0 & 0\\ 1 & 3-\lambda & -1\\ 1 & 0 & 1-\lambda\end{vmatrix}=(1-\lambda)(2-\lambda)(3-\lambda),$$

得 $\boldsymbol{A}$ 的特征值为 $\lambda_1=1,\lambda_2=2,\lambda_3=3$；因特征值互异，故 $\boldsymbol{A}$ 能与对角矩阵相似.

对 $\lambda_1=1$，求得特征向量 $\boldsymbol{\xi}_1=(0,1,2)^{\mathrm{T}}$；对 $\lambda_2=2$，求得特征向量 $\boldsymbol{\xi}_2=(1,0,1)^{\mathrm{T}}$；对 $\lambda_3=3$，求得特征向量 $\boldsymbol{\xi}_3=(0,1,0)^{\mathrm{T}}$. 令

$$\boldsymbol{P}=(\boldsymbol{\xi}_1\quad\boldsymbol{\xi}_2\quad\boldsymbol{\xi}_3)=\begin{pmatrix}0&1&0\\1&0&1\\2&1&0\end{pmatrix},$$

则

$$\boldsymbol{P}^{-1}\boldsymbol{AP}=\boldsymbol{\Lambda}=\begin{pmatrix}1&&\\&2&\\&&3\end{pmatrix}.$$

由

$$|\boldsymbol{B}-\lambda\boldsymbol{E}|=\begin{vmatrix}-2-\lambda&1&1\\0&2-\lambda&0\\-4&1&3-\lambda\end{vmatrix}=-(\lambda+1)(\lambda-2)^2,$$

得 $\boldsymbol{B}$ 的特征值为 $\lambda_1=-1,\lambda_2=\lambda_3=2$,即 2 为 3 阶方阵 $\boldsymbol{B}$ 的二重特征值. 因为

$$\boldsymbol{B}-2\boldsymbol{E}=\begin{pmatrix}-4&1&1\\0&0&0\\-4&1&1\end{pmatrix}\longrightarrow\begin{pmatrix}-4&1&1\\0&0&0\\0&0&0\end{pmatrix},$$

所以 $r(\boldsymbol{B}-2\boldsymbol{E})=1=3-2$,由定理 4.2.2 知 $\boldsymbol{B}$ 能与对角矩阵相似.

对 $\lambda_1=-1$,求得特征向量 $\boldsymbol{\xi}_1=(1,0,1)^{\mathrm{T}}$;对 $\lambda_2=\lambda_3=2$,求得线性无关的特征向量 $\boldsymbol{\xi}_2=(1,4,0)^{\mathrm{T}},\boldsymbol{\xi}_3=(0,-1,1)^{\mathrm{T}}$. 令

$$\boldsymbol{P}=(\boldsymbol{\xi}_1\quad\boldsymbol{\xi}_2\quad\boldsymbol{\xi}_3)=\begin{pmatrix}1&1&0\\0&4&-1\\1&0&1\end{pmatrix},$$

则

$$\boldsymbol{P}^{-1}\boldsymbol{AP}=\boldsymbol{\Lambda}=\begin{pmatrix}-1&&\\&2&\\&&2\end{pmatrix}.$$

由

$$|\boldsymbol{C}-\lambda\boldsymbol{E}|=\begin{vmatrix}1-\lambda&1&0\\0&2-\lambda&1\\0&0&1-\lambda\end{vmatrix}=(1-\lambda)^2(2-\lambda),$$

得 $\boldsymbol{C}$ 的特征值 $\lambda_1=\lambda_2=1,\lambda_3=2$,即 1 为 3 阶方阵 $\boldsymbol{C}$ 的二重特征值. 因为

$$\boldsymbol{C}-\boldsymbol{E}=\begin{pmatrix}0&1&0\\0&1&1\\0&0&0\end{pmatrix}\longrightarrow\begin{pmatrix}0&1&0\\0&0&1\\0&0&0\end{pmatrix},$$

所以 $r(\boldsymbol{C}-\boldsymbol{E})=2\neq 3-2$，由定理 4.2.2 知 $\boldsymbol{C}$ 不能与对角矩阵相似.

* **例 4.2.2** 设 $\boldsymbol{\alpha}=(1,a_2,\cdots,a_n)$，$\boldsymbol{\beta}=(1,b_2,\cdots,b_n)$，$\boldsymbol{A}=\boldsymbol{\alpha}^{\mathrm{T}}\boldsymbol{\beta}$ 且 $1+a_2b_2+\cdots+a_nb_n=a$. 证明：

(1) 当 $a=0$ 时，$\boldsymbol{A}$ 不能与对角矩阵相似；

(2) 当 $a\neq 0$ 时，$\boldsymbol{A}$ 能与对角矩阵相似.

证 由于

$$\boldsymbol{A}=\boldsymbol{\alpha}^{\mathrm{T}}\boldsymbol{\beta}=\begin{pmatrix}1\\a_2\\\vdots\\a_n\end{pmatrix}(1,b_2,\cdots,b_n)=\begin{pmatrix}1&b_2&\cdots&b_n\\a_2&a_2b_2&\cdots&a_2b_n\\\vdots&\vdots&&\vdots\\a_n&a_nb_2&\cdots&a_nb_n\end{pmatrix},$$

显然 $r(\boldsymbol{A})=1$，由 $1+a_2b_2+\cdots+a_nb_n=a$，得

$$\boldsymbol{A}^2=(\boldsymbol{\alpha}^{\mathrm{T}}\boldsymbol{\beta})^2=\boldsymbol{\alpha}^{\mathrm{T}}\boldsymbol{\beta}\boldsymbol{\alpha}^{\mathrm{T}}\boldsymbol{\beta}=a\boldsymbol{\alpha}^{\mathrm{T}}\boldsymbol{\beta}=a\boldsymbol{A}.$$

设 λ 为 $\boldsymbol{A}$ 的任一特征值，$\boldsymbol{\xi}$ 是对应的特征向量，即 $\boldsymbol{A}\boldsymbol{\xi}=\lambda\boldsymbol{\xi}$，则有

$$\boldsymbol{A}^2\boldsymbol{\xi}=\boldsymbol{A}(\boldsymbol{A}\boldsymbol{\xi})=\lambda\boldsymbol{A}\boldsymbol{\xi}=\lambda^2\boldsymbol{\xi},$$

由 $\boldsymbol{A}^2=a\boldsymbol{A}$，得

$$\boldsymbol{A}^2\boldsymbol{\xi}=a\lambda\boldsymbol{\xi},$$

从而 $\lambda=0$ 或 $\lambda=a$.

又因为

$$\begin{cases}\lambda_1+\lambda_2+\cdots+\lambda_n=\operatorname{tr}\boldsymbol{A}=1+a_2b_2+\cdots+a_nb_n=a,\\\lambda_1\lambda_2\cdots\lambda_n=|\boldsymbol{A}|=0,\end{cases}$$

知 $\boldsymbol{A}$ 的特征值为 $\lambda_1=\lambda_2=\cdots=\lambda_{n-1}=0,\lambda_n=a$.

(1) 当 $a=0$ 时，$\boldsymbol{A}$ 仅有一个 n 重特征值 0，因为

$$r(\boldsymbol{A}-0\boldsymbol{E})=r(\boldsymbol{A})=1\neq n-n,$$

故由定理 4.2.2 知，$\boldsymbol{A}$ 不能与对角矩阵相似.

(2) 当 $a\neq 0$ 时，0 是 $\boldsymbol{A}$ 的 $n-1$ 重特征值，因为

$$r(\boldsymbol{A}-0\boldsymbol{E})=r(\boldsymbol{A})=1=n-(n-1),$$

故由定理 4.2.2，$\boldsymbol{A}$ 能与对角矩阵相似.

**3. 应用举例

矩阵相似对角化的理论应用十分广泛，我们将以实例对其应用作简单的介绍.

例 4.2.3 设 $\boldsymbol{A}=\begin{pmatrix}1&4&2\\0&-3&4\\0&4&3\end{pmatrix}$，求 $\boldsymbol{A}^k$.

解 由于

$$|\boldsymbol{A}-\lambda\boldsymbol{E}|=\begin{vmatrix}1-\lambda & 4 & 2\\ 0 & -3-\lambda & 4\\ 0 & 4 & 3-\lambda\end{vmatrix}=(1-\lambda)(\lambda-5)(\lambda+5),$$

故 $\boldsymbol{A}$ 的特征值为 $\lambda_1=-5,\lambda_2=1,\lambda_3=5$，且知 $\boldsymbol{A}$ 与对角矩阵相似.

对 $\lambda_1=-5$，求得特征向量 $\boldsymbol{\xi}_1=(1,-2,1)^{\mathrm{T}}$；对 $\lambda_2=1$，求得特征向量 $\boldsymbol{\xi}_2=(1,0,0)^{\mathrm{T}}$；对 $\lambda_3=5$，求得特征向量 $\boldsymbol{\xi}_3=(2,1,2)^{\mathrm{T}}$. 令

$$\boldsymbol{P}=(\boldsymbol{\xi}_1\quad\boldsymbol{\xi}_2\quad\boldsymbol{\xi}_3)=\begin{pmatrix}1 & 1 & 2\\ -2 & 0 & 1\\ 1 & 0 & 2\end{pmatrix},$$

则有

$$\boldsymbol{P}^{-1}\boldsymbol{A}\boldsymbol{P}=\boldsymbol{\Lambda}=\begin{pmatrix}-5 & & \\ & 1 & \\ & & 5\end{pmatrix}.$$

故 $\boldsymbol{A}=\boldsymbol{P}\boldsymbol{\Lambda}\boldsymbol{P}^{-1}$，从而有

$$\begin{aligned}\boldsymbol{A}^k&=\boldsymbol{P}\boldsymbol{\Lambda}^k\boldsymbol{P}^{-1}\\ &=\begin{pmatrix}1 & 1 & 2\\ -2 & 0 & 1\\ 1 & 0 & 2\end{pmatrix}\begin{pmatrix}(-5)^k & & \\ & 1 & \\ & & 5^k\end{pmatrix}\begin{pmatrix}0 & -\frac{2}{5} & \frac{1}{5}\\ 1 & 0 & -1\\ 0 & \frac{1}{5} & \frac{2}{5}\end{pmatrix}\\ &=\begin{pmatrix}1 & 2\cdot 5^{k-1}[1+(-1)^{k-1}] & (-1)^k5^{k-1}+4\cdot 5^{k-1}-1\\ 0 & 5^{k-1}[1+4(-1)^k] & 2\cdot 5^{k-1}[1+(-1)^{k-1}]\\ 0 & 2\cdot 5^{k-1}[1+(-1)^{k-1}] & 5^{k-1}[4+(-1)^k]\end{pmatrix}.\end{aligned}$$

当 k 为偶数时，

$$\boldsymbol{A}^k=\begin{pmatrix}1 & 0 & 5^k-1\\ 0 & 5^k & 0\\ 0 & 0 & 5^k\end{pmatrix},$$

当 k 为奇数时，

$$\boldsymbol{A}^k=\begin{pmatrix}1 & 4\cdot 5^{k-1} & 3\cdot 5^{k-1}-1\\ 0 & -3\cdot 5^{k-1} & 4\cdot 5^{k-1}\\ 0 & 4\cdot 5^{k-1} & 3\cdot 5^{k-1}\end{pmatrix}.$$

例 4.2.4　在 1202 年，斐波那契在一本书中提出了一个问题，如果一对兔子出生一个月后开始繁殖，每个月产生一对后代，现在有一对新生兔子，假定兔子只繁殖，没有死亡，那么问每月月初会有多少对兔子？

解　假设这对新生兔子出生时记为零月初，这时只有一对兔子；一个月后即 1 月初，这对兔子还未开始繁殖，所以依然是一对，2 月初，它们生了一对兔子，因此，此时有 2 对；3 月初，它们又生了一对兔子，而在 1 月中生下的那对兔子还未繁殖，故此时共有 3 对……依次下去，有

$$1,\ 1,\ 2,\ 3,\ 5,\ 8,\ 13,\ 21,\ 34,\ 55,\ \cdots,$$

这一数列称为**斐波那契数列**.

设第 i 月初有 x_i 对兔子，则有

$$x_i=x_{i-1}+x_{i-2}. \tag{4.2.1}$$

这是一个递推关系，显然 $x_0=1, x_1=1$，将(4.2.1)式用矩阵表示，有

$$\begin{pmatrix}x_{i+1}\\x_i\end{pmatrix}=\begin{pmatrix}x_i+x_{i-1}\\x_i\end{pmatrix}=\begin{pmatrix}1&1\\1&0\end{pmatrix}\begin{pmatrix}x_i\\x_{i-1}\end{pmatrix}, \tag{4.2.2}$$

令

$$\boldsymbol{X}_i=\begin{pmatrix}x_{i+1}\\x_i\end{pmatrix}, \boldsymbol{A}=\begin{pmatrix}1&1\\1&0\end{pmatrix},$$

则(4.2.2)式可以写为 $\boldsymbol{X}_i=\boldsymbol{A}\boldsymbol{X}_{i-1}$.

由于 $\boldsymbol{X}_0=\begin{pmatrix}x_1\\x_0\end{pmatrix}=\begin{pmatrix}1\\1\end{pmatrix}$，于是

$$\begin{aligned}&\boldsymbol{X}_1=\boldsymbol{A}\boldsymbol{X}_0,\\&\boldsymbol{X}_2=\boldsymbol{A}\boldsymbol{X}_1=\boldsymbol{A}^2\boldsymbol{X}_0,\\&\cdots\cdots\cdots\cdots\\&\boldsymbol{X}_n=\boldsymbol{A}\boldsymbol{X}_{n-1}=\cdots=\boldsymbol{A}^n\boldsymbol{X}_0.\end{aligned}$$

问题转化为求 $\boldsymbol{A}^n$，为此，先求 $\boldsymbol{A}$ 的特征值与特征向量，并进一步将 $\boldsymbol{A}$ 对角化.

由于

$$|\boldsymbol{A}-\lambda\boldsymbol{E}|=\begin{vmatrix}1-\lambda&1\\1&-\lambda\end{vmatrix}=\lambda^2-\lambda-1,$$

得 $\boldsymbol{A}$ 的特征值为 $\lambda_1=\dfrac{1+\sqrt{5}}{2}, \lambda_2=\dfrac{1-\sqrt{5}}{2}$，对应的特征向量为 $\boldsymbol{\alpha}_1=\left(\dfrac{1+\sqrt{5}}{2},1\right)^{\mathrm{T}}, \boldsymbol{\alpha}_2=\left(\dfrac{1-\sqrt{5}}{2},1\right)^{\mathrm{T}}$. 令

$$\boldsymbol{P}=(\boldsymbol{\alpha}_1\quad\boldsymbol{\alpha}_2)=\begin{pmatrix}\dfrac{1+\sqrt{5}}{2}&\dfrac{1-\sqrt{5}}{2}\\1&1\end{pmatrix},\quad \boldsymbol{\Lambda}=\begin{pmatrix}\dfrac{1+\sqrt{5}}{2}&0\\0&\dfrac{1-\sqrt{5}}{2}\end{pmatrix},$$

则

$$P^{-1}=\begin{pmatrix} \frac{1}{\sqrt{5}} & -\frac{1-\sqrt{5}}{2\sqrt{5}} \\ -\frac{1}{\sqrt{5}} & \frac{1+\sqrt{5}}{2\sqrt{5}} \end{pmatrix},$$

且有 $\boldsymbol{A}=\boldsymbol{P\Lambda P}^{-1}$，从而 $\boldsymbol{A}^n=\boldsymbol{P\Lambda}^n\boldsymbol{P}^{-1}$，所以

$$\begin{aligned}\boldsymbol{X}_n &=\boldsymbol{A}^n\boldsymbol{X}_0\\ &=\begin{pmatrix} \frac{1+\sqrt{5}}{2} & \frac{1-\sqrt{5}}{2} \\ 1 & 1 \end{pmatrix}\begin{pmatrix} \frac{1+\sqrt{5}}{2} & 0 \\ 0 & \frac{1-\sqrt{5}}{2} \end{pmatrix}^n\begin{pmatrix} \frac{1}{\sqrt{5}} & -\frac{1-\sqrt{5}}{2\sqrt{5}} \\ -\frac{1}{\sqrt{5}} & \frac{1+\sqrt{5}}{2\sqrt{5}} \end{pmatrix}\begin{pmatrix}1\\1\end{pmatrix}\\ &=\frac{1}{\sqrt{5}}\begin{pmatrix} \left(\frac{1+\sqrt{5}}{2}\right)^{n+2}-\left(\frac{1-\sqrt{5}}{2}\right)^{n+2} \\ \left(\frac{1+\sqrt{5}}{2}\right)^{n+1}-\left(\frac{1-\sqrt{5}}{2}\right)^{n+1} \end{pmatrix}.\end{aligned}$$

当 $n=12$ 时，有

$$x_{12}=\frac{1}{\sqrt{5}}\left[\left(\frac{1+\sqrt{5}}{2}\right)^{13}-\left(\frac{1-\sqrt{5}}{2}\right)^{13}\right]\approx 233,$$

也就是说，一年后约有 223 对兔子；当 $n=36$ 时，有 $x_{36}\approx 24\ 157\ 817$，即三年后约有 2 400 多万对兔子.

§4.3 实对称矩阵的相似对角化

上一节讨论了一般矩阵的相似对角化问题，本节讨论实对称矩阵的相似对角化问题. 首先讨论实对称矩阵的特征值与特征向量的一些特殊性质，然后给出用正交矩阵将实对称矩阵相似对角化的方法.

1. 实对称矩阵的特征值与特征向量的性质

n 阶实对称矩阵的特征值与特征向量具有下述性质.

性质 4.3.1 实对称矩阵的特征值都是实数.

证 设 λ_0 是 n 阶实对称矩阵 $\boldsymbol{A}$ 的任意一个特征值，$\boldsymbol{\alpha}=(a_1,a_2,\cdots,a_n)^{\mathrm{T}}$ 是对应的特征向量，即

$$\overline{\boldsymbol{A}}\overline{\boldsymbol{\alpha}}=\overline{\lambda}_0\overline{\boldsymbol{\alpha}},$$

其中 $\overline{\boldsymbol{A}}=(\overline{a}_{ij})_{n\times n}$，$\overline{\boldsymbol{\alpha}}=(\overline{a}_1,\overline{a}_2,\cdots,\overline{a}_n)^{\mathrm{T}}$. 由于 $\boldsymbol{A}$ 为实对称矩阵，故 $\overline{\boldsymbol{A}}=\boldsymbol{A}$，$\boldsymbol{A}^{\mathrm{T}}=\boldsymbol{A}$. 对上式两端取转置，得

$$\overline{\boldsymbol{\alpha}}^{\mathrm{T}}\boldsymbol{A}=\overline{\lambda}_0\overline{\boldsymbol{\alpha}}^{\mathrm{T}},$$

两边右乘 $\boldsymbol{\alpha}$，得

$$\overline{\boldsymbol{\alpha}}^{\mathrm{T}}\boldsymbol{A}\boldsymbol{\alpha}=\overline{\lambda}_0\overline{\boldsymbol{\alpha}}^{\mathrm{T}}\boldsymbol{\alpha},$$

即

$$\lambda_0\overline{\boldsymbol{\alpha}}^{\mathrm{T}}\boldsymbol{\alpha}=\overline{\lambda}_0\overline{\boldsymbol{\alpha}}^{\mathrm{T}}\boldsymbol{\alpha},$$

因为 $\boldsymbol{\alpha}$ 为非零向量，所以 $\overline{\boldsymbol{\alpha}}^{\mathrm{T}}\boldsymbol{\alpha}\neq 0$，故有

$$\lambda_0=\overline{\lambda}_0.$$

即 λ_0 为一实数.

注意：一般 n 阶实矩阵的特征值虽然一定有 n 个，但不一定都为实数. 例如 $\boldsymbol{A}=\begin{pmatrix}1&1\\-1&0\end{pmatrix}$，其特征值为 $\lambda_1=\frac{1}{2}+\frac{\sqrt{3}}{2}\mathrm{i}$，$\lambda_2=\frac{1}{2}-\frac{\sqrt{3}}{2}\mathrm{i}$ 均为复数；而性质 4.3.1 说明实对称矩阵的特征值全为实数；又当特征方程组的系数都是实数时，它的解也都是实数，所以实对称矩阵的特征向量都可以取为实向量.

性质 4.3.2 实对称矩阵的相异特征值所对应的特征向量必定正交.

证 设 $\boldsymbol{\alpha}_1$ 与 $\boldsymbol{\alpha}_2$ 分别是实对称矩阵 $\boldsymbol{A}$ 的相异特征值 λ_1 与 λ_2 所对应的特征向量，即

$$\boldsymbol{A}\boldsymbol{\alpha}_1=\lambda_1\boldsymbol{\alpha}_1,\quad \boldsymbol{A}\boldsymbol{\alpha}_2=\lambda_2\boldsymbol{\alpha}_2,$$

因为

$$\boldsymbol{\alpha}_1^{\mathrm{T}}\boldsymbol{A}^{\mathrm{T}}=\lambda_1\boldsymbol{\alpha}_1^{\mathrm{T}},$$

两端右乘 $\boldsymbol{\alpha}_2$，得

$$\lambda_1\boldsymbol{\alpha}_1^{\mathrm{T}}\boldsymbol{\alpha}_2=\boldsymbol{\alpha}_1^{\mathrm{T}}\boldsymbol{A}\boldsymbol{\alpha}_2=\lambda_2\boldsymbol{\alpha}_1^{\mathrm{T}}\boldsymbol{\alpha}_2,$$

故有

$$(\lambda_1-\lambda_2)\boldsymbol{\alpha}_1^{\mathrm{T}}\boldsymbol{\alpha}_2=0.$$

由于 $\lambda_1-\lambda_2\neq 0$，因此有 $\boldsymbol{\alpha}_1^{\mathrm{T}}\boldsymbol{\alpha}_2=0$，即 $\boldsymbol{\alpha}_1$ 与 $\boldsymbol{\alpha}_2$ 正交.

对一般矩阵而言，相异特征值所对应的特征向量是线性无关的，但不一定是正交的. 性质 4.3.2 告诉我们，实对称矩阵的相异特征值所对应的特征向量不仅线性无关，而且彼此正交.

性质 4.3.3 实对称矩阵 $\boldsymbol{A}$ 的 k 重特征值所对应的线性无关的特征向量恰有 k 个.（证明略）

例 4.3.1 设 1, 1, -1 是三阶实对称矩阵 $\boldsymbol{A}$ 的 3 个特征值，$\boldsymbol{\alpha}_1=(1,1,1)^{\mathrm{T}}$，

$\boldsymbol{\alpha}_2=(2,2,1)^{\mathrm{T}}$ 是 $\boldsymbol{A}$ 的属于特征值1的特征向量.求 $\boldsymbol{A}$ 的属于特征值-1的特征向量.

解 设 $\boldsymbol{A}$ 的属于特征值-1的特征向量为 $\boldsymbol{\alpha}_3=(x_1,x_2,x_3)^{\mathrm{T}}$,由于 $\boldsymbol{A}$ 为实对称矩阵,故 $\boldsymbol{\alpha}_3$ 与 $\boldsymbol{\alpha}_1$ 及 $\boldsymbol{\alpha}_2$ 正交,即

$$(\boldsymbol{\alpha}_1,\boldsymbol{\alpha}_3)=x_1+x_2+x_3=0,$$

$$(\boldsymbol{\alpha}_2,\boldsymbol{\alpha}_3)=2x_1+2x_2+x_3=0.$$

解之得

$$x_1=1,\quad x_2=-1,\quad x_3=0.$$

因此 $\boldsymbol{A}$ 的属于特征值-1的特征向量为 $\boldsymbol{\alpha}_3=(1,-1,0)^{\mathrm{T}}$.

2. 实对称矩阵的相似对角化

根据以上讨论可得

定理4.3.1 设 $\boldsymbol{A}$ 为实对称矩阵,则 $\boldsymbol{A}$ 一定与对角矩阵相似.

进一步,我们还有

定理4.3.2 设 $\boldsymbol{A}$ 为 n 阶实对称矩阵,则必有正交矩阵 $\boldsymbol{Q}$,使

$$\boldsymbol{Q}^{-1}\boldsymbol{A}\boldsymbol{Q}=\boldsymbol{Q}^{\mathrm{T}}\boldsymbol{A}\boldsymbol{Q}$$

为对角矩阵.

证 设 $\boldsymbol{A}$ 的相异特征值为 $\lambda_1,\lambda_2,\cdots,\lambda_m$,它们的重数依次为 $r_1,r_2,\cdots,r_m$,其中 $r_1+r_2+\cdots+r_m=n$.

由性质4.3.1和性质4.3.3知,对应于特征值 $\lambda_i(i=1,2,\cdots,m)$,恰有 r_i 个线性无关的实特征向量,将它们正交单位化,即得到对应于 λ_i 的 r_i 个单位正交的特征向量.由 $r_1+r_2+\cdots+r_m=n$ 及性质4.3.2知 $\boldsymbol{A}$ 恰好有 n 个两两正交的单位特征向量,以它们为列构成正交矩阵 $\boldsymbol{Q}$,则有

$$\boldsymbol{Q}^{-1}\boldsymbol{A}\boldsymbol{Q}=\boldsymbol{Q}^{\mathrm{T}}\boldsymbol{A}\boldsymbol{Q}=\boldsymbol{\Lambda},$$

其中对角矩阵 $\boldsymbol{\Lambda}$ 中主对角线上的元素含 r_i 个 $\lambda_i(i=1,2,\cdots,m)$,它们为 $\boldsymbol{A}$ 的特征值.

用正交矩阵将实对称矩阵相似对角化,也称为矩阵的正交相似对角化.由定理4.3.2可得将 n 阶实对称矩阵 $\boldsymbol{A}$ 正交相似对角化的步骤如下:

(1) 求出 $\boldsymbol{A}$ 的全部相异特征值 $\lambda_1,\lambda_2,\cdots,\lambda_m$;

(2) 对于每一个重特征值 λ_i,求出对应的 r_i 个线性无关的特征向量

$$\boldsymbol{\alpha}_{i1},\boldsymbol{\alpha}_{i2},\cdots,\boldsymbol{\alpha}_{ir_i}\quad(i=1,2,\cdots,m),$$

由性质4.3.3知 $\sum\limits_{i=1}^{m}r_i=n$;

(3) 利用施密特正交化方法,把对应于每一个 λ_i 的线性无关的特征向量先正交化再单位化,得到一组等价的两两正交的单位向量组

$$\boldsymbol{\eta}_{i1},\boldsymbol{\eta}_{i2},\cdots,\boldsymbol{\eta}_{ir_i}\quad(i=1,2,\cdots,m).$$

它们仍为矩阵 $\boldsymbol{A}$ 的对应于 λ_i 的特征向量.

(4) 将上面求得的正交单位向量作为列向量,排成一个 n 阶方阵 $\boldsymbol{Q}$,则 $\boldsymbol{Q}$ 即为所求的正交矩阵.此时

$$\boldsymbol{Q}^{-1}\boldsymbol{A}\boldsymbol{Q}=\boldsymbol{Q}^{\mathrm{T}}\boldsymbol{A}\boldsymbol{Q}=\boldsymbol{\Lambda}$$

为对角矩阵,$\boldsymbol{\Lambda}$ 中主对角线上的元素为 $\boldsymbol{A}$ 的特征值,且它们的排列次序与对应于它们的特征向量在 $\boldsymbol{Q}$ 中的排列次序一致.

应该注意:先单位化后正交化得到的向量不一定是单位向量,但先正交化后单位化的向量仍两两正交,所以我们总是先正交化,后单位化.

例 4.3.2 设有三阶对称矩阵

$$\boldsymbol{A}=\begin{pmatrix}1&-2&2\\-2&-2&4\\2&4&-2\end{pmatrix}.$$

(1) 求可逆矩阵 $\boldsymbol{P}$,使 $\boldsymbol{P}^{-1}\boldsymbol{A}\boldsymbol{P}$ 为对角矩阵;

(2) 求正交矩阵 $\boldsymbol{Q}$,使 $\boldsymbol{Q}^{-1}\boldsymbol{A}\boldsymbol{Q}=\boldsymbol{Q}^{\mathrm{T}}\boldsymbol{A}\boldsymbol{Q}$ 为对角矩阵.

解 $\boldsymbol{A}$ 的特征多项式为

$$|\boldsymbol{A}-\lambda\boldsymbol{E}|=\begin{vmatrix}1-\lambda&-2&2\\-2&-2-\lambda&4\\2&4&-2-\lambda\end{vmatrix}=-(\lambda+7)(\lambda-2)^2,$$

故得 $\boldsymbol{A}$ 的特征值为 $\lambda_1=-7,\lambda_2=\lambda_3=2$.

对 $\lambda_1=-7$,求得对应的特征向量 $\boldsymbol{\alpha}_1=(1,2,-2)^{\mathrm{T}}$;对 $\lambda_2=\lambda_3=2$,求得对应的特征向量 $\boldsymbol{\alpha}_2=(-2,1,0)^{\mathrm{T}},\boldsymbol{\alpha}_3=(2,0,1)^{\mathrm{T}}$.

(1) 令

$$\boldsymbol{P}=(\boldsymbol{\alpha}_1\quad\boldsymbol{\alpha}_2\quad\boldsymbol{\alpha}_3)=\begin{pmatrix}1&-2&2\\2&1&0\\-2&0&1\end{pmatrix},$$

则 $\boldsymbol{P}$ 为可逆矩阵且

$$\boldsymbol{P}^{-1}\boldsymbol{A}\boldsymbol{P}=\begin{pmatrix}-7&&\\&2&\\&&2\end{pmatrix}.$$

(2) 将 $\boldsymbol{\alpha}_1=(1,2,-2)^{\mathrm{T}}$ 单位化为 $\boldsymbol{\eta}_1=\left(\frac{1}{3},\frac{2}{3},-\frac{2}{3}\right)^{\mathrm{T}}$;将 $\boldsymbol{\alpha}_2,\boldsymbol{\alpha}_3$ 正交化,令

$$\boldsymbol{\beta}_2=\boldsymbol{\alpha}_2=(-2,1,0)^{\mathrm{T}},$$

$$\boldsymbol{\beta}_3=\boldsymbol{\alpha}_3-\frac{(\boldsymbol{\alpha}_3,\boldsymbol{\beta}_2)}{(\boldsymbol{\beta}_2,\boldsymbol{\beta}_2)}\boldsymbol{\beta}_2=\frac{1}{5}(2,4,5)^{\mathrm{T}}.$$

再单位化，得

$$\boldsymbol{\eta}_2=\left(-\frac{2}{\sqrt{5}},\frac{1}{\sqrt{5}},0\right)^{\mathrm{T}},\quad \boldsymbol{\eta}_3=\left(\frac{2}{3\sqrt{5}},\frac{4}{3\sqrt{5}},\frac{5}{3\sqrt{5}}\right)^{\mathrm{T}}.$$

令

$$\boldsymbol{Q}=(\boldsymbol{\eta}_1\quad \boldsymbol{\eta}_2\quad \boldsymbol{\eta}_3)=\begin{pmatrix} \frac{1}{3} & -\frac{2}{\sqrt{5}} & \frac{2}{3\sqrt{5}} \\ \frac{2}{3} & \frac{1}{\sqrt{5}} & \frac{4}{3\sqrt{5}} \\ -\frac{2}{3} & 0 & \frac{5}{3\sqrt{5}} \end{pmatrix},$$

则 $\boldsymbol{Q}$ 为正交矩阵且

$$\boldsymbol{Q}^{-1}\boldsymbol{A}\boldsymbol{Q}=\boldsymbol{Q}^{\mathrm{T}}\boldsymbol{A}\boldsymbol{Q}=\begin{pmatrix} -7 & & \\ & 2 & \\ & & 2 \end{pmatrix}.$$

*3. 矩阵的合同

定义 4.3.1　设 $\boldsymbol{A},\boldsymbol{B}$ 为两个 n 阶方阵，若有 n 阶可逆矩阵 $\boldsymbol{P}$，使得

$$\boldsymbol{P}^{\mathrm{T}}\boldsymbol{A}\boldsymbol{P}=\boldsymbol{B},$$

则称矩阵 $\boldsymbol{A}$ 与 $\boldsymbol{B}$ 合同，记为 $\boldsymbol{A}\backsimeq\boldsymbol{B}$.

合同也是矩阵之间的一种关系，它具有以下性质：

(1) 自反性　$\boldsymbol{A}\backsimeq\boldsymbol{A}$；

(2) 对称性　若 $\boldsymbol{A}\backsimeq\boldsymbol{B}$，则 $\boldsymbol{B}\backsimeq\boldsymbol{A}$；

(3) 传递性　若 $\boldsymbol{A}\backsimeq\boldsymbol{B},\boldsymbol{B}\backsimeq\boldsymbol{C}$，则 $\boldsymbol{A}\backsimeq\boldsymbol{C}$.

由合同的定义及性质知：合同的矩阵有相同的秩，即合同的矩阵一定等价，但其逆不成立. 例如 $\boldsymbol{A}=\begin{pmatrix}1&0\\0&1\end{pmatrix},\boldsymbol{B}=\begin{pmatrix}1&1\\0&1\end{pmatrix}$，显然有 $r(\boldsymbol{A})=r(\boldsymbol{B})=2$，但 $\boldsymbol{A}$ 与 $\boldsymbol{B}$ 不合同.

由本节讨论可得

定理 4.3.3　设 $\boldsymbol{A}$ 为实对称矩阵，则 $\boldsymbol{A}$ 一定与对角矩阵合同.

§4.4　用 MATLAB 求特征值和特征向量

用 MATLAB 的 eig(A) 函数可求得矩阵 $\boldsymbol{A}$ 的特征值和特征向量，其格式为

[P, D]=eig(A),

其中 D 是对角矩阵，其主对角线上的元素为 A 的特征值. 而 P 的列则为相应的特征

向量，满足关系 A * P=P * D.

例 4.4.1 求矩阵 $\boldsymbol{A}=\begin{pmatrix}2 & 3 & 2\\1 & 4 & 2\\1 & -3 & 1\end{pmatrix}$ 的特征值和特征向量.

解 创建矩阵

```
A=[2  3  2;1  4  2;1  -3  1];↙
[P,D]=eig(A) ↙
P=

  -0.6882    0.5774   -0.5774
  -0.2294    0.5774   -0.5774
   0.6882   -0.5774    0.5774

D=

   1.0000         0         0
        0    3.0000         0
        0         0    3.0000
```

即知 $\boldsymbol{A}$ 的特征值为 $\lambda_1=1,\lambda_2=\lambda_3=3$. 对应 $\lambda_1=1$ 的特征向量为 $\begin{pmatrix}-0.688\,2\\-0.229\,4\\0.688\,2\end{pmatrix}$，$\lambda_2=3$ 的特征向量为 $\begin{pmatrix}0.577\,4\\0.577\,4\\-0.577\,4\end{pmatrix}$，$\lambda_3=3$ 的特征向量为 $\begin{pmatrix}-0.577\,4\\-0.577\,4\\0.577\,4\end{pmatrix}$.

进一步可知矩阵 $\boldsymbol{P}$ 能使得 $\boldsymbol{P}^{-1}\boldsymbol{AP}$ 成为对角矩阵：

```
inv(P) * A * P ↙ ↙
ans=

   1.0000    0.0000    0.0000
   0.0000    3.0000    0.0000
   0.0000    0.0000    3.0000
```

这样的矩阵 $\boldsymbol{P}$ 是不唯一的. 将 $\boldsymbol{P}$ 的任意列乘任意非零数，所得矩阵仍然符合条件. 比如：

```
P(:,2)=3.10 * p(:,2) ↙
P=

  -0.6882    1.7898   -0.5774
  -0.2294    1.7898   -0.5774
```

```
    0.6882   -1.7898   0.5774
inv(P) * A * P ↙
ans=
     1.0000    0.0000    0.0000
     0.0000    3.0000    0.0000
     0.0000    0.0000    3.0000
```

如果矩阵 $\boldsymbol{A}$ 是实对称的,则由 eig()函数求得的矩阵 $\boldsymbol{P}$ 是正交矩阵.

例 4.4.2 对矩阵 $\boldsymbol{R}=\begin{pmatrix}3 & 2 & 4\\2 & 0 & 2\\4 & 2 & 3\end{pmatrix}$求正交矩阵 $\boldsymbol{Q}$,使得 $\boldsymbol{Q}^{\mathrm{T}}\boldsymbol{RQ}$ 为对角矩阵.

解 创建矩阵

```
R=[3  2  4;2  0  2;4  2  3];↙
[Q,D]=eig(R) ↙
 Q=
      0.0669   -0.7423   0.6667
     -0.9176    0.2166   0.3333
      0.3919    0.6340   0.6667
 D=
     -1.0000          0         0
           0    -1.0000         0
           0          0    8.0000
 Q′ * Q ↙
ans=
     1.0000    0.0000    0.0000
     0.0000    1.0000    0.0000
     0.0000    0.0000    1.0000
```

知 $\boldsymbol{Q}$ 为正交矩阵,且有

```
Q′ * R * Q ↙
ans=
     -1.0000    0.0000   0.0000
      0.0000   -1.0000   0.0000
      0.0000    0.0000   8.0000
```

习题 4

1. 填空题

(1) 设 $\boldsymbol{E}$ 是 n 阶单位矩阵，则 $\boldsymbol{E}$ 的特征值为(　　)，其特征向量为(　　).

(2) 设 $\boldsymbol{A}=\begin{pmatrix}1 & 1\\ 1 & -1\end{pmatrix}$，则 $\boldsymbol{A}$ 的特征值为(　　).

(3) 设 3 阶方阵 $\boldsymbol{A}$ 的特征值为 $1,-1,2$，则 $\boldsymbol{A}+3\boldsymbol{E}$ 的特征值为(　　)，$|\boldsymbol{A}-3\boldsymbol{E}|=$(　　).

(4) 设方阵 $\boldsymbol{A}$ 与 $\begin{pmatrix}1 & & \\ & 2 & \\ & & -1\end{pmatrix}$ 相似，$\boldsymbol{B}=\boldsymbol{A}^2-2\boldsymbol{E}$，则 $|\boldsymbol{B}^*|=$(　　).

(5) 设 3 是方阵 $\begin{bmatrix}0 & 1 & 0 & 0\\ 1 & 0 & 0 & 0\\ 0 & 0 & a & 1\\ 0 & 0 & 1 & 2\end{bmatrix}$ 的一个特征值，则 $a=$(　　).

(6) 已知矩阵 $\boldsymbol{A}=\begin{pmatrix}1 & -2 & 2\\ -2 & -2 & 4\\ 2 & 4 & x\end{pmatrix}$ 有特征值 $\lambda_1=-7,\lambda_2=\lambda_3=2$，则 $x=$(　　).

(7) 设 $\boldsymbol{A}=\begin{pmatrix}1 & -1 & 1\\ x & 4 & y\\ -3 & -3 & 5\end{pmatrix}$ 有 3 个线性无关的特征向量，$\lambda=2$ 为 $\boldsymbol{A}$ 的 2 重特征值，则 $x=$(　　)，$y=$(　　).

(8) 设 $\boldsymbol{A}$ 是 n 阶可逆矩阵，$\boldsymbol{\beta}$ 是 $\boldsymbol{A}$ 的属于特征值 λ 的特征向量，则 $\boldsymbol{A}^{-1}$ 有特征值(　　)，而 $\boldsymbol{A}^*$ 有特征向量(　　).

(9) 设 $\boldsymbol{A}$ 是 3 阶奇异矩阵，且 $\boldsymbol{A}+\boldsymbol{E},\boldsymbol{A}-2\boldsymbol{E}$ 均不可逆，则 $\boldsymbol{A}$ 相似于(　　).

(10) 设 $\boldsymbol{A}=\begin{pmatrix}1 & -1 & 1\\ 2 & 4 & -2\\ -3 & -3 & a\end{pmatrix}\sim\boldsymbol{B}=\begin{pmatrix}2 & & \\ & 2 & \\ & & b\end{pmatrix}$，则 $a=$(　　)，$b=$(　　).

2. 选择题

(1) 设 $\boldsymbol{A}$ 为 n 阶方阵，则下面结论中不正确的是(　　).

(A) 若 $\boldsymbol{A}$ 可逆，则矩阵 $\boldsymbol{A}$ 的属于特征值 λ 的特征向量也是矩阵 $\boldsymbol{A}^{-1}$ 的属于特征值 $\dfrac{1}{\lambda}$ 的特征向量；

(B) $\boldsymbol{A}$ 的特征向量即为$(\lambda\boldsymbol{E}-\boldsymbol{A})\boldsymbol{X}=\boldsymbol{0}$ 的全部解；

(C) 若 $\boldsymbol{A}$ 存在属于特征值 λ 的 n 个线性无关的特征向量，则 $\boldsymbol{A}=\lambda\boldsymbol{E}$；

(D) $\boldsymbol{A}$ 与 $\boldsymbol{A}^{\mathrm{T}}$ 有相同的特征值.

(2) 设 λ_1,λ_2 为 n 阶方阵 $\boldsymbol{A}$ 的特征值，且 $\lambda_1\neq\lambda_2$，$\boldsymbol{\alpha}_1,\boldsymbol{\alpha}_2$ 分别是对应于 λ_1,λ_2 的特征向量，当(　　)时，$\boldsymbol{\alpha}=k_1\boldsymbol{\alpha}_1+k_2\boldsymbol{\alpha}_2$ 必为 $\boldsymbol{A}$ 的特征向量.

(A) $k_1=0$ 且 $k_2=0$；　(B) $k_1\neq0$ 且 $k_2\neq0$；　(C) $k_1k_2\neq0$；　(D) $k_1\neq0$ 但 $k_2=0$.

(3) 若(　　)，则矩阵 $\boldsymbol{A}$ 与 $\boldsymbol{B}$ 相似.

(A) $|\boldsymbol{A}|=|\boldsymbol{B}|$；

(B) $r(\boldsymbol{A})=r(\boldsymbol{B})$；

(C) $|\boldsymbol{A}-\lambda\boldsymbol{E}|=|\boldsymbol{B}-\lambda\boldsymbol{E}|$；

(D) n 阶方阵 $\boldsymbol{A}$ 与 $\boldsymbol{B}$ 有相同的特征值且 n 个特征值互异.

(4) 设 n 阶方阵 $\boldsymbol{A}$ 与 $\boldsymbol{B}$ 相似，则(　　).

(A) 存在可逆矩阵 $\boldsymbol{P}$，使 $\boldsymbol{P}^{-1}\boldsymbol{A}\boldsymbol{P}=\boldsymbol{B}$；　(B) 存在对角矩阵 $\boldsymbol{\Lambda}$，使 $\boldsymbol{A}$ 与 $\boldsymbol{B}$ 相似于 $\boldsymbol{\Lambda}$；

(C) $\boldsymbol{A},\boldsymbol{B}$ 具有相同的特征向量；　(D) $\boldsymbol{A}-\lambda\boldsymbol{E}=\boldsymbol{B}-\lambda\boldsymbol{E}$.

(5) 矩阵$\begin{pmatrix}1&0&0\\0&1&0\\0&0&2\end{pmatrix}$与矩阵(　　)相似.

(A) $\begin{pmatrix}1&0&0\\0&2&0\\0&0&1\end{pmatrix}$；　(B) $\begin{pmatrix}1&1&0\\0&1&0\\0&0&2\end{pmatrix}$；　(C) $\begin{pmatrix}2&0&0\\0&1&1\\0&0&1\end{pmatrix}$；　(D) $\begin{pmatrix}1&0&1\\0&2&0\\0&0&1\end{pmatrix}$.

(6) 设 $\boldsymbol{A}$ 是一个 3 阶实对称矩阵，$\lambda_1,\lambda_2,\lambda_3$ 是 $\boldsymbol{A}$ 的特征值，则下列论断中错误的是(　　).

(A) $\lambda_1,\lambda_2,\lambda_3$ 都是实数；　(B) $\boldsymbol{A}$ 与对角矩阵$\begin{pmatrix}\lambda_1&&\\&\lambda_2&\\&&\lambda_3\end{pmatrix}$相似；

(C) $\lambda_1,\lambda_2,\lambda_3$ 互异；　(D) $|\boldsymbol{A}|=\lambda_1\lambda_2\lambda_3$.

(7) 设 $\boldsymbol{A}$ 是 n 阶实对称矩阵，$\boldsymbol{P}$ 是 n 阶可逆矩阵. 已知 $\boldsymbol{\alpha}$ 是 $\boldsymbol{A}$ 的属于特征值 λ 的特征向量，则矩阵$(\boldsymbol{P}^{-1}\boldsymbol{A}\boldsymbol{P})^{\mathrm{T}}$ 的属于特征值 λ 的特征向量是(　　).

(A) $\boldsymbol{P}^{-1}\boldsymbol{\alpha}$；　(B) $\boldsymbol{P}^{\mathrm{T}}\boldsymbol{\alpha}$；　(C) $\boldsymbol{P}\boldsymbol{\alpha}$；　(D) $(\boldsymbol{P}^{-1})^{\mathrm{T}}\boldsymbol{\alpha}$.

(8) 设 $\boldsymbol{A}$ 是 3 阶方阵，有特征值 $\lambda_1=1,\lambda_2=-1,\lambda_3=2$，其对应的特征向量为 $\boldsymbol{\xi}_1,\boldsymbol{\xi}_2,\boldsymbol{\xi}_3$，记 $\boldsymbol{P}=(\boldsymbol{\xi}_2,\boldsymbol{\xi}_3,\boldsymbol{\xi}_1)$，则 $\boldsymbol{P}^{-1}\boldsymbol{A}\boldsymbol{P}=$(　　).

(A) $\begin{pmatrix}-1&0&0\\0&2&0\\0&0&1\end{pmatrix}$；　(B) $\begin{pmatrix}2&0&0\\0&1&0\\0&0&-1\end{pmatrix}$；　(C) $\begin{pmatrix}1&0&0\\0&-1&0\\0&0&2\end{pmatrix}$；　(D) $\begin{pmatrix}-1&0&0\\0&1&0\\0&0&2\end{pmatrix}$.

(9) 若 $\boldsymbol{A}$ 是 n 阶可逆矩阵，则下列论断中错误的是(　　).

(A) $\boldsymbol{A}$ 不能以 0 为特征值；　　(B) $\boldsymbol{A}$ 和 $\boldsymbol{E}$ 等价；

(C) $\boldsymbol{A}$ 可以写成若干个初等矩阵的乘积；　　(D) $\boldsymbol{A}$ 一定与某对角矩阵相似.

(10) 设 $\boldsymbol{A}=\begin{pmatrix}1&1&1\\1&1&1\\1&1&1\end{pmatrix}$，$\boldsymbol{B}=\begin{pmatrix}3&0&0\\0&0&0\\0&0&0\end{pmatrix}$，则 $\boldsymbol{A}$ 与 $\boldsymbol{B}$(　　).

(A) 合同且相似；　　(B) 合同但不相似；

(C) 不合同但相似；　　(D) 不合同且不相似.

3. 已知 $\boldsymbol{\alpha}=\begin{pmatrix}0\\1\\-1\end{pmatrix}$ 是矩阵 $\boldsymbol{A}=\begin{pmatrix}a&-2&b\\2&c&-2\\-2&-2&2\end{pmatrix}$ 的一个特征向量，且 $\boldsymbol{A}$ 的特征值之和为 4. 试确定参数 a，b，c 的值及特征向量 $\boldsymbol{\alpha}$ 所对应的特征值.

4. 设 $\boldsymbol{\alpha}=(1,a_2,\cdots,a_n)$，$\boldsymbol{\beta}=(1,b_2,\cdots,b_n)$ 且 $\boldsymbol{\alpha}\boldsymbol{\beta}^{\mathrm{T}}=0$，记 $\boldsymbol{A}=\boldsymbol{\alpha}^{\mathrm{T}}\boldsymbol{\beta}$，求 $\boldsymbol{A}$ 的特征值和特征向量.

5. 设 n 阶矩阵 $\boldsymbol{A}$ 满足 $\boldsymbol{A}^2-2\boldsymbol{A}-3\boldsymbol{E}=\boldsymbol{O}$，试求 $\boldsymbol{A}$ 的特征值.

6. 设矩阵 $\boldsymbol{A}=\begin{pmatrix}a_{11}&a_{12}&\cdots&a_{1n}\\a_{21}&a_{22}&\cdots&a_{2n}\\\vdots&\vdots&&\vdots\\a_{n1}&a_{n2}&\cdots&a_{nn}\end{pmatrix}$ 的秩为 1 且 $a_{11}\neq 0$，求 $\boldsymbol{A}$ 的特征值.

7. 求下列矩阵的特征值与特征向量.

(1) $\begin{pmatrix}1&0&2\\0&-1&0\\0&4&2\end{pmatrix}$；　　(2) $\begin{pmatrix}3&2&4\\2&0&2\\4&2&3\end{pmatrix}$；

(3) $\begin{pmatrix}2&3&2\\1&4&2\\1&-3&1\end{pmatrix}$；　　(4) $\begin{pmatrix}2&-1&2\\5&-3&3\\-1&0&-2\end{pmatrix}$.

8. 设 $\boldsymbol{A}=\begin{pmatrix}5&-1&3\\-1&5&-3\\3&-3&c\end{pmatrix}$，$r(\boldsymbol{A})=2$，求 c 及 $\boldsymbol{A}$ 的特征值.

9. 设 3 阶方阵 $\boldsymbol{A}$ 的特征值为 1，0，-1，对应的特征向量依次为

$$\boldsymbol{\alpha}_1=\begin{pmatrix}1\\2\\3\end{pmatrix},\quad \boldsymbol{\alpha}_2=\begin{pmatrix}2\\-2\\1\end{pmatrix},\quad \boldsymbol{\alpha}_3=\begin{pmatrix}-2\\-1\\2\end{pmatrix}.$$

求方阵 $\boldsymbol{A}$.

10. 设3阶方阵 $\boldsymbol{A}$ 的特征值为 $1,-1,2$，$\boldsymbol{B}=\boldsymbol{A}^3-5\boldsymbol{A}^2$，试求

(1) 方阵 $\boldsymbol{B}$ 的特征值，$\boldsymbol{B}$ 是否与对角矩阵相似，说明理由；

(2) $|\boldsymbol{B}|$ 及 $|\boldsymbol{A}-5\boldsymbol{E}|$.

11. 判断下列矩阵能否与对角矩阵相似.

(1) $\begin{pmatrix} 1 & -2 & 2 \\ -2 & -2 & 4 \\ 2 & 4 & -2 \end{pmatrix}$；　(2) $\begin{pmatrix} 2 & 0 & 0 \\ 1 & 2 & -1 \\ 1 & 0 & 1 \end{pmatrix}$；

(3) $\begin{pmatrix} 2 & -1 & 2 \\ 5 & -3 & 3 \\ -1 & 0 & 2 \end{pmatrix}$；　(4) $\begin{pmatrix} 1 & -1 & 0 & 0 \\ -1 & 1 & 0 & 0 \\ 0 & 0 & 1 & -1 \\ 0 & 0 & -1 & 1 \end{pmatrix}$.

12. 将下列矩阵相似对角化，并求可逆矩阵 $\boldsymbol{P}$，使 $\boldsymbol{P}^{-1}\boldsymbol{A}\boldsymbol{P}=\boldsymbol{\Lambda}$.

(1) $\boldsymbol{A}=\begin{pmatrix} 0 & 1 & 0 \\ 0 & 0 & 1 \\ -6 & -11 & -6 \end{pmatrix}$；　(2) $\boldsymbol{A}=\begin{pmatrix} 3 & 2 & 4 \\ 2 & 0 & 2 \\ 4 & 2 & 3 \end{pmatrix}$；　(3) $\boldsymbol{A}=\begin{pmatrix} 2 & 0 & 2 & 2 \\ 0 & 1 & 4 & 10 \\ 0 & 0 & -1 & 0 \\ 0 & 0 & 0 & 9 \end{pmatrix}$.

13. 设 $\boldsymbol{A}=\begin{pmatrix} 2 & 0 & 1 \\ 0 & 0 & 1 \\ 0 & 1 & a \end{pmatrix}\sim\boldsymbol{B}=\begin{pmatrix} 2 & 0 & 0 \\ 0 & b & 0 \\ 0 & 0 & -1 \end{pmatrix}$.

(1) 求 a,b；

(2) 求可逆矩阵 $\boldsymbol{P}$，使 $\boldsymbol{P}^{-1}\boldsymbol{A}\boldsymbol{P}=\boldsymbol{B}$.

14. 已知矩阵 $\boldsymbol{A}\boldsymbol{P}=\boldsymbol{P}\boldsymbol{B}$，$\boldsymbol{B}=\begin{pmatrix} 1 & 0 & 0 \\ 0 & 1 & 0 \\ 0 & 0 & -1 \end{pmatrix}$，$\boldsymbol{P}=\begin{pmatrix} 1 & 0 & 0 \\ 2 & -1 & 0 \\ 2 & 1 & 1 \end{pmatrix}$，求 $\boldsymbol{A}^6$.

15. 将下列实对称矩阵正交相似对角化，并求出正交矩阵 $\boldsymbol{Q}$，使 $\boldsymbol{Q}^{-1}\boldsymbol{A}\boldsymbol{Q}=\boldsymbol{\Lambda}$.

(1) $\boldsymbol{A}=\begin{pmatrix} 1 & 0 & 1 \\ 0 & 1 & 1 \\ 1 & 1 & 2 \end{pmatrix}$；　(2) $\boldsymbol{A}=\begin{pmatrix} 1 & -2 & 2 \\ -2 & -2 & 4 \\ 2 & 4 & -2 \end{pmatrix}$；　(3) $\boldsymbol{A}=\begin{pmatrix} 3 & 1 & 0 & -1 \\ 1 & 3 & -1 & 0 \\ 0 & -1 & 3 & 1 \\ -1 & 0 & 1 & 3 \end{pmatrix}$.

16. 设 $\boldsymbol{A}=\begin{pmatrix} 1 & 1 & a \\ 1 & -2 & 1 \\ a & 1 & b \end{pmatrix}\sim\begin{pmatrix} -3 & 0 & 0 \\ 0 & 0 & 0 \\ 0 & 0 & 3 \end{pmatrix}$，$a<0$，

(1) 求 a,b 的值；

(2) 求正交矩阵 $\boldsymbol{Q}$，使得 $\boldsymbol{Q}^{\mathrm{T}}\boldsymbol{A}\boldsymbol{Q}=\begin{pmatrix}-3&0&0\\0&0&0\\0&0&3\end{pmatrix}$.

17. 设 $\boldsymbol{A}=\begin{pmatrix}4&6&0\\-3&-5&0\\-3&-6&2\end{pmatrix}$，求 $\boldsymbol{A}^n$.

18. 设 3 阶实对称矩阵 $\boldsymbol{A}$ 的特征值为 1，1，3，矩阵 $\boldsymbol{A}$ 的属于特征值 1 的线性无关的特征向量为 $\boldsymbol{\alpha}_1=(-1,-1,1)^{\mathrm{T}}$，$\boldsymbol{\alpha}_2=(1,-2,-1)^{\mathrm{T}}$. 求

(1) $\boldsymbol{A}$ 的属于特征值 3 的特征向量；

(2) 矩阵 $\boldsymbol{A}$.

*19. 设甲、乙两座城市，甲城每年有 30% 的人口迁入乙城，乙城每年有 20% 的人口迁入甲城. 设甲城人口 80 万，乙城人口 20 万，且两城总人口保持不变，问 5 年后，甲、乙两城人口分别为多少？经过很长一段时间后会出现什么情况？

*20. 某试验性生产线每年 1 月份进行熟练工与非熟练工的人数统计，然后将 $\frac{1}{6}$ 熟练工支援其他生产部门，其缺额由新招收的非熟练工补齐. 新、老非熟练工经过培训及实践至年终考核有 $\frac{2}{5}$ 成为熟练工. 设第 n 年 1 月份统计的熟练工和非熟练工所占百分比分别为 x_n 和 y_n，记录为向量 $\begin{pmatrix}x_n\\y_n\end{pmatrix}$.

(1) 求 $\begin{pmatrix}x_{n+1}\\y_{n+1}\end{pmatrix}$ 与 $\begin{pmatrix}x_n\\y_n\end{pmatrix}$ 的关系式，并写成矩阵形式

$$\begin{pmatrix}x_{n+1}\\y_{n+1}\end{pmatrix}=\boldsymbol{A}\begin{pmatrix}x_n\\y_n\end{pmatrix};$$

(2) 验证 $\boldsymbol{\alpha}_1=\begin{pmatrix}4\\1\end{pmatrix}$，$\boldsymbol{\alpha}_2=\begin{pmatrix}-1\\1\end{pmatrix}$ 是 $\boldsymbol{A}$ 的两个线性无关的特征向量，并求出相应的特征值；

(3) 当 $\begin{pmatrix}x_1\\y_1\end{pmatrix}=\begin{pmatrix}\frac{1}{2}\\\frac{1}{2}\end{pmatrix}$ 时，求 $\begin{pmatrix}x_{n+1}\\y_{n+1}\end{pmatrix}$.

21. 求微分方程组

$$\begin{cases}\dfrac{\mathrm{d}x}{\mathrm{d}t}=y-x,\\[2ex]\dfrac{\mathrm{d}y}{\mathrm{d}t}=x-y\end{cases}$$

的一般解及满足初值条件 $x(0)=3,y(0)=1$ 的特解.

22. 设 n 阶方阵 $\boldsymbol{A}$ 的任一行中 n 个元素之和都是 λ_0，证明 λ_0 是 $\boldsymbol{A}$ 的一个特征值并求出其对应的一个特征向量.

23. 设 n 阶方阵 $\boldsymbol{A}$ 满足 $\boldsymbol{A}^2=\boldsymbol{A}$，试证明 $\boldsymbol{A}$ 的特征值只能是 1 或 0.

24. 设 $\boldsymbol{A}$ 为 n 阶实对称矩阵，证明 $r(\boldsymbol{A})=r(\boldsymbol{A}^2)$.

25. 设 $\boldsymbol{A}$ 为 3 阶方阵，且 $\boldsymbol{E}-\boldsymbol{A},3\boldsymbol{E}-\boldsymbol{A},\boldsymbol{E}+\boldsymbol{A}$ 都不可逆. 证明 $\boldsymbol{A}$ 与对角矩阵相似.

26. 设 n 阶矩阵 $\boldsymbol{A}$ 满足 $\boldsymbol{A}^2=\boldsymbol{E}$，$\boldsymbol{E}$ 为单位矩阵，证明 $\boldsymbol{A}$ 可以相似对角化.

27. 设 n 阶矩阵 $\boldsymbol{A}\neq\boldsymbol{O}$，且满足 $\boldsymbol{A}^2=\boldsymbol{O}$，证明 $\boldsymbol{A}$ 一定不能相似于对角矩阵.

*第5章 二次型

由于有了坐标,使点与实数组联系起来,我们便可以用代数方法来研究几何问题.在许多应用问题中,人们感兴趣的问题之一是判别方程所代表的是何种曲线(面),这就涉及曲线(面)的分类,而二次曲面的分类归结为二次齐次多项式的分类.当我们把变量从二元、三元推广到 n 元,就得到了 n 元二次齐次多项式,我们称之为二次型.二次型除其几何背景外,在物理、力学、统计、规划、极值问题等诸多领域,都有重要的应用.

本章主要讨论二次型的标准形理论、二次型的分类并介绍二次型的应用.

§5.1 二次型的概念

本节介绍二次型的有关概念与性质.

1. 二次型的概念

在解析几何中,以平面直角坐标原点为中心的有心二次曲线的一般方程是

$$ax^2+2bxy+cy^2=d. \tag{5.1.1}$$

上式左端是变量 x,y 的二次齐次多项式,称为二元二次型.选择适当的坐标旋转变换

$$\begin{cases} x=x'\cos\theta-y'\sin\theta, \\ y=x'\sin\theta+y'\cos\theta, \end{cases} \tag{5.1.2}$$

便可将方程(5.1.1)化为标准形式

$$a'x'^2+c'y'^2=d. \tag{5.1.3}$$

由标准形(5.1.3)就可以很方便地识别曲线的类型,研究曲线的性质等,这种方法也适用于对二次曲面的研究.类似于上述这种把二次方程化为标准形的方法在多元函

数求极值、刚体转动、力学系统的微小振动、数理统计以及测量误差等问题中都有重要应用. 现在,我们将上述有关概念与方法推广到 n 个变量的情形.

定义 5.1.1　含有 n 个变量 $x_1,x_2,\cdots,x_n$ 的二次齐次多项式

$$\begin{aligned} f(x_1,x_2,\cdots,x_n)=&a_{11}x_1^2+2a_{12}x_1x_2+2a_{13}x_1x_3+\cdots+2a_{1n}x_1x_n+\\ &a_{22}x_2^2+2a_{23}x_2x_3+\cdots+2a_{2n}x_2x_n+\\ &a_{33}x_3^2+\cdots+2a_{3n}x_3x_n+\\ &\cdots+\\ &a_{nn}x_n^2 \end{aligned} \tag{5.1.4}$$

称为 n 元二次型,简称二次型(或二次齐次式).

当 a_{ij} 都是实数时,称(5.1.4)式为实二次型,当 a_{ij} 都是复数时,称(5.1.4)式为复二次型. 我们只研究实二次型.

定义 5.1.2　只含平方项的二次型,即形如

$$f=d_1x_1^2+d_2x_2^2+\cdots+d_nx_n^2,$$

称为二次型的标准形(或法式).

定义 5.1.3　若线性变换

$$\begin{cases} x_1=c_{11}y_1+c_{12}y_2+\cdots+c_{1n}y_n, \\ x_2=c_{21}y_1+c_{22}y_2+\cdots+c_{2n}y_n, \\ \cdots\cdots\cdots\cdots \\ x_n=c_{n1}y_1+c_{n2}y_2+\cdots+c_{nn}y_n \end{cases}$$

的矩阵

$$\boldsymbol{C}=\begin{pmatrix} c_{11} & c_{12} & \cdots & c_{1n} \\ c_{21} & c_{22} & \cdots & c_{2n} \\ \vdots & \vdots & & \vdots \\ c_{n1} & c_{n2} & \cdots & c_{nn} \end{pmatrix}$$

可逆,则称线性变换为可逆线性变换. 特别,当 $\boldsymbol{C}$ 为正交矩阵时,称为正交变换.

2. 二次型的矩阵表示法

设 $a_{ji}=a_{ij}$,则(5.1.4)式可改写为

$$\begin{aligned} f(x_1,x_2,\cdots,x_n)=&a_{11}x_1^2+a_{12}x_1x_2+\cdots+a_{1n}x_1x_n+\\ &a_{21}x_1x_2+a_{22}x_2^2+\cdots+a_{2n}x_2x_n+\cdots+\\ &a_{n1}x_1x_n+a_{n2}x_2x_n+\cdots+a_{nn}x_n^2\\ =&x_1(a_{11}x_1+a_{12}x_2+\cdots+a_{1n}x_n)+\\ &x_2(a_{21}x_1+a_{22}x_2+\cdots+a_{2n}x_n)+ \end{aligned}$$

$$
\begin{aligned}
&\cdots+\\
&x_n(a_{n1}x_1+a_{n2}x_2+\cdots+a_{nn}x_n)\\
&=(x_1x_2\cdots x_n)\begin{pmatrix} a_{11} & a_{12} & \cdots & a_{1n}\\ a_{21} & a_{22} & \cdots & a_{2n}\\ \vdots & \vdots & & \vdots\\ a_{n1} & a_{n2} & \cdots & a_{nn}\end{pmatrix}\begin{pmatrix} x_1\\ x_2\\ \vdots\\ x_n\end{pmatrix}\\
&=\boldsymbol{X}^{\mathrm{T}}\boldsymbol{A}\boldsymbol{X}, \qquad (5.1.5)
\end{aligned}
$$

其中

$$
\boldsymbol{A}=\begin{pmatrix} a_{11} & a_{12} & \cdots & a_{1n}\\ a_{21} & a_{22} & \cdots & a_{2n}\\ \vdots & \vdots & & \vdots\\ a_{n1} & a_{n2} & \cdots & a_{nn}\end{pmatrix}, \quad \boldsymbol{X}=\begin{pmatrix} x_1\\ x_2\\ \vdots\\ x_n\end{pmatrix},
$$

(5.1.5)式称为二次型 f 的**矩阵表示式**,矩阵 $\boldsymbol{A}$ 称为二次型 f 的**矩阵**.

由于 $a_{ij}=a_{ji}$,故 $\boldsymbol{A}^{\mathrm{T}}=\boldsymbol{A}$,也就是说二次型的矩阵 $\boldsymbol{A}$ 为对称矩阵.

例 5.1.1 写出二次型

$$f(x_1,x_2,x_3)=x_1^2+x_2^2+2x_3^2+2x_1x_3+2x_2x_3$$

的矩阵表示式.

解 令 $\boldsymbol{A}=\begin{pmatrix} 1 & 0 & 1\\ 0 & 1 & 1\\ 1 & 1 & 2\end{pmatrix}$,则

$$f(x_1,x_2,x_3)=(x_1x_2x_3)\begin{pmatrix} 1 & 0 & 1\\ 0 & 1 & 1\\ 1 & 1 & 2\end{pmatrix}\begin{pmatrix} x_1\\ x_2\\ x_3\end{pmatrix}.$$

应该注意,一个二次型 f 的矩阵 $\boldsymbol{A}$ 必须是对称矩阵且满足 $f=\boldsymbol{X}^{\mathrm{T}}\boldsymbol{A}\boldsymbol{X}$,此时,二次型的矩阵是惟一的. 即二次型 f 和它的矩阵 $\boldsymbol{A}$($\boldsymbol{A}$ 为对称矩阵)是一一对应的. 因此,也把二次型 f 称为对称矩阵 $\boldsymbol{A}$ 的二次型.

定义 5.1.4 **设二次型**

$$f(x_1,x_2,\cdots,x_n)=\boldsymbol{X}^{\mathrm{T}}\boldsymbol{A}\boldsymbol{X},$$

称对称矩阵 $\boldsymbol{A}$ 的秩为二次型 f 的秩.

例 5.1.2 求例 5.1.1 中二次型 f 的秩.

解 由于 $\boldsymbol{A}=\begin{pmatrix} 1 & 0 & 1\\ 0 & 1 & 1\\ 1 & 1 & 2\end{pmatrix}$,且 $r(\boldsymbol{A})=2$,故二次型 f 的秩为 2.

3. 二次型经可逆线性变换后的矩阵

对二次型

$$f(x_1,x_2,\cdots,x_n)=\boldsymbol{X}^{\mathrm{T}}\boldsymbol{A}\boldsymbol{X} \tag{5.1.6}$$

作可逆线性变换

$$\boldsymbol{X}=\boldsymbol{C}\boldsymbol{Y}, \tag{5.1.7}$$

其中

$$\boldsymbol{A}=\begin{pmatrix} a_{11} & a_{12} & \cdots & a_{1n} \\ a_{21} & a_{22} & \cdots & a_{2n} \\ \vdots & \vdots & & \vdots \\ a_{n1} & a_{n2} & \cdots & a_{nn} \end{pmatrix}$$

且 $\boldsymbol{A}^{\mathrm{T}}=\boldsymbol{A}$,

$$\boldsymbol{C}=\begin{pmatrix} c_{11} & c_{12} & \cdots & c_{1n} \\ c_{21} & c_{22} & \cdots & c_{2n} \\ \vdots & \vdots & & \vdots \\ c_{n1} & c_{n2} & \cdots & c_{nn} \end{pmatrix}$$

且 $\boldsymbol{C}$ 为可逆矩阵,

$$\boldsymbol{X}=\begin{pmatrix} x_1 \\ x_2 \\ \vdots \\ x_n \end{pmatrix}, \qquad \boldsymbol{Y}=\begin{pmatrix} y_1 \\ y_2 \\ \vdots \\ y_n \end{pmatrix}.$$

将(5.1.7)式代入(5.1.6)式,得

$$f=\boldsymbol{X}^{\mathrm{T}}\boldsymbol{A}\boldsymbol{X}=(\boldsymbol{C}\boldsymbol{Y})^{\mathrm{T}}\boldsymbol{A}(\boldsymbol{C}\boldsymbol{Y})=\boldsymbol{Y}^{\mathrm{T}}(\boldsymbol{C}^{\mathrm{T}}\boldsymbol{A}\boldsymbol{C})\boldsymbol{Y}.$$

记 $\boldsymbol{B}=\boldsymbol{C}^{\mathrm{T}}\boldsymbol{A}\boldsymbol{C}$,则 $\boldsymbol{B}^{\mathrm{T}}=\boldsymbol{B}$,从而 $\boldsymbol{Y}^{\mathrm{T}}\boldsymbol{B}\boldsymbol{Y}$ 也是二次型. 由 $\boldsymbol{B}=\boldsymbol{C}^{\mathrm{T}}\boldsymbol{A}\boldsymbol{C}$ 知 $\boldsymbol{A}$ 与 $\boldsymbol{B}$ 合同,且 $r(\boldsymbol{A})=r(\boldsymbol{B})$.

综合以上讨论,有

定理 5.1.1 **二次型 $f=\boldsymbol{X}^{\mathrm{T}}\boldsymbol{A}\boldsymbol{X}$ 经可逆线性变换 $\boldsymbol{X}=\boldsymbol{C}\boldsymbol{Y}$ 后,变成新变元的二次型 $f=\boldsymbol{Y}^{\mathrm{T}}\boldsymbol{B}\boldsymbol{Y}$,其矩阵 $\boldsymbol{B}=\boldsymbol{C}^{\mathrm{T}}\boldsymbol{A}\boldsymbol{C}$,且 $r(\boldsymbol{A})=r(\boldsymbol{B})$.**

§5.2 化二次型为标准形的方法

由定理 5.1.1 知,可逆线性变换不改变二次型的秩. 要使二次型 $f=\boldsymbol{X}^{\mathrm{T}}\boldsymbol{A}\boldsymbol{X}$ 经可逆线性变换 $\boldsymbol{X}=\boldsymbol{C}\boldsymbol{Y}$ 化为标准形,就是使 $\boldsymbol{B}=\boldsymbol{C}^{\mathrm{T}}\boldsymbol{A}\boldsymbol{C}$ 为对角矩阵. 因此,化二次型为标

准形的问题实质上就是：对于对称矩阵 $\boldsymbol{A}$，怎样寻求一个可逆矩阵 $\boldsymbol{C}$，使 $\boldsymbol{C}^{\mathrm{T}}\boldsymbol{A}\boldsymbol{C}$ 为对角矩阵，也就是使 $\boldsymbol{A}$ 合同于一个对角矩阵的问题.

1. 正交变换法化二次型为标准形

由第 4 章定理 4.3.2 知，对实对称矩阵 $\boldsymbol{A}$，总有正交矩阵 $\boldsymbol{Q}$，使 $\boldsymbol{Q}^{-1}\boldsymbol{A}\boldsymbol{Q}=\boldsymbol{Q}^{\mathrm{T}}\boldsymbol{A}\boldsymbol{Q}$ 为对角矩阵. 将此结论应用于二次型，有

定理 5.2.1 **对实二次型 $f=\boldsymbol{X}^{\mathrm{T}}\boldsymbol{A}\boldsymbol{X}$，其中 $\boldsymbol{A}^{\mathrm{T}}=\boldsymbol{A}$，总有正交变换 $\boldsymbol{X}=\boldsymbol{Q}\boldsymbol{Y}$，使**

$$f=\boldsymbol{X}^{\mathrm{T}}\boldsymbol{A}\boldsymbol{X}=\boldsymbol{Y}^{\mathrm{T}}(\boldsymbol{Q}^{\mathrm{T}}\boldsymbol{A}\boldsymbol{Q})\boldsymbol{Y}=\boldsymbol{Y}^{\mathrm{T}}\boldsymbol{\Lambda}\boldsymbol{Y}=\lambda_1 y_1^2+\lambda_2 y_2^2+\cdots+\lambda_n y_n^2,$$

其中

$$\boldsymbol{\Lambda}=\begin{pmatrix}\lambda_1 & & & \\ & \lambda_2 & & \\ & & \ddots & \\ & & & \lambda_n\end{pmatrix},$$

$\lambda_1,\lambda_2,\cdots,\lambda_n$ 为 f 的矩阵 $\boldsymbol{A}$ 的特征值.

将二次型 f 用正交变换化为标准形的一般步骤为

(1) 写出二次型 f 的矩阵 $\boldsymbol{A}$；

(2) 求出 $\boldsymbol{A}$ 的全部相异特征值 $\lambda_1,\lambda_2,\cdots,\lambda_m$，对每一个 r_i 重特征值 λ_i，求出对应的 r_i 个线性无关的特征向量，并利用施密特正交化方法将其正交单位化；将上面求得的 $r_1+r_2+\cdots+r_m=n$ 个两两正交的单位向量作为列向量，排成一个 n 阶方阵 $\boldsymbol{Q}$，则 $\boldsymbol{Q}$ 为正交矩阵且 $\boldsymbol{Q}^{-1}\boldsymbol{A}\boldsymbol{Q}=\boldsymbol{Q}^{\mathrm{T}}\boldsymbol{A}\boldsymbol{Q}=\boldsymbol{\Lambda}$ 为对角矩阵；

(3) 作正交变换 $\boldsymbol{X}=\boldsymbol{Q}\boldsymbol{Y}$，即可将二次型化为只含平方项的标准形

$$f=\boldsymbol{X}^{\mathrm{T}}\boldsymbol{A}\boldsymbol{X}=\boldsymbol{Y}^{\mathrm{T}}(\boldsymbol{Q}^{\mathrm{T}}\boldsymbol{A}\boldsymbol{Q})\boldsymbol{Y}=\boldsymbol{Y}^{\mathrm{T}}\boldsymbol{\Lambda}\boldsymbol{Y}.$$

例 5.2.1 用正交变换将二次型

$$f(x_1,x_2,x_3)=x_1^2+x_2^2-x_3^2+2x_1x_2+2x_1x_3-2x_2x_3$$

化为标准形.

解 二次型的矩阵为

$$\boldsymbol{A}=\begin{pmatrix}1 & 1 & 1\\ 1 & 1 & -1\\ 1 & -1 & -1\end{pmatrix},$$

由

$$|\boldsymbol{A}-\lambda\boldsymbol{E}|=\begin{vmatrix}1-\lambda & 1 & 1\\ 1 & 1-\lambda & -1\\ 1 & -1 & -1-\lambda\end{vmatrix}=-(\lambda-1)(\lambda-2)(\lambda+2),$$

得 $\boldsymbol{A}$ 的特征值为 $\lambda_1=-2,\lambda_2=1,\lambda_3=2$.

对 $\lambda_1=-2$，求得特征向量 $\boldsymbol{\alpha}_1=(-1,1,2)$，单位化得 $\boldsymbol{\eta}_1=\left(-\frac{1}{\sqrt{6}},\frac{1}{\sqrt{6}},\frac{2}{\sqrt{6}}\right)^{\mathrm{T}}$；对应于 $\lambda_2=1$ 及 $\lambda_3=2$ 的单位特征向量分别为 $\boldsymbol{\eta}_2=\left(\frac{1}{\sqrt{3}},-\frac{1}{\sqrt{3}},\frac{1}{\sqrt{3}}\right)^{\mathrm{T}}$ 及 $\boldsymbol{\eta}_3=\left(\frac{1}{\sqrt{2}},\frac{1}{\sqrt{2}},0\right)^{\mathrm{T}}$；因为特征值互异，故 $\boldsymbol{\eta}_1,\boldsymbol{\eta}_2,\boldsymbol{\eta}_3$ 两两正交.

令

$$\boldsymbol{Q}=\begin{pmatrix} -\frac{1}{\sqrt{6}} & \frac{1}{\sqrt{3}} & \frac{1}{\sqrt{2}} \\ \frac{1}{\sqrt{6}} & -\frac{1}{\sqrt{3}} & \frac{1}{\sqrt{2}} \\ \frac{2}{\sqrt{6}} & \frac{1}{\sqrt{3}} & 0 \end{pmatrix},$$

则 $\boldsymbol{Q}$ 为正交矩阵且 $\boldsymbol{Q}^{\mathrm{T}}\boldsymbol{A}\boldsymbol{Q}=\begin{pmatrix} -2 & & \\ & 1 & \\ & & 2 \end{pmatrix}$，作正交变换 $\boldsymbol{X}=\boldsymbol{Q}\boldsymbol{Y}$，即

$$\begin{pmatrix} x_1 \\ x_2 \\ x_3 \end{pmatrix}=\begin{pmatrix} -\frac{1}{\sqrt{6}} & \frac{1}{\sqrt{3}} & \frac{1}{\sqrt{2}} \\ \frac{1}{\sqrt{6}} & -\frac{1}{\sqrt{3}} & \frac{1}{\sqrt{2}} \\ \frac{2}{\sqrt{6}} & \frac{1}{\sqrt{3}} & 0 \end{pmatrix}\begin{pmatrix} y_1 \\ y_2 \\ y_3 \end{pmatrix},$$

则二次型 f 化为

$$f(x_1,x_2,x_3)=\boldsymbol{Y}^{\mathrm{T}}(\boldsymbol{Q}^{\mathrm{T}}\boldsymbol{A}\boldsymbol{Q})\boldsymbol{Y}=-2y_1^2+y_2^2+2y_3^2.$$

2. 配方法化二次型为标准形

下面举例说明这一方法.

配方法化二次型为标准形

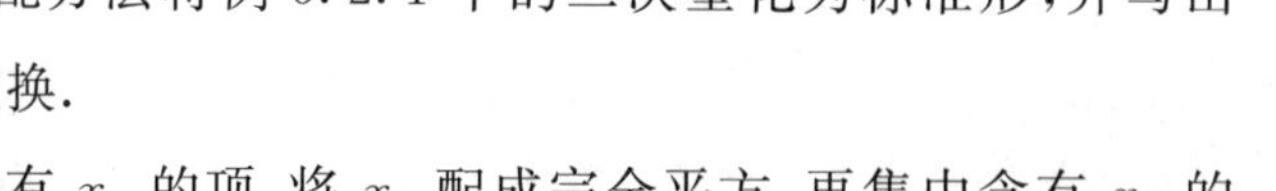

例 5.2.2　用配方法将例 5.2.1 中的二次型化为标准形，并写出相应的可逆线性变换.

解　先集中含有 x_1 的项，将 x_1 配成完全平方，再集中含有 x_2 的项，将 x_2 配成完全平方，如此下去，得

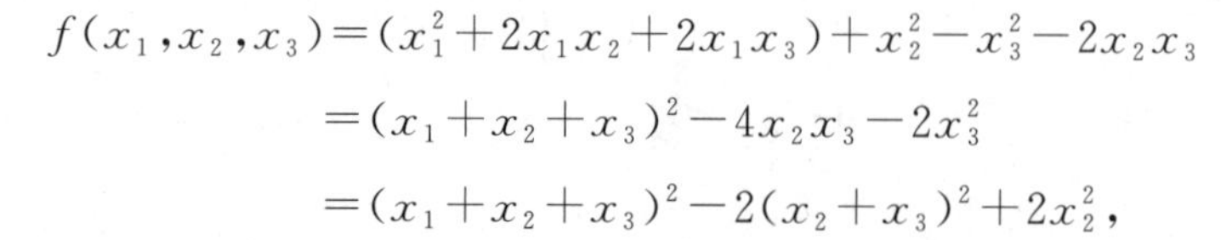

$$\begin{aligned} f(x_1,x_2,x_3)&=(x_1^2+2x_1x_2+2x_1x_3)+x_2^2-x_3^2-2x_2x_3 \\ &=(x_1+x_2+x_3)^2-4x_2x_3-2x_3^2 \\ &=(x_1+x_2+x_3)^2-2(x_2+x_3)^2+2x_2^2, \end{aligned}$$

令

$$\begin{cases} y_1=x_1+x_2+x_3, \\ y_2=x_2+x_3, \\ y_3=x_2 \end{cases} \quad 或 \quad \begin{cases} x_1=y_1-y_2, \\ x_2=y_3, \\ x_3=y_2-y_3. \end{cases}$$

即取

$$\boldsymbol{C}=\begin{pmatrix} 1 & -1 & 0 \\ 0 & 0 & 1 \\ 0 & 1 & -1 \end{pmatrix},$$

显然 $\boldsymbol{C}$ 为可逆矩阵,故 $\boldsymbol{X}=\boldsymbol{CY}$ 为可逆线性变换,f 的标准形为

$$f=y_1^2-2y_2^2+2y_3^2.$$

例 5.2.3 将二次型

$$f(x_1,x_2,x_3)=-2x_1x_2+2x_1x_3+2x_2x_3$$

化为标准形,并写出相应的可逆线性变换.

解 因为 f 中不含平方项,故先作线性变换

$$\begin{cases} x_1=y_1-y_2, \\ x_2=y_1+y_2, \\ x_3=y_3, \end{cases} \tag{5.2.1}$$

即取

$$C_1=\begin{pmatrix} 1 & -1 & 0 \\ 1 & 1 & 0 \\ 0 & 0 & 1 \end{pmatrix},$$

因 $\boldsymbol{C}_1$ 可逆,所以 $\boldsymbol{X}=\boldsymbol{C}_1\boldsymbol{Y}$ 为可逆线性变换,得

$$f=-2y_1^2+2y_2^2+4y_1y_3.$$

再用例 5.2.2 的方法配方得

$$f=-2(y_1-y_3)^2+2y_2^2+2y_3^2,$$

令

$$\begin{cases} z_1=y_1-y_3 \\ z_2=y_2, \\ z_3=y_3 \end{cases} \quad 或 \quad \begin{cases} y_1=z_1+z_3, \\ y_2=z_2, \\ y_3=z_3, \end{cases} \tag{5.2.2}$$

即取

$$\boldsymbol{C}_2=\begin{pmatrix} 1 & 0 & 1 \\ 0 & 1 & 0 \\ 0 & 0 & 1 \end{pmatrix},$$

显然 $\boldsymbol{C}_2$ 可逆，故 $\boldsymbol{Y}=\boldsymbol{C}_2\boldsymbol{Z}$ 为可逆线性变换，f 的标准形为

$$f=-2z_1^2+2z_2^2+2z_3^2.$$

将(5.2.2)式代入(5.2.1)式得所用的线性变换为

$$\begin{cases}x_1=z_1-z_2+z_3,\\x_2=z_1+z_2+z_3,\\x_3=z_3,\end{cases}$$

$$\boldsymbol{C}=\boldsymbol{C}_1\boldsymbol{C}_2=\begin{pmatrix}1&-1&1\\1&1&1\\0&0&1\end{pmatrix}.$$

用配方法化二次型为标准形的一般方法为：若二次型 $f=\boldsymbol{X}^{\mathrm{T}}\boldsymbol{A}\boldsymbol{X}$ 中含有某个 x_i $(i=1,2,\cdots,n)$的平方项，则首先把含有 x_i 的项集中，按 x_i 配成完全平方，然后对其余变量继续"集中、配方"，直到所有变量都配成平方项，再作可逆线性变换，就可得到标准形(如例 5.2.2)；若二次型 f 中不含平方项，则可先用一可逆线性变换(如例 5.2.3)将 f 化成含有平方项的二次型，然后再按含有平方项的情形求得标准形.

** 3. 初等变换法化二次型为标准形

若经可逆线性变换 $\boldsymbol{X}=\boldsymbol{C}\boldsymbol{Y}$($\boldsymbol{C}$ 可逆)把二次型 f 的矩阵 $\boldsymbol{A}$ 化为对角矩阵，即

$$\boldsymbol{C}^{\mathrm{T}}\boldsymbol{A}\boldsymbol{C}=\boldsymbol{\Lambda}=\begin{pmatrix}b_1&&&&&&\\&b_2&&&&&\\&&\ddots&&&&\\&&&b_r&&&\\&&&&0&&\\&&&&&\ddots&\\&&&&&&0\end{pmatrix},$$

由 $\boldsymbol{C}$ 可逆知，存在初等矩阵 $\boldsymbol{P}_1,\boldsymbol{P}_2,\cdots,\boldsymbol{P}_m$，使

$$\boldsymbol{C}=\boldsymbol{P}_1\boldsymbol{P}_2\cdots\boldsymbol{P}_m,\quad \boldsymbol{C}^{\mathrm{T}}=\boldsymbol{P}_m^{\mathrm{T}}\cdots\boldsymbol{P}_2^{\mathrm{T}}\boldsymbol{P}_1^{\mathrm{T}},$$

于是有

$$\begin{cases}\boldsymbol{C}^{\mathrm{T}}\boldsymbol{A}\boldsymbol{C}=\boldsymbol{P}_m^{\mathrm{T}}\cdots\boldsymbol{P}_2^{\mathrm{T}}\boldsymbol{P}_1^{\mathrm{T}}\boldsymbol{A}\boldsymbol{P}_1\boldsymbol{P}_2\cdots\boldsymbol{P}_m,\\\boldsymbol{C}=\boldsymbol{E}\boldsymbol{P}_1\boldsymbol{P}_2\cdots\boldsymbol{P}_m.\end{cases}$$

因为初等矩阵的转置为同类型的初等矩阵，故上式说明当对 $\boldsymbol{A}$ 施行同样的初等行、列变换把 $\boldsymbol{A}$ 化成对角矩阵时，只用其中的初等列变换就将单位矩阵 $\boldsymbol{E}$ 化成了 $\boldsymbol{C}$，即

$$\begin{pmatrix}\boldsymbol{A}\\ \cdots\\ \boldsymbol{E}\end{pmatrix}\xrightarrow[\text{只对 }\boldsymbol{E}\text{ 施行其中的初等列变换}]{\text{对 }\boldsymbol{A}\text{ 施行同样的初等行、列变换}}\begin{pmatrix}\boldsymbol{C}^{\mathrm{T}}\boldsymbol{A}\boldsymbol{C}\\ \cdots\\ \boldsymbol{C}\end{pmatrix}.$$

用这种初等变换的方法化二次型为标准形,可同时求出可逆线性变换的系数矩阵 $\boldsymbol{C}$.

例 5.2.4 用初等变换法化例 5.2.1 中的二次型为标准形,并写出相应的可逆线性变换.

解 二次型的矩阵为

$$\boldsymbol{A}=\begin{pmatrix}1&1&1\\1&1&-1\\1&-1&-1\end{pmatrix},$$

构成矩阵$\begin{pmatrix}\boldsymbol{A}\\ \cdots\\ \boldsymbol{E}\end{pmatrix}$,并进行相同的初等行、列变换,得

$$\begin{pmatrix}\boldsymbol{A}\\ \cdots\\ \boldsymbol{E}\end{pmatrix}=\begin{pmatrix}1&1&1\\1&1&-1\\1&-1&-1\\ \hdashline 1&0&0\\0&1&0\\0&0&1\end{pmatrix}\xrightarrow[r_3-r_1]{r_2-r_1}\begin{pmatrix}1&1&1\\0&0&-2\\0&-2&-2\\ \hdashline 1&0&0\\0&1&0\\0&0&1\end{pmatrix}$$

$$\xrightarrow[\substack{c_2-c_1\\c_3-c_1}]{\text{作相同的列变换,即}}\begin{pmatrix}1&0&0\\0&0&-2\\0&-2&-2\\ \hdashline 1&-1&-1\\0&1&0\\0&0&1\end{pmatrix}\xrightarrow{r_2-r_3}\begin{pmatrix}1&0&0\\0&2&0\\0&-2&-2\\ \hdashline 1&-1&-1\\0&1&0\\0&0&1\end{pmatrix}\xrightarrow{c_2-c_3}\begin{pmatrix}1&0&0\\0&2&0\\0&0&-2\\ \hdashline 1&0&-1\\0&1&0\\0&-1&1\end{pmatrix},$$

所以

$$\boldsymbol{C}=\begin{pmatrix}1&0&-1\\0&1&0\\0&-1&1\end{pmatrix}\quad 且\quad \boldsymbol{C}^{\mathrm{T}}\boldsymbol{A}\boldsymbol{C}=\begin{pmatrix}1&&\\&2&\\&&-2\end{pmatrix}.$$

显然 $\boldsymbol{C}$ 可逆,作可逆线性变换 $\boldsymbol{X}=\boldsymbol{C}\boldsymbol{Y}$,即

$$\begin{pmatrix}x_1\\x_2\\x_3\end{pmatrix}=\begin{pmatrix}1&0&-1\\0&1&0\\0&-1&1\end{pmatrix}\begin{pmatrix}y_1\\y_2\\y_3\end{pmatrix}=\begin{pmatrix}y_1-y_3\\y_2\\-2y_2+y_3\end{pmatrix},$$

将它代入二次型 f,即得 f 的标准形

$$f=y_1^2+2y_2^2-2y_3^2.$$

4. 惯性定理

由上面的讨论可知，任一二次型都可经适当的可逆线性变换化为标准形，同时也看到了，对同一个二次型作不同的可逆线性变换得到的标准形是不同的，但是这些标准形中所含平方项的个数是相同的，就是二次型的秩. 不仅如此，在限定线性变换为实可逆变换时，标准形中正系数的个数是不变的(从而负系数的个数也不变). 于是下面的定理成立.

定理 5.2.2 **若二次型 $f=\boldsymbol{X}^{\mathrm{T}}\boldsymbol{AX}$ 经过可逆线性变换化为标准形，则标准形中所含平方项的个数等于二次型的秩.**

证 设二次型 f 经可逆线性变换 $\boldsymbol{X}=\boldsymbol{CY}$ 化为标准形

$$f=d_1y_1^2+d_2y_2^2+\cdots+d_ry_r^2,$$

其中 $d_i\neq 0(i=1,2,\cdots,r)$，该标准形的矩阵为

$$\boldsymbol{\Lambda}=\boldsymbol{C}^{\mathrm{T}}\boldsymbol{AC}=\begin{pmatrix} d_1 & & & & & & \\ & d_2 & & & & & \\ & & \ddots & & & & \\ & & & d_r & & & \\ & & & & 0 & & \\ & & & & & \ddots & \\ & & & & & & 0 \end{pmatrix}.$$

由于 $r=r(\boldsymbol{\Lambda})=r(\boldsymbol{A})=f$ 的秩，即标准形中系数不为零的平方项的个数等于二次型的秩.

定理 5.2.3 **设二次型 $f=\boldsymbol{X}^{\mathrm{T}}\boldsymbol{AX}$ 的秩为 r，并有两个实可逆变换 $\boldsymbol{X}=\boldsymbol{C}_1\boldsymbol{Y}$ 及 $\boldsymbol{X}=\boldsymbol{C}_2\boldsymbol{Z}$，使**

$$f=d_1y_1^2+d_2y_2^2+\cdots+d_ry_r^2 \quad 及 \quad f=k_1z_1^2+k_2z_2^2+\cdots+k_rz_r^2,$$

则 $d_1,d_2,\cdots,d_r$ 中正数的个数与 $k_1,k_2,\cdots,k_r$ 中正数的个数相等.

这个定理称为**惯性定理**. 证明略.

惯性定理说明，在实二次型 f 的任一标准形中，正、负平方项的个数是惟一确定的，其中正项个数称为二次型的**正惯性指数**，负项个数称为二次型的**负惯性指数**.

§5.3 二次型的分类

本节介绍二次型按其取值情况的分类，着重讨论正定二次型及其判别法则.

1. 二次型的分类

定义 5.3.1 **设 $f(x_1,x_2,\cdots,x_n)=\boldsymbol{X}^{\mathrm{T}}\boldsymbol{AX}$ 是一个实二次型，若对于任意非零向**

量$(c_1,c_2,\cdots,c_n)^T$，恒有

(1) $f(c_1,c_2,\cdots,c_n)>0(<0)$，则称 $f(x_1,x_2,\cdots,x_n)$ 是正(负)定二次型，而其对应的矩阵 A 是正(负)定矩阵；

(2) $f(c_1,c_2,\cdots,c_n)\geqslant 0(\leqslant 0)$，则称 $f(x_1,x_2,\cdots,x_n)$ 为准正(负)定二次型，而其对应的矩阵是准正(负)定矩阵；

(3) $f(c_1,c_2,\cdots,c_n)$有大于零、也有小于零及等于零的值，则称 $f(x_1,x_2,\cdots,x_n)$ 是不定二次型，而其对应的矩阵是不定矩阵.

利用定义可以判别一些较简单二次型的正(负)定、准正(负)定及不定性.

例 5.3.1 判别下列二次型的正(负)定、准正(负)定及不定性.

(1) $f_1(x_1,x_2,x_3)=3x_1^2+4x_2^2+x_3^2$；

(2) $f_2(x_1,x_2,x_3)=-2x_1^2-x_2^2-3x_3^2$；

(3) $f_3(x_1,x_2,x_3,x_4)=x_1^2+x_2^2+x_3^2$；

(4) $f_4(x_1,x_2,x_3,x_4)=x_1^2-2x_2^2+6x_3^2+3x_4^2$.

解 (1) f_1 是系数全为正数的标准二次型，故对于任意非零向量$(c_1,c_2,c_3)^T$，恒有 $f_1(c_1,c_2,c_3)>0$，因此 f_1 是正定二次型.

(2) f_2 是系数全为负数的标准二次型，故对于任意$(c_1,c_2,c_3)^T\neq 0$，恒有 $f_2(c_1,c_2,c_3)<0$，因此 f_2 是负定二次型.

(3) f_3 是四元标准二次型，对任意的$(c_1,c_2,c_3)^T\neq 0$，恒有 $f_3(c_1,c_2,c_3,0)>0$，但对$(0,0,0,c_4)\neq 0$，有 $f_3(0,0,0,c_4)=0$，故对任意$(c_1,c_2,c_3,c_4)^T\neq 0$，恒有 $f(c_1,c_2,c_3,c_4)\geqslant 0$，因此 f_3 是准正定二次型.

(4) f_4 是系数有正也有负的四元标准二次型，取$(1,0,0,0)^T\neq 0$，有 $f_4(1,0,0,0)=1>0$，取$(0,1,0,0)^T\neq 0$，有 $f(0,1,0,0)=-2<0$，故 f_4 是不定二次型.

$f(x_1,x_2,\cdots,x_n)$是正定二次型的情形特别重要，它在数学的其他分支及物理、力学等许多学科中都有广泛的应用.因此，下面着重讨论正定二次型，给出一般 n 元二次型 $f(x_1,x_2,\cdots,x_n)$正定的判别法.

2. 正定二次型的判别方法

定理 5.3.1 **实二次型**

$$f(x_1,x_2,\cdots,x_n)=d_1x_1^2+d_2x_2^2+\cdots+d_nx_n^2$$

是正定的充要条件为 $d_i(i=1,2,\cdots,n)$都是正数.

证 若 $f(x_1,x_2,\cdots,x_n)$正定，则对$(1,0,\cdots,0)^T$ 必有 $f(1,0,\cdots,0)=d_1>0$，类似地可以证明 $d_i>0(i=2,\cdots,n)$；反之，若 $d_i>0(i=1,2,\cdots,n)$，则对任意$(c_1,c_2,\cdots,c_n)^T\neq 0$，显然有 $f(c_1,c_2,\cdots,c_n)>0$.

可见,若二次型 f 为标准形,其正定性很容易判别,因此,若二次型 f 不是标准形,自然会想到先用适当的可逆线性变换将 f 化为标准形,然后通过 f 的标准形来判定 f 的正定性. 但这首先要解决可逆线性变换是否会改变二次型正定性的问题.

定理 5.3.2 可逆线性变换不改变二次型的正定性.

证 设正定二次型

$$f(x_1,x_2,\cdots,x_n)=\boldsymbol{X}^{\mathrm{T}}\boldsymbol{A}\boldsymbol{X}$$

经可逆线性变换 $\boldsymbol{X}=\boldsymbol{C}\boldsymbol{Y}$ 变成二次型

$$g(y_1,y_2,\cdots,y_n)=\boldsymbol{Y}^{\mathrm{T}}\boldsymbol{B}\boldsymbol{Y},$$

其中 $\boldsymbol{B}=\boldsymbol{C}^{\mathrm{T}}\boldsymbol{A}\boldsymbol{C}$,或 $\boldsymbol{A}=(\boldsymbol{C}^{-1})^{\mathrm{T}}\boldsymbol{B}\boldsymbol{C}^{-1}$.

对任意 $\boldsymbol{Y}=(k_1,k_2,\cdots,k_n)^{\mathrm{T}}\neq 0$,由 $\boldsymbol{X}=\boldsymbol{C}\boldsymbol{Y}$ 知 $\boldsymbol{Y}=\boldsymbol{C}^{-1}\boldsymbol{X}$,即

$$\begin{pmatrix}k_1\\k_2\\\vdots\\k_n\end{pmatrix}=\boldsymbol{C}^{-1}\begin{pmatrix}x_1\\x_2\\\vdots\\x_n\end{pmatrix},$$

由于 $k_1,k_2,\cdots,k_n$ 不全为 0,由克拉默法则,方程组有非零解 $\boldsymbol{X}_0=(c_1,c_2,\cdots,c_n)^{\mathrm{T}}$,故

$$g(k_1,k_2,\cdots,k_n)=\boldsymbol{Y}^{\mathrm{T}}\boldsymbol{B}\boldsymbol{Y}=\boldsymbol{X}_0^{\mathrm{T}}(\boldsymbol{C}^{-1})^{\mathrm{T}}\boldsymbol{B}\boldsymbol{C}^{-1}\boldsymbol{X}_0=\boldsymbol{X}_0^{\mathrm{T}}\boldsymbol{A}\boldsymbol{X}_0=f(c_1,c_2,\cdots,c_n)>0,$$

从而 $g(y_1,y_2,\cdots,y_n)$ 是正定的.

由定理 5.3.2 可得

定理 5.3.3 实二次型 $f(x_1,x_2,\cdots,x_n)=\boldsymbol{X}^{\mathrm{T}}\boldsymbol{A}\boldsymbol{X}$ 是正定的充要条件为 f 的标准形中 n 个系数全为正数.

证 必要性 设二次型 f 是正定的,则由定理 5.3.2,它经可逆线性变换变成的标准形

$$d_1y_1^2+d_2y_2^2+\cdots+d_ny_n^2$$

也是正定的. 再由定理 5.3.1 可得 $d_i(i=1,2,\cdots,n)$ 都是正数.

充分性 若 f 的标准形中 n 个系数全为正数,由定理 5.3.1 知 f 的标准形是正定的,再由定理 5.3.2 得 f 是正定的.

推论 1 二次型 $f(x_1,x_2,\cdots,x_n)=\boldsymbol{X}^{\mathrm{T}}\boldsymbol{A}\boldsymbol{X}$ 正定的充要条件是其矩阵 $\boldsymbol{A}$ 的全部特征值 $\lambda_i(i=1,2,\cdots,n)$ 都是正数.

思考题 5-1

矩阵 $\boldsymbol{A}$ 为正定矩阵的充要条件是 $\boldsymbol{A}$ 的所有特征值都大于零,对吗?

证 对于二次型 $f=\boldsymbol{X}^{\mathrm{T}}\boldsymbol{A}\boldsymbol{X}$,总存在一个正交变换 $\boldsymbol{X}=\boldsymbol{Q}\boldsymbol{Y}$,使 f 变为标准形

$$f=\lambda_1y_1^2+\lambda_2y_2^2+\cdots+\lambda_ny_n^2,$$

其中 $\lambda_1,\lambda_2,\cdots,\lambda_n$ 是 $\boldsymbol{A}$ 的全部特征值. 由定理 5.3.3 可得 $f(x_1,x_2,\cdots,x_n)=\boldsymbol{X}^{\mathrm{T}}\boldsymbol{A}\boldsymbol{X}$

正定的充要条件是$\boldsymbol{A}$的全部特征值$\lambda_i(i=1,2,\cdots,n)$都是正数.

推论 2 若$\boldsymbol{A}$是n阶正定矩阵,则$|\boldsymbol{A}|>0$.

证 由$\boldsymbol{A}$正定及推论1,$\boldsymbol{A}$的特征值$\lambda_1,\lambda_2,\cdots,\lambda_n$全为正数.又因为

$$|\boldsymbol{A}|=\lambda_1\lambda_2\cdots\lambda_n,$$

故$|\boldsymbol{A}|>0$.

推论 3 若$\boldsymbol{A}$是n阶正定矩阵,则$\boldsymbol{A}$与单位矩阵合同,即有可逆矩阵$\boldsymbol{C}$,使

$$\boldsymbol{C}^{\mathrm{T}}\boldsymbol{A}\boldsymbol{C}=\boldsymbol{E}.$$

证 由$\boldsymbol{A}$正定及推论1,存在正交矩阵$\boldsymbol{Q}$,使

$$\boldsymbol{Q}^{-1}\boldsymbol{A}\boldsymbol{Q}=\boldsymbol{Q}^{\mathrm{T}}\boldsymbol{A}\boldsymbol{Q}=\begin{pmatrix}\lambda_1 & & & \\ & \lambda_2 & & \\ & & \ddots & \\ & & & \lambda_n\end{pmatrix}=\boldsymbol{\Lambda},$$

其中$\lambda_1,\lambda_2,\cdots,\lambda_n$为$\boldsymbol{A}$的特征值且全为正数.令

$$\boldsymbol{C}_1=\begin{pmatrix}\frac{1}{\sqrt{\lambda_1}} & & & \\ & \frac{1}{\sqrt{\lambda_2}} & & \\ & & \ddots & \\ & & & \frac{1}{\sqrt{\lambda_n}}\end{pmatrix},$$

则

$$\boldsymbol{C}_1^{\mathrm{T}}\boldsymbol{\Lambda}\boldsymbol{C}_1=\boldsymbol{C}_1\boldsymbol{\Lambda}\boldsymbol{C}_1=\boldsymbol{E},$$

即

$$\boldsymbol{C}_1^{\mathrm{T}}(\boldsymbol{Q}^{\mathrm{T}}\boldsymbol{A}\boldsymbol{Q})\boldsymbol{C}_1=(\boldsymbol{Q}\boldsymbol{C}_1)^{\mathrm{T}}\boldsymbol{A}(\boldsymbol{Q}\boldsymbol{C}_1)=\boldsymbol{E},$$

令$\boldsymbol{C}=\boldsymbol{Q}\boldsymbol{C}_1$,则$\boldsymbol{C}$为可逆矩阵且有

$$\boldsymbol{C}^{\mathrm{T}}\boldsymbol{A}\boldsymbol{C}=\boldsymbol{E}.$$

对于二次型的负定、准正(负)定及不定也有类似的结论,请读者自行推证.

例 5.3.2 判断下列二次型的正定性.

(1) $f_1=2x_1^2+5x_2^2+5x_3^2+4x_1x_2-4x_1x_3-8x_2x_3$;

(2) $f_2=2x_1^2+4x_2^2+5x_3^2-4x_1x_3$;

(3) $f_3=2x_1^2+x_2^2-4x_1x_2-4x_2x_3$.

解 (1) 用配方法将f_1化为标准形

$$f_1=2(x_1+x_2-x_3)^2+3\left(x_2-\frac{2}{3}x_3\right)^2+\frac{5}{3}x_3^2=2y_1^2+3y_2^2+\frac{5}{3}y_3^2,$$

其中

$$\begin{cases}y_1=x_1+x_2-x_3,\\ y_2=x_2-\dfrac{2}{3}x_3,\\ y_3=x_3.\end{cases}$$

由于 f_1 的标准形中 3 个平方项的系数全为正数,故 f_1 是正定的.

(2) f_2 的矩阵为

$$\boldsymbol{A}=\begin{pmatrix}2&0&-2\\0&4&0\\-2&0&5\end{pmatrix},$$

特征多项式

$$|\boldsymbol{A}-\lambda\boldsymbol{E}|=\begin{vmatrix}2-\lambda&0&-2\\0&4-\lambda&0\\-2&0&5-\lambda\end{vmatrix}=(\lambda-6)(\lambda-1)(4-\lambda),$$

故 $\boldsymbol{A}$ 的特征值 $\lambda_1=1,\lambda_2=4,\lambda_3=6$ 均为正数,所以 f_2 是正定的.

(3) f_3 的矩阵为

$$\boldsymbol{A}=\begin{pmatrix}2&-2&0\\-2&1&-2\\0&-2&0\end{pmatrix},$$

$\boldsymbol{A}$ 的特征多项式为

$$|\boldsymbol{A}-\lambda\boldsymbol{E}|=\begin{vmatrix}2-\lambda&-2&0\\-2&1-\lambda&-2\\0&-2&-\lambda\end{vmatrix}=(1-\lambda)(\lambda+2)(\lambda-4),$$

$\boldsymbol{A}$ 的特征值 $\lambda_1=1,\lambda_2=4,\lambda_3=-2$ 中有正有负,故 f_3 是非正定的.

判定一个二次型是否正定,除可由定义或者将其化为标准形来判别外,还常用行列式来判别.为此先介绍顺序主子式的概念.

定义 5.3.2 **位于 n 阶矩阵 $\boldsymbol{A}$ 的最左上角的 $1,2,\cdots,n$ 阶子式**

$$\Delta_1=|a_{11}|=a_{11},\Delta_2=\begin{vmatrix}a_{11}&a_{12}\\a_{21}&a_{22}\end{vmatrix},\cdots,\Delta_n=|\boldsymbol{A}|$$

称为 $\boldsymbol{A}$ 的 $1,2,\cdots,n$ 阶顺序主子式.

定理 5.3.4 **二次型 $f(x_1,x_2,\cdots,x_n)=\boldsymbol{X}^{\mathrm{T}}\boldsymbol{A}\boldsymbol{X}$ 正定的充要条件是其矩阵 $\boldsymbol{A}$ 的**

各阶顺序主子式都大于零,即 $\Delta_i>0(i=1,2,\cdots,n)$.

证 必要性.设二次型

$$f(x_1,x_2,\cdots,x_n)=\boldsymbol{X}^{\mathrm{T}}\boldsymbol{A}\boldsymbol{X}=\sum_{i=1}^{n}\sum_{j=1}^{n}a_{ij}x_ix_j$$

是正定的,记

$$f_k(x_1,x_2,\cdots,x_k)=\sum_{i=1}^{k}\sum_{j=1}^{k}a_{ij}x_ix_j \quad (k=1,2,\cdots,n),$$

则 f_k 是一个 k 元正定二次型.这是因为,对于任何 $(c_1,c_2,\cdots,c_k)^{\mathrm{T}}\neq 0$,都有

$$f_k(c_1,c_2,\cdots,c_k)=f(c_1,c_2,\cdots,c_k,0,\cdots,0)>0,$$

所以 f_k 是正定的,由定理 5.3.3 的推论 2 知,$\Delta_k=|\boldsymbol{A}_k|>0$,即 $\boldsymbol{A}$ 的顺序主子式都大于 0.

** 充分性.对 n 用归纳法.

1° 当 $n=1$ 时,$f(x_1)=a_{11}x_1^2$,由 $a_{11}>0$ 知 $f(x_1)$ 是正定的.

2° 假设充分性论断对于 $n-1$ 元二次型已经成立,现在来证 n 元的情形.

令

$$\boldsymbol{A}_1=\begin{pmatrix} a_{11} & a_{12} & \cdots & a_{1,n-1} \\ \vdots & \vdots & & \vdots \\ a_{n-1,1} & a_{n-1,2} & \cdots & a_{n-1,n-1} \end{pmatrix}, \quad \boldsymbol{\alpha}=\begin{pmatrix} a_{1n} \\ \vdots \\ a_{n-1,n} \end{pmatrix},$$

于是矩阵 $\boldsymbol{A}$ 可以分块写成

$$\boldsymbol{A}=\begin{pmatrix} \boldsymbol{A}_1 & \boldsymbol{\alpha} \\ \boldsymbol{\alpha}^{\mathrm{T}} & a_{nn} \end{pmatrix}.$$

因为 $\boldsymbol{A}$ 的顺序主子式全大于零,故 $\boldsymbol{A}_1$ 的顺序主子式也全大于零,由归纳法假设,$\boldsymbol{A}_1$ 是正定矩阵.由定理 5.3.3 的推论 3,有可逆的 $n-1$ 阶矩阵 $\boldsymbol{P}$,使

$$\boldsymbol{P}^{\mathrm{T}}\boldsymbol{A}_1\boldsymbol{P}=\boldsymbol{E}_{n-1},$$

令

$$\boldsymbol{C}_1=\begin{pmatrix} \boldsymbol{P} & \boldsymbol{0} \\ \boldsymbol{0} & 1 \end{pmatrix},$$

则 $\boldsymbol{C}_1$ 可逆,且有

$$\boldsymbol{C}_1^{\mathrm{T}}\boldsymbol{A}\boldsymbol{C}_1=\begin{pmatrix} \boldsymbol{P} & \boldsymbol{0} \\ \boldsymbol{0} & 1 \end{pmatrix}^{\mathrm{T}}\begin{pmatrix} \boldsymbol{A}_1 & \boldsymbol{\alpha} \\ \boldsymbol{\alpha}^{\mathrm{T}} & a_{nn} \end{pmatrix}\begin{pmatrix} \boldsymbol{P} & \boldsymbol{0} \\ \boldsymbol{0} & 1 \end{pmatrix}=\begin{pmatrix} \boldsymbol{P}^{\mathrm{T}}\boldsymbol{A}_1\boldsymbol{P} & \boldsymbol{P}^{\mathrm{T}}\boldsymbol{\alpha} \\ \boldsymbol{\alpha}^{\mathrm{T}}\boldsymbol{P} & a_{nn} \end{pmatrix}=\begin{pmatrix} \boldsymbol{E}_{n-1} & \boldsymbol{P}^{\mathrm{T}}\boldsymbol{\alpha} \\ \boldsymbol{\alpha}^{\mathrm{T}}\boldsymbol{P} & a_{nn} \end{pmatrix},$$

再令

$$\boldsymbol{C}_2=\begin{pmatrix} \boldsymbol{E}_{n-1} & -\boldsymbol{P}^{\mathrm{T}}\boldsymbol{\alpha} \\ \boldsymbol{0} & 1 \end{pmatrix},$$

则 C_2 可逆，且有

$$C_2^{\mathrm{T}}C_1^{\mathrm{T}}AC_1C_2=\begin{pmatrix}E_{n-1} & -P^{\mathrm{T}}\alpha\\ 0 & 1\end{pmatrix}^{\mathrm{T}}\begin{pmatrix}E_{n-1} & P^{\mathrm{T}}\alpha\\ \alpha^{\mathrm{T}}P & a_{nn}\end{pmatrix}\begin{pmatrix}E_{n-1} & -P^{\mathrm{T}}\alpha\\ 0 & 1\end{pmatrix}$$

$$=\begin{pmatrix}E_{n-1} & 0\\ -\alpha^{\mathrm{T}}P & 1\end{pmatrix}\begin{pmatrix}E_{n-1} & P^{\mathrm{T}}\alpha\\ \alpha^{\mathrm{T}}P & a_{nn}\end{pmatrix}\begin{pmatrix}E_{n-1} & -P^{\mathrm{T}}\alpha\\ 0 & 1\end{pmatrix}$$

$$=\begin{pmatrix}E_{n-1} & 0\\ 0 & a_{nn}-\alpha^{\mathrm{T}}PP^{\mathrm{T}}\alpha\end{pmatrix},$$

令

$$C=C_1C_2,\quad a=a_{nn}-\alpha^{\mathrm{T}}PP^{\mathrm{T}}\alpha,$$

则有

$$C^{\mathrm{T}}AC=\begin{pmatrix}1 & & & \\ & \ddots & & \\ & & 1 & \\ & & & a\end{pmatrix}.$$

两边取行列式，有

$$|C|^2|A|=a,$$

由条件 $|A|>0$ 知 $a>0$，故当指标为 n 时，二次型 $f(x_1,x_2,\cdots,x_n)=X^{\mathrm{T}}AX$ 也是正定的，由归纳法原理，定理得证.

推论 二次型

$$f(x_1,x_2,\cdots,x_n)=X^{\mathrm{T}}AX=\sum_{i=1}^{n}\sum_{j=1}^{n}a_{ij}x_ix_j$$

负定的充要条件是其矩阵 A 的顺序主子式的值负、正相间，即

$$(-1)^k\Delta_k>0\quad(k=1,2,\cdots,n).$$

证 因为 $f=X^{\mathrm{T}}AX$ 负定的充要条件为 $-f(x_1,x_2,\cdots,x_n)=X^{\mathrm{T}}(-A)X$ 正定，由定理 5.3.4 立即可得推论的结论.

例 5.3.3 判断二次型

$$f(x_1,x_2,x_3)=x_1^2+2x_2^2+6x_3^2+2x_1x_2+2x_1x_3+6x_2x_3$$

的正定性.

解 f 的矩阵

$$A=\begin{pmatrix}1 & 1 & 1\\ 1 & 2 & 3\\ 1 & 3 & 6\end{pmatrix},$$

由于

$$\Delta_1=1>0,\quad \Delta_2=\begin{vmatrix}1&1\\1&2\end{vmatrix}=1>0,\quad \Delta_3=|\boldsymbol{A}|=\begin{vmatrix}1&1&1\\1&2&3\\1&3&6\end{vmatrix}=1>0,$$

故 f 是正定的.

例 5.3.4 t 取何值时,二次型

$$f(x_1,x_2,x_3)=5x_1^2+x_2^2+tx_3^2+4x_1x_2-2x_1x_3-2x_2x_3$$

是正定的?

解 二次型 f 的矩阵为

$$\boldsymbol{A}=\begin{pmatrix}5&2&-1\\2&1&-1\\-1&-1&t\end{pmatrix},$$

由于

$$\Delta_1=5>0,\quad \Delta_2=\begin{vmatrix}5&2\\2&1\end{vmatrix}=1>0,\quad \Delta_3=|\boldsymbol{A}|=\begin{vmatrix}5&2&-1\\2&1&-1\\-1&-1&t\end{vmatrix}=t-2,$$

欲使二次型 f 正定,必须有 $\Delta_3=t-2>0$,即 $t>2$,故当 $t>2$ 时,二次型 f 正定.

**§ 5.4 应用举例

我们简要介绍二次曲面方程化简与曲面的分类问题.

用正交变换化二次型为标准形的问题有着明显的几何背景,这就是通过直角坐标轴的旋转和平移将二次曲线或二次曲面的方程化为最简形式,这些问题在解析几何中已有讨论.现在利用二次型的正交变换对化一般二次曲面方程为最简形式的问题进行研究,同时给出化简后的标准方程.

设空间一般二次曲面的方程为

$$a_{11}x^2+a_{22}y^2+a_{33}z^2+2a_{12}xy+2a_{13}xz+2a_{23}yz+2b_1x+2b_2y+2b_3z+c_0=0, \tag{5.4.1}$$

令

$$\boldsymbol{A}=\begin{pmatrix}a_{11}&a_{12}&a_{13}\\a_{21}&a_{22}&a_{23}\\a_{31}&a_{32}&a_{33}\end{pmatrix}\quad (a_{ij}=a_{ji},i,j=1,2,3),$$

$$\boldsymbol{\alpha}=(x,y,z)^{\mathrm{T}},\quad \boldsymbol{\beta}=(b_1,b_2,b_3)^{\mathrm{T}}.$$

则(5.4.1)可改写为

$$\boldsymbol{\alpha}^{\mathrm{T}}\boldsymbol{A}\boldsymbol{\alpha}+2\boldsymbol{\beta}^{\mathrm{T}}\boldsymbol{\alpha}+c_0=0, \tag{5.4.2}$$

通过正交变换可使 $\boldsymbol{A}$ 化为对角矩阵 $\boldsymbol{\Lambda}$,$\boldsymbol{\alpha}$ 化为 $\boldsymbol{\alpha}_1$,$\boldsymbol{\beta}$ 化为 $\boldsymbol{\beta}_1$,这里

$$\boldsymbol{\Lambda}=\begin{pmatrix}\lambda_1 & & \\ & \lambda_2 & \\ & & \lambda_3\end{pmatrix},\quad \boldsymbol{\alpha}_1=\begin{pmatrix}x'\\ y'\\ z'\end{pmatrix},\quad \boldsymbol{\beta}_1=\begin{pmatrix}b_1'\\ b_2'\\ b_3'\end{pmatrix},$$

其中 $\lambda_1,\lambda_2,\lambda_3$ 是 $\boldsymbol{A}$ 的特征值.代入(5.4.2)式,得

$$\boldsymbol{\alpha}_1^{\mathrm{T}}\boldsymbol{\Lambda}\boldsymbol{\alpha}_1+\boldsymbol{\beta}_1^{\mathrm{T}}\boldsymbol{\alpha}_1+c_0=0, \tag{5.4.3}$$

即

$$\lambda_1x'^2+\lambda_2y'^2+\lambda_3z'^2+2b_1'x'+2b_2'y'+2b_3'z+c_0=0, \tag{5.4.4}$$

在(5.4.3)式(或(5.4.4)式)中,二次项只有平方项,而不再含混合乘积项.我们可通过配方法(几何上相当于坐标轴的平移)将(5.4.3)式化为标准形,根据 $\lambda_1,\lambda_2,\lambda_3$ 的不同取值情况,可得二次曲面(5.4.1)的 17 种标准方程.

(1) $\dfrac{x^2}{a^2}+\dfrac{y^2}{b^2}+\dfrac{z^2}{c^2}=1$,　　(椭球面).

(2) $\dfrac{x^2}{a^2}+\dfrac{y^2}{b^2}+\dfrac{z^2}{c^2}=-1$,　　(虚椭球面).

(3) $\dfrac{x^2}{a^2}+\dfrac{y^2}{b^2}+\dfrac{z^2}{c^2}=0$,　　(点——虚二次曲面).

(4) $\dfrac{x^2}{a^2}+\dfrac{y^2}{b^2}-\dfrac{z^2}{c^2}=1$,　　(单叶双曲面).

(5) $\dfrac{x^2}{a^2}+\dfrac{y^2}{b^2}-\dfrac{z^2}{c^2}=-1$,　　(双叶双曲面).

(6) $\dfrac{x^2}{a^2}+\dfrac{y^2}{b^2}-\dfrac{z^2}{c^2}=0$,　　(二次锥面).

(7) $\dfrac{x^2}{a^2}+\dfrac{y^2}{b^2}=z$,　　(椭球抛物面).

(8) $\dfrac{x^2}{a^2}-\dfrac{y^2}{b^2}=z$,　　(双曲抛物面).

(9) $\dfrac{x^2}{a^2}+\dfrac{y^2}{b^2}=1$,　　(椭圆柱面).

(10) $\dfrac{x^2}{a^2}+\dfrac{y^2}{b^2}=-1$,　　(虚椭圆柱面).

(11) $\dfrac{x^2}{a^2}+\dfrac{y^2}{b^2}=0$,　　(直线 z 轴).

(12) $\dfrac{x^2}{a^2}-\dfrac{y^2}{b^2}=1$, (双曲柱面).

(13) $\dfrac{x^2}{a^2}-\dfrac{y^2}{b^2}=0$, (一对相交实平面).

(14) $x^2=a^2$, (一对平行平面).

(15) $x^2=-a^2$, (一对虚平行平面).

(16) $x^2=0$, (一对重合平面).

(17) $x^2=2py$. (抛物柱面).

例 5.4.1 将下列二次方程化为最简形式,并判断它们所表示的曲面类型.

(1) $x^2-2y^2+10z^2+28xy-8yz+20zx-26x+32y+28z-38=0$;

(2) $4x^2+4y^2+z^2-8xy-4yz+4zx+3\sqrt{2}x-3\sqrt{2}y-12\sqrt{2}z=0$.

解 (1) 二次项相应的对称矩阵为

$$\boldsymbol{A}=\begin{pmatrix}1 & 14 & 10\\ 14 & -2 & -4\\ 10 & -4 & 10\end{pmatrix},$$

$\boldsymbol{A}$ 的特征多项式为

$$|\boldsymbol{A}-\lambda\boldsymbol{E}|=(\lambda-9)(\lambda-18)(\lambda+18),$$

特征值为 $\lambda_1=9,\lambda_2=18,\lambda_3=-18$,对应的单位特征向量构成的正交矩阵为

$$\boldsymbol{Q}=\frac{1}{3}\begin{pmatrix}1 & 2 & -2\\ 2 & 1 & 2\\ -2 & 2 & 1\end{pmatrix},$$

令

$$\begin{pmatrix}x\\ y\\ z\end{pmatrix}=\boldsymbol{Q}\begin{pmatrix}x'\\ y'\\ z'\end{pmatrix},$$

方程化为

$$x'^2+2y'^2-2z'^2-\frac{2}{3}x'+\frac{4}{3}y'-\frac{16}{3}z'-\frac{38}{9}=0,$$

配方得

$$\left(x'-\frac{1}{3}\right)^2+2\left(y'+\frac{1}{3}\right)^2-2\left(z'+\frac{4}{3}\right)^2=1,$$

令

$$X=x'-\frac{1}{3},\quad Y=y'+\frac{1}{3},\quad Z=z'+\frac{4}{3},$$

得

$$X^2+2Y^2-2Z^2=1,$$

故原方程表示的曲面为单叶双曲面.

(2) 二次项相应的对称矩阵为

$$\boldsymbol{A}=\begin{pmatrix} 4 & -4 & 2 \\ -4 & 4 & -2 \\ 2 & -2 & 1 \end{pmatrix},$$

$\boldsymbol{A}$ 的特征多项式为

$$|\boldsymbol{A}-\lambda\boldsymbol{E}|=\lambda^2(\lambda-9),$$

特征值为 $\lambda_1=\lambda_2=0,\lambda_3=9$,对应的单位正交特征向量构成的正交矩阵为

$$\boldsymbol{Q}=\begin{pmatrix} \frac{1}{\sqrt{2}} & -\frac{1}{3\sqrt{2}} & \frac{2}{3} \\ \frac{1}{\sqrt{2}} & \frac{1}{3\sqrt{2}} & -\frac{2}{3} \\ 0 & \frac{4}{3\sqrt{2}} & \frac{1}{3} \end{pmatrix},$$

令

$$\begin{pmatrix} x \\ y \\ z \end{pmatrix}=\boldsymbol{Q}\begin{pmatrix} X \\ Y \\ Z \end{pmatrix},$$

方程化为

$$X^2=2Y,$$

故原方程表示的曲面为抛物柱面.

§5.5　用 MATLAB 化简二次型

根据二次型标准形的性质(定理 5.2.1),使用 MATLAB 函数 eig()可将二次型化成标准形.

例 5.5.1　化二次型

$$f(x_1,x_2,x_3)=2x_1^2+4x_2^2+5x_3^2-4x_1x_3$$

为标准形.

解 输入该二次型的矩阵：

```
A=[  2    0   -2 ↙
     0    4    0 ↙
    -2    0    5]; ↙
```

用 eig()函数求解：

```
[P,D]=eig(A) ↙
P=

          0    -0.8944    -0.4472
    -1.0000          0          0
          0    -0.4472     0.8944

D=

    4    0    0
    0    1    0
    0    0    6

rank(P) ↙
ans=

    3
```

$\boldsymbol{P}$ 正是所求的正交矩阵. 令 $\boldsymbol{X}=\boldsymbol{PY}$，则由 $\boldsymbol{D}$ 知原二次型可化简成

$$f=4y_1^2+y_2^2+6y_3^2.$$

由此知 f 是正定二次型.

习题 5

1. 填空题

(1) 矩阵 $\boldsymbol{A}=\begin{pmatrix}1 & 2 & 4\\ 2 & 2 & -1\\ 4 & -1 & 3\end{pmatrix}$ 所对应的二次型是(　　).

(2) 设二次型 $f(x_1,x_2,x_3)=x_1^2+x_2^2+tx_3^2+4x_1x_3+4x_2x_3$ 的秩为 2，则 $t=$(　　).

(3) 设三元二次型 $f(x_1,x_2,x_3)=\boldsymbol{X}^{\mathrm{T}}\begin{pmatrix}1 & 2 & 2\\ 0 & 1 & 1\\ 0 & 1 & 1\end{pmatrix}\boldsymbol{X}$，则其秩为(　　).

(4) 设 $\boldsymbol{A}$ 是可逆实对称矩阵,则将 $f=\boldsymbol{X}^{\mathrm{T}}\boldsymbol{A}\boldsymbol{X}$ 化为 $f=\boldsymbol{Y}^{\mathrm{T}}\boldsymbol{A}^{-1}\boldsymbol{Y}$ 的线性变换为(　　).

(5) 设二次曲面方程 $x^2+ay^2+z^2+2bxy+2xz+2yz=4$ 经正交变换 $\begin{pmatrix}x\\y\\z\end{pmatrix}=\boldsymbol{Q}\begin{pmatrix}X\\Y\\Z\end{pmatrix}$ 化为椭圆柱面方程 $Y^2+4Z^2=4$,则 $a=$(　　),$b=$(　　).

(6) 设 n 阶实对称矩阵 $\boldsymbol{A}$ 的特征值分别为 $1,2,\cdots,n$,则当 $t>$(　　)时,$t\boldsymbol{E}-\boldsymbol{A}$ 为正定矩阵.

(7) 若二次型 $f(x_1,x_2,x_3)=x_1^2+x_2^2+5x_3^2+2tx_1x_2-2x_1x_3+4x_2x_3$ 正定,则 t 的取值范围为(　　).

(8) 设 n 阶矩阵 $\boldsymbol{A}$ 正定,则齐次线性方程组 $\boldsymbol{A}\boldsymbol{X}=\boldsymbol{0}$ 的解为(　　).

(9) 设二次型 $f(x_1,x_2,x_3)=x_1^2+2x_2^2+2x_1x_2-2x_1x_3$,则 f 的正惯性指数为(　　).

(10) 若二次型 $f(x_1,x_2,x_3)=-x_1^2-2x_2^2+tx_3^2+2x_1x_2-2x_1x_3+2x_2x_3$ 负定,则一定有 t(　　).

2. 选择题

(1) 设二次型 $f(x_1,x_2,x_3)=x_1^2+6x_1x_2+4x_1x_3+x_2^2+2x_2x_3+tx_3^2$ 的秩为 2,则 $t=$(　　).

(A) 0;　　(B) 2;　　(C) $\dfrac{7}{8}$;　　(D) 1.

(2) 设 $\boldsymbol{A}$ 是 3 阶矩阵,若对任一个三维列向量 $\boldsymbol{X}$,都有 $\boldsymbol{X}^{\mathrm{T}}\boldsymbol{A}\boldsymbol{X}=0$,则(　　).

(A) $\boldsymbol{A}$ 为反对称矩阵;　　(B) $\boldsymbol{A}$ 为对称矩阵;

(C) $\boldsymbol{A}$ 一定为零矩阵;　　(D) 以上都不对.

(3) 设 n 阶方阵 $\boldsymbol{A}$ 正定,则下列论断中错误的是(　　).

(A) $\boldsymbol{A}$ 为非奇异的;　　(B) $|\boldsymbol{A}|>0$;

(C) $\boldsymbol{A}$ 的特征值全大于零;　　(D) 以上都不对.

(4) 设 $\boldsymbol{A}$ 是一个 n 阶实对称矩阵,记交换 $\boldsymbol{A}$ 的第 i 列和第 j 列再交换第 i 行和第 j 行后得到的矩阵为 $\boldsymbol{B}$,则(　　).

(A) $\boldsymbol{A},\boldsymbol{B}$ 等价但不相似;　　(B) $\boldsymbol{A},\boldsymbol{B}$ 相似但不合同;

(C) $\boldsymbol{A},\boldsymbol{B}$ 合同且相似,但不等价;　　(D) $\boldsymbol{A},\boldsymbol{B}$ 合同、相似且等价.

(5) 设 $\boldsymbol{A}=\boldsymbol{E}-2\boldsymbol{\xi}\boldsymbol{\xi}^{\mathrm{T}}$,其中 $\boldsymbol{\xi}=(a_1,a_2,\cdots,a_n)^{\mathrm{T}}$,$\boldsymbol{\xi}^{\mathrm{T}}\boldsymbol{\xi}=1$,则 $\boldsymbol{A}$ 可能不是(　　).

(A) 对称矩阵;　　(B) 可逆矩阵;

(C) 正交矩阵;　　(D) 正定矩阵.

(6) 设实二次型 f 的秩为 r,正负惯性指数差为 s,已知 f 与 $-f$ 合同,则必有(　　).

(A) r 是偶数且 $s=0$;　　(B) r 是奇数且 $s=0$;

(C) r 是偶数且 $s>0$;　　(D) r 是奇数且 $s<0$.

(7) 若 3 阶实对称矩阵 $\boldsymbol{A}$ 满足 $\boldsymbol{A}^2-2\boldsymbol{A}-3\boldsymbol{E}=\boldsymbol{O}$,且 $|\boldsymbol{A}|=3$,则二次型 $\boldsymbol{X}^{\mathrm{T}}\boldsymbol{A}\boldsymbol{X}$ 经正交变换化成的标准形应为(　　).

(A) $y_1^2-y_2^2-y_3^2$;　　(B) $y_1^2+y_2^2+3y_3^2$;

(C) $-y_1^2-y_2^2+3y_3^2$;　　(D) $y_1^2-\sqrt{3}y_2^2-\sqrt{3}y_3^2$.

(8) 下列二次型为正定的是(　　).

(A) $f(x_1,x_2,x_3)=x_1^2+x_2^2+x_3^2+2x_1x_2+2x_1x_3+2x_2x_3$;

(B) $f(x_1,x_2,x_3)=(x_1+x_2)^2+(x_2-x_3)^2+(x_3+x_1)^2$;

(C) $f(x_1,x_2,x_3)=x_1^2+2x_2^2+3x_3^2+4x_1x_2-4x_2x_3$;

(D) $f(x_1,x_2,x_3)=x_1^2+3x_2^2+2x_3^2+2x_1x_2$.

(9) 二次型 $f(x_1,x_2,x_3)=(x_1-x_2)^2+(x_2-x_3)^2+(x_3-x_1)^2$ 的正惯性指数为(　　).

(A) 1;　　(B) 2;　　(C) 3;　　(D) 0.

(10) 若 $\boldsymbol{A}$ 为负定矩阵,则 $|\boldsymbol{A}|$(　　).

(A) 必小于零;　　(B) 可以大于零;

(C) 小于等于零;　　(D) 可以等于零.

3. 写出下列二次型的矩阵表示式并求出其秩.

(1) $f(x_1,x_2,x_3)=(a_1x_1+a_2x_2+a_3x_3)^2$;

(2) $f(x_1,x_2,x_3,x_4)=x_1^2+3x_2^2-x_3^2+x_1x_2-2x_1x_3+3x_2x_3+x_3x_4$;

(3) $f(x_1,x_2,x_3)=x_1^2+2x_2^2+2x_1x_2+4x_1x_3+2x_2x_3$;

(4) $f(x_1,x_2,x_3)=(x_1+x_2)^2+(x_2-x_3)^2+(x_3+x_1)^2$.

4. 用正交变换将下列二次型化为标准形,并写出相应的正交变换.

(1) $f(x_1,x_2,x_3)=2x_1^2+3x_2^2+3x_3^2+4x_2x_3$;

(2) $f(x_1,x_2,x_3)=2x_1x_2+2x_1x_3+2x_2x_3$;

(3) $f(x_1,x_2,x_3)=x_1^2+x_2^2-x_3^2-2x_1x_2$;

(4) $f(x_1,x_2,x_3)=11x_1^2+5x_2^2+2x_3^2+16x_1x_2+4x_1x_3-20x_2x_3$.

5. 用配方法将下列二次型化为标准形.

(1) $f(x_1,x_2,x_3)=x_1^2-3x_2^2-2x_1x_2-6x_2x_3$;

(2) $f(x_1,x_2,x_3)=-4x_1x_2+2x_1x_3-2x_2x_3$;

(3) $f(x_1,x_2,x_3)=x_1^2+2x_2^2+2x_1x_2-2x_1x_3$;

(4) $f(x_1,x_2,x_3)=x_1^2+x_2^2+6x_3^2+4x_1x_3+4x_2x_3$.

*6. 用初等变换法将第 4 题中的二次型化为标准形.

7. 判断下列二次型的正定性:

(1) $f(x_1,x_2,x_3)=2x_1^2+2x_1x_2+3x_2^2+4x_2x_3+2x_3^2$;

(2) $f(x_1,x_2,x_3)=2x_1^2-6x_2^2-4x_3^2+2x_2x_3+2x_1x_3$;

(3) $f(x_1,x_2,x_3)=x_1^2+x_2^2+2x_3^2+2x_1x_3+2x_2x_3$;

(4) $f(x_1,x_2,x_3)=x_1^2-x_2^2+8x_3^2-4x_1x_2+2x_1x_3+2x_2x_3$.

8. t 取何值时,下列二次型正定:

(1) $f(x_1,x_2,x_3)=2x_1^2+x_2^2+x_3^2+2x_1x_2+tx_2x_3$；

(2) $f(x_1,x_2,x_3)=5x_1^2+tx_2^2+4x_3^2+4x_1x_2-8x_1x_3-4x_2x_3$.

9. 设二次型

$$f(x_1,x_2,x_3)=x_1^2+x_2^2-x_3^2+2kx_1x_2+2x_1x_3-2x_2x_3$$

经正交变换 $\boldsymbol{X}=\boldsymbol{QY}$ 化为标准形 $-2y_1^2+y_2^2+2y_3^2$，求 k 及正交矩阵 $\boldsymbol{Q}$.

10. 设 n 元实二次型

$$f(x_1,x_2,\cdots,x_n)=(x_1+a_1x_2)^2+(x_2+a_2x_3)^2+\cdots+(x_{n-1}+a_{n-1}x_n)^2+(x_n+a_nx_1)^2,$$

其中 $a_i(i=1,2,\cdots,n)$ 为实数. 试问当 $a_1,a_2,\cdots,a_n$ 满足何种条件时，二次型 $f(x_1,x_2,\cdots,x_n)$ 是正定二次型.

*11. 设 n 元二次型 $f=\boldsymbol{X}^{\mathrm{T}}\boldsymbol{AX}$ 经可逆线性变换 $\boldsymbol{X}=\boldsymbol{C}_1\boldsymbol{Y}$ 化成标准形

$$f=b_1y_1^2+\cdots+b_py_p^2-b_{p+1}y_{p+1}^2-\cdots-b_ry_r^2,$$

其中 $b_j>0, j=1,2,\cdots,r$. 令

$$\boldsymbol{C}_2=\begin{pmatrix}\frac{1}{\sqrt{b_1}} & & & & & \\ & \ddots & & & & \\ & & \frac{1}{\sqrt{b_r}} & & & \\ & & & 1 & & \\ & & & & \ddots & \\ & & & & & 1\end{pmatrix}, \boldsymbol{C}=\boldsymbol{C}_1\boldsymbol{C}_2.$$

证明：可逆线性变换 $\boldsymbol{X}=\boldsymbol{CZ}$ 将二次型化为

$$f=z_1^2+\cdots+z_p^2-z_{p+1}^2-\cdots-z_r^2.$$

（这样的标准形称为二次型 f 的**规范形**，p 为**正惯性指数**，$r-p$ 为**负惯性指数**，且二次型的规范形是惟一的.）

12. 写出第 5 题中二次型的规范形.

*13. 将二次方程 $2x^2-4xy+y^2-4yz=1$ 及 $-x^2+4xy-4yz+z^2+6x+6y=3$ 化为最简形式，并判断它们所表示的曲面类型.

14. 设 $\boldsymbol{A}$ 是 n 阶正定矩阵，证明 $|\boldsymbol{E}+\boldsymbol{A}|>1$.

15. 设 $\boldsymbol{A},\boldsymbol{B}$ 均为 n 阶实对称矩阵，且 $\boldsymbol{A}$ 正定，证明存在 n 阶实可逆矩阵 $\boldsymbol{P}$，使 $\boldsymbol{P}^{\mathrm{T}}\boldsymbol{AP}$ 与 $\boldsymbol{P}^{\mathrm{T}}\boldsymbol{BP}$ 均为对角矩阵.

16. 设 n 阶方阵 $\boldsymbol{A}$ 正定，证明 $\boldsymbol{A}$ 与单位矩阵 $\boldsymbol{E}_n$ 合同.

17. 设 $\boldsymbol{A}$ 为 n 阶正定矩阵，证明：$\boldsymbol{A}^{-1},\boldsymbol{A}^*$ 也是正定矩阵.

18. 设 $\boldsymbol{A}$ 为 m 阶实对称矩阵且正定，$\boldsymbol{B}$ 为 $m\times n$ 实矩阵，证明：$\boldsymbol{B}^{\mathrm{T}}\boldsymbol{AB}$ 为正定矩阵的充要条件是 $r(\boldsymbol{B})=n$.

19. 设 $\boldsymbol{A}$ 为 $m\times n$ 阶实矩阵，$\boldsymbol{B}=\lambda\boldsymbol{E}_n+\boldsymbol{A}^{\mathrm{T}}\boldsymbol{A}$，证明：当 $\lambda>0$ 时，$\boldsymbol{B}$ 为正定矩阵.

20. 设 $\boldsymbol{A}$ 是 n 阶实对称矩阵，且满足 $\boldsymbol{A}^3+\boldsymbol{E}=\boldsymbol{O}$，证明 $\boldsymbol{A}$ 是负定矩阵.

21. 设 $\boldsymbol{A},\boldsymbol{B}$ 都是 n 阶正定矩阵，证明 $\begin{pmatrix}\boldsymbol{A} & \boldsymbol{O}\\ \boldsymbol{O} & \boldsymbol{B}\end{pmatrix}$ 是正定矩阵.

22. 设 $\boldsymbol{A}$ 是 n 阶实对称矩阵，且满足 $|\boldsymbol{A}|<0$，证明存在 n 维非零向量 $\boldsymbol{X}$，使得 $\boldsymbol{X}^{\mathrm{T}}\boldsymbol{A}\boldsymbol{X}<0$.

思考题参考答案

思考题 1-1

对任意矩阵 $\boldsymbol{A},\boldsymbol{B}$,都有 $|\boldsymbol{AB}|=|\boldsymbol{BA}|$ 成立吗?

答:不对.只有当矩阵 $\boldsymbol{A},\boldsymbol{B}$ 为方阵时,结论才成立.

思考题 1-2

设 4 阶方阵 $\boldsymbol{A}=(\boldsymbol{\alpha}\quad\boldsymbol{\gamma}_2\quad\boldsymbol{\gamma}_3\quad\boldsymbol{\gamma}_4)$,$\boldsymbol{B}=(\boldsymbol{\beta}\quad\boldsymbol{\gamma}_2\quad\boldsymbol{\gamma}_3\quad\boldsymbol{\gamma}_4)$,其中 $\boldsymbol{\alpha},\boldsymbol{\beta},\boldsymbol{\gamma}_2,\boldsymbol{\gamma}_3,\boldsymbol{\gamma}_4$ 均为 4×1 的列矩阵,且 $|\boldsymbol{A}|=4$,$|\boldsymbol{B}|=1$,则 $|\boldsymbol{A}+\boldsymbol{B}|=$__________.

答:$\boldsymbol{A}+\boldsymbol{B}=(\boldsymbol{\alpha}\quad\boldsymbol{\gamma}_2\quad\boldsymbol{\gamma}_3\quad\boldsymbol{\gamma}_4)+(\boldsymbol{\beta}\quad\boldsymbol{\gamma}_2\quad\boldsymbol{\gamma}_3\quad\boldsymbol{\gamma}_4)=(\boldsymbol{\alpha}+\boldsymbol{\beta}\quad2\boldsymbol{\gamma}_2\quad2\boldsymbol{\gamma}_3\quad2\boldsymbol{\gamma}_4)$.

根据行列式的性质,得

$$\begin{aligned}|\boldsymbol{A}+\boldsymbol{B}|&=|\boldsymbol{\alpha}+\boldsymbol{\beta}\quad2\boldsymbol{\gamma}_2\quad2\boldsymbol{\gamma}_3\quad2\boldsymbol{\gamma}_4|=2\cdot2\cdot2\cdot|\boldsymbol{\alpha}+\boldsymbol{\beta}\quad\boldsymbol{\gamma}_2\quad\boldsymbol{\gamma}_3\quad\boldsymbol{\gamma}_4|\\&=8(|\boldsymbol{\alpha}\quad\boldsymbol{\gamma}_2\quad\boldsymbol{\gamma}_3\quad\boldsymbol{\gamma}_4|+|\boldsymbol{\beta}\quad\boldsymbol{\gamma}_2\quad\boldsymbol{\gamma}_3\quad\boldsymbol{\gamma}_4|)=8(|\boldsymbol{A}|+|\boldsymbol{B}|)=40.\end{aligned}$$

思考题 1-3

矩阵求秩可以使用初等行变换,也可以使用初等列变换,而且交替使用也没问题.对吗?

答:正确.根据结论:初等变换不改变矩阵的秩.

思考题 1-4

由 $(\boldsymbol{A}+\boldsymbol{B})^{\mathrm{T}}=\boldsymbol{A}^{\mathrm{T}}+\boldsymbol{B}^{\mathrm{T}}$ 可类似得到:$(\boldsymbol{A}+\boldsymbol{B})^{-1}=\boldsymbol{A}^{-1}+\boldsymbol{B}^{-1}$,$|\boldsymbol{A}+\boldsymbol{B}|=|\boldsymbol{A}|+|\boldsymbol{B}|$.上述推理是否正确?

答:不正确.$(\boldsymbol{A}+\boldsymbol{B})^{-1}\neq\boldsymbol{A}^{-1}+\boldsymbol{B}^{-1}$,$|\boldsymbol{A}+\boldsymbol{B}|\neq|\boldsymbol{A}|+|\boldsymbol{B}|$.

思考题 2-1

设向量组 $\boldsymbol{\alpha}_1=(1,0,0)$,$\boldsymbol{\alpha}_2=(1,1,0)$,$\boldsymbol{\alpha}_3=(1,1,1)$,$\boldsymbol{\beta}=(a,b,c)$,则 $\boldsymbol{\beta}$ 一定可由 $\boldsymbol{\alpha}_1,\boldsymbol{\alpha}_2,\boldsymbol{\alpha}_3$ 线性表示,且表示式惟一.对吗?

答:正确.根据结论:设 $\boldsymbol{\alpha}_1,\boldsymbol{\alpha}_2,\cdots,\boldsymbol{\alpha}_m$ 线性无关,而 $\boldsymbol{\alpha}_1,\boldsymbol{\alpha}_2,\cdots,\boldsymbol{\alpha}_m,\boldsymbol{\beta}$ 线性相关,则 $\boldsymbol{\beta}$ 能由 $\boldsymbol{\alpha}_1,\boldsymbol{\alpha}_2,\cdots,\boldsymbol{\alpha}_m$ 线性表示,且表示式惟一.

在本题中,由$|\boldsymbol{\alpha}_1\quad \boldsymbol{\alpha}_2\quad \boldsymbol{\alpha}_3|=1\neq 0$得$\boldsymbol{\alpha}_1,\boldsymbol{\alpha}_2,\boldsymbol{\alpha}_3$线性无关,根据$n+1$个$n$维向量线性相关,得$\boldsymbol{\alpha}_1,\boldsymbol{\alpha}_2,\boldsymbol{\alpha}_3,\boldsymbol{\beta}$线性相关,从而结论成立.

思考题 3-1

设$\boldsymbol{A}$为n阶矩阵,$\boldsymbol{b}$为n维非零向量,$\boldsymbol{x}_1$为$\boldsymbol{AX}=\boldsymbol{b}$的解,$\boldsymbol{\alpha}_1,\boldsymbol{\alpha}_2,\cdots,\boldsymbol{\alpha}_r$为$\boldsymbol{AX}=\boldsymbol{0}$的基础解系,则$r(\boldsymbol{x}_1,\boldsymbol{\alpha}_1,\boldsymbol{\alpha}_2,\cdots,\boldsymbol{\alpha}_r)=r+1$.对吗?

答:正确.理由如下:

因为$\boldsymbol{\alpha}_1,\boldsymbol{\alpha}_2,\cdots,\boldsymbol{\alpha}_r$为$\boldsymbol{AX}=\boldsymbol{0}$的基础解系,从而$\boldsymbol{\alpha}_1,\boldsymbol{\alpha}_2,\cdots,\boldsymbol{\alpha}_r$线性无关;$\boldsymbol{x}_1$为$\boldsymbol{AX}=\boldsymbol{b}$的解,所以$\boldsymbol{x}_1$不能由$\boldsymbol{\alpha}_1,\boldsymbol{\alpha}_2,\cdots,\boldsymbol{\alpha}_r$线性表示,这就使得$\boldsymbol{\alpha}_1,\boldsymbol{\alpha}_2,\cdots,\boldsymbol{\alpha}_r,\boldsymbol{x}_1$中任意向量不能由其余向量线性表示,从而向量组线性无关,则$r(\boldsymbol{x}_1,\boldsymbol{\alpha}_1,\boldsymbol{\alpha}_2,\cdots,\boldsymbol{\alpha}_r)=r+1$.

思考题 4-1

两个矩阵如果等价,它们是否相似?反之,如果它们相似,是否等价?哪些矩阵与单位矩阵等价?哪些矩阵与单位矩阵相似?

答:等价不一定相似,但相似一定等价.满秩矩阵都与单位矩阵等价,而只有单位矩阵与单位矩阵相似.

思考题 4-2

设n阶矩阵$\boldsymbol{A}$的特征值为λ,则$\boldsymbol{A}+\boldsymbol{E}$的特征值为$\lambda+1$,那么我们是否可以得到结论:如果$n$阶矩阵$\boldsymbol{A},\boldsymbol{B}$的特征值分别为$\lambda,\mu$,则$\boldsymbol{A}+\boldsymbol{B}$的特征值为$\lambda+\mu$.

答:错误.

设n阶矩阵$\boldsymbol{A}$的特征值为λ,对应特征向量为$\boldsymbol{\alpha}$,则有

$$\boldsymbol{A\alpha}=\lambda\boldsymbol{\alpha}. \qquad ①$$

n阶单位矩阵$\boldsymbol{E}$的所有特征值为1,任何非零n维列向量均可成为其特征向量,所以

$$\boldsymbol{E\alpha}=1\boldsymbol{\alpha}. \qquad ②$$

①+②得$(\boldsymbol{A}+\boldsymbol{E})\boldsymbol{\alpha}=(\lambda+1)\boldsymbol{\alpha}$.

而对于任意矩阵$\boldsymbol{A},\boldsymbol{B}$的特征值分别为$\lambda,\mu$,因为对应特征向量一般是不同的,从而得不出对应结果.

思考题 4-3

设λ_1,λ_2为n阶方阵$\boldsymbol{A}$的特征值,且$\lambda_1\neq\lambda_2$,而$\boldsymbol{\alpha}_1,\boldsymbol{\alpha}_2$分别为对应的特征向量,试讨论$\boldsymbol{\alpha}_1+\boldsymbol{\alpha}_2$是否为$\boldsymbol{A}$的特征向量.

答:$\boldsymbol{\alpha}_1+\boldsymbol{\alpha}_2$不是$\boldsymbol{A}$的特征向量.因为

$$\boldsymbol{A\alpha}_1=\lambda_1\boldsymbol{\alpha}_1,\quad \boldsymbol{A\alpha}_2=\lambda_2\boldsymbol{\alpha}_2, \qquad ①$$

假设$\boldsymbol{\alpha}_1+\boldsymbol{\alpha}_2$是$\boldsymbol{A}$的对应特征值$\mu$的特征向量,则

$$\boldsymbol{A}(\boldsymbol{\alpha}_1+\boldsymbol{\alpha}_2)=\mu(\boldsymbol{\alpha}_1+\boldsymbol{\alpha}_2), \tag{②}$$

①代入②得：

$$\lambda_1\boldsymbol{\alpha}_1+\lambda_2\boldsymbol{\alpha}_2=\mu\boldsymbol{\alpha}_1+\mu\boldsymbol{\alpha}_2\Rightarrow(\lambda_1-\mu)\boldsymbol{\alpha}_1+(\lambda_2-\mu)\boldsymbol{\alpha}_2=\boldsymbol{0},$$

由 $\lambda_1\neq\lambda_2$ 知 $\boldsymbol{\alpha}_1,\boldsymbol{\alpha}_2$ 线性无关，从而 $\lambda_1-\mu=0,\lambda_2-\mu=0\Rightarrow\lambda_1=\lambda_2$.

这与题设矛盾，所以 $\boldsymbol{\alpha}_1+\boldsymbol{\alpha}_2$ 不是 $\boldsymbol{A}$ 的特征向量.

思考题 5-1

矩阵 $\boldsymbol{A}$ 为正定矩阵的充分必要条件是 $\boldsymbol{A}$ 的所有特征值都大于零，对吗？

答：错误. 在矩阵 $\boldsymbol{A}$ 为实对称矩阵时，上述结论成立.

部分习题参考答案

习　题　1

1. (1) $\begin{pmatrix}4&&\\&9&\\&&16\end{pmatrix}$, $\begin{pmatrix}2^n&&\\&3^n&\\&&4^n\end{pmatrix}$; (2) 6, $\begin{pmatrix}1&2&3\\1&2&3\\1&2&3\end{pmatrix}$; (3) $\boldsymbol{A}$, $\begin{pmatrix}-6&2&-2\\7&-3&1\\-1&5&9\end{pmatrix}$;

   (4) 0; (5) -15; (6) -3 或 -6; (7) $\dfrac{1}{2}$, 54, 4, 4, 2^n; (8) $\dfrac{1}{10}\boldsymbol{A}$; (9) 0;

   (10) $\begin{pmatrix}1&0&0\\0&0&1\\0&1&0\end{pmatrix}$, $\begin{pmatrix}1&0&0\\0&1&0\\-2&0&1\end{pmatrix}$.

2. (1) B; (2) D; (3) D; (4) A; (5) B; (6) A; (7) C; (8) C; (9) D; (10) D.

3. (1) $\begin{pmatrix}3&1&-1\\7&0&9\end{pmatrix}$, $\begin{pmatrix}1&-3&-2\\4&15&3\end{pmatrix}$; (2) $\begin{pmatrix}5&3&1\\0&5&3\\0&0&5\end{pmatrix}$;

   (3) $\begin{pmatrix}6&2&4\\3&3&-9\end{pmatrix}$, $\begin{pmatrix}9&-5&4\\-3&5&6\end{pmatrix}$; (4) 6, $\begin{pmatrix}4&-2&2\\-2&1&-1\\2&-1&1\end{pmatrix}$; (5) $\begin{pmatrix}\frac{4}{3}&2&-\frac{4}{3}&\frac{4}{3}\\\frac{4}{3}&-\frac{4}{3}&\frac{2}{3}&-\frac{2}{3}\\\frac{2}{3}&-\frac{2}{3}&-4&-\frac{2}{3}\end{pmatrix}$;

   (6) $\begin{pmatrix}5&16&-5\\-11&25&20\\-6&23&-2\end{pmatrix}$, $\begin{pmatrix}10&-6&0&3\\-5&5&-2&-13\\12&19&-2&16\end{pmatrix}$; (7) $\begin{pmatrix}2&1&5\\1&-4&-3\\-3&-5&2\end{pmatrix}$;

   (8) $\begin{pmatrix}11&-4&-4\\-3&3&7\\2&1&4\end{pmatrix}$, $\begin{pmatrix}9&-6&-4\\3&-8&4\\-8&9&-1\end{pmatrix}$, $\begin{pmatrix}4&-21&10\\5&13&-1\\4&1&6\end{pmatrix}$.

4. (1) $\begin{pmatrix}5&9&8\\1&7&6\\6&20&26\end{pmatrix}$; (2) $\begin{pmatrix}-2&0\\-1&-3\end{pmatrix}$, $\begin{pmatrix}-2&0\\-1&-3\end{pmatrix}$.

5. (1) $\begin{pmatrix}17 & -8\\16 & -7\end{pmatrix}$, $\begin{pmatrix}53 & -26\\52 & -25\end{pmatrix}$; (2) $\begin{pmatrix}1 & 3 & 3\\0 & 1 & 3\\0 & 0 & 1\end{pmatrix}$, $\begin{pmatrix}1 & 4 & 6\\0 & 1 & 4\\0 & 0 & 1\end{pmatrix}$.

6. (1) $\begin{pmatrix}k^n & 0 & 0\\0 & k^n & 0\\0 & 0 & k^n\end{pmatrix}$; (2) $\begin{pmatrix}2^n & 3n\cdot 2^{n-1}\\0 & 2^n\end{pmatrix}$;

(3) $n=2$, $\begin{bmatrix}0 & 0 & 1 & 0\\0 & 0 & 0 & 1\\0 & 0 & 0 & 0\\0 & 0 & 0 & 0\end{bmatrix}$, $n=3$, $\begin{bmatrix}0 & 0 & 0 & 1\\0 & 0 & 0 & 0\\0 & 0 & 0 & 0\\0 & 0 & 0 & 0\end{bmatrix}$, $n>3$, $\boldsymbol{O}$;

(4) $\boldsymbol{A}^n=\begin{cases}2^n\boldsymbol{E}, n=2m,\\ 2^{n-1}\boldsymbol{A}, n=2m+1,\end{cases}$ m 为正整数;

(5) $\boldsymbol{A}=\begin{pmatrix}\cos n\varphi & -\sin n\varphi\\ \sin n\varphi & \cos n\varphi\end{pmatrix}$; (6) $3^{n-1}\begin{bmatrix}1 & \frac{1}{2} & \frac{1}{3}\\ 2 & 1 & \frac{2}{3}\\ 3 & \frac{3}{2} & 1\end{bmatrix}$.

7. (1) 7; (2) -7; (3) a^3-3a+2; (4) $(b-a)^3$; (5) 0; (6) $(a^3+b^3)(3xyz-x^3-y^3-z^3)$;

(7) 72; (8) 1; (9) -86; (10) 24; (11) 120; (12) 0; (13) 12;

(14) $D_n=\begin{cases}a_1+b_1, & n=1,\\ (a_1-a_2)(b_2-b_1), & n=2,\\ 0, & n\geqslant 3;\end{cases}$ (15) $a_{11}\cdots a_{kk}b_{11}\cdots b_{nn}$; (16) $a_1a_2\cdots a_n\left(1+\sum_{k=1}^{n}\frac{1}{a_k}\right)$;

(17) $(-1)^{n+1}n!$; (18) $(a^2-b^2)^n$; (19) $-(n-2)n!$; (20) $D_n=\begin{cases}\dfrac{\beta^{n+1}-\alpha^{n+1}}{\beta-\alpha}, & \alpha\neq\beta,\\ (n+1)\alpha^n, & \alpha=\beta.\end{cases}$

8. (1) $\begin{pmatrix}1 & 1 & 1\\0 & 1 & 2\\0 & 3 & 8\end{pmatrix}$; (2) $\begin{pmatrix}0 & 1 & 1\\-1 & 1 & 2\\-3 & 4 & 9\end{pmatrix}$; (3) $\begin{pmatrix}-1 & 1 & 1\\-4 & 2 & 3\\-12 & 4 & 9\end{pmatrix}$.

9. 2.

10. (1) $\begin{pmatrix}1 & 1 & 1\\0 & 1 & 2\\0 & 0 & 2\end{pmatrix}$; (2) $\begin{pmatrix}-1 & 1 & 2\\0 & 1 & 1\\0 & 0 & 2\end{pmatrix}$; (3) $\begin{pmatrix}-1 & 1 & 1\\0 & -2 & -1\\0 & 0 & 0\end{pmatrix}$; (4) $\begin{pmatrix}1 & 1 & 2 & 3\\0 & -1 & -1 & 1\\0 & 0 & -5 & -9\end{pmatrix}$;

(5) $\begin{pmatrix}1&0&1\\0&1&-1\\0&0&3\\0&0&0\end{pmatrix}$；(6) $\begin{pmatrix}1&0&2&-1&0\\0&1&-2&0&0\\0&0&3&2&1\\0&0&0&0&0\end{pmatrix}$.

11. (1) 2；(2) 2；(3) 3；(4) 3；(5) 4；(6) 3；(7) 3；(8) 3.

12. (1) 3；(2) 0.

13. (1) $a=0,1$ 时，秩为 3；$a\neq 0,1$ 时，秩为 4.

(2) $a\neq 1$ 且 $a\neq -\dfrac{1}{3}$时，$r(\boldsymbol{A})=4$；$a=1$ 时，$r(\boldsymbol{A})=1$；$a=-\dfrac{1}{3}$时，$r(\boldsymbol{A})=3$.

(3) 1.

14. $a=1,b=-1$.

15. (1) $\dfrac{63}{5}$；(2) -2 或 1.

16. (1) $\begin{cases}x_1=\dfrac{1}{5},\\x_2=\dfrac{3}{5};\end{cases}$ (2) $\begin{cases}x_1=13,\\x_2=-2;\end{cases}$ (3) $\begin{cases}x_1=0,\\x_2=\dfrac{2}{3},\\x_3=\dfrac{1}{3};\end{cases}$ (4) $\begin{cases}x_1=1,\\x_2=1,\\x_3=1;\end{cases}$ (5) $\begin{cases}x_1=\dfrac{8}{3},\\x_2=-\dfrac{7}{3},\\x_3=-\dfrac{11}{3},\\x_4=\dfrac{10}{3}.\end{cases}$

17. (1) $\boldsymbol{E}(i,j)$；(2) $\boldsymbol{E}\left(i\left(\dfrac{1}{k}\right)\right)$；(3) $\boldsymbol{E}(i,j(-k))$.

18. (1) $\begin{pmatrix}-3&2\\\dfrac{5}{2}&-\dfrac{3}{2}\end{pmatrix}$；(2) $\dfrac{1}{81}\begin{pmatrix}-47&38&7\\9&-9&9\\22&-4&-5\end{pmatrix}$；(3) $\dfrac{1}{9}\begin{pmatrix}1&2&2\\2&1&-2\\2&-2&1\end{pmatrix}$；

(4) $\begin{pmatrix}1&-2&0\\3&-3&-1\\-6&7&2\end{pmatrix}$；(5) $\dfrac{1}{2}\begin{pmatrix}-1&0&0&-1\\1&-1&0&0\\0&1&-1&0\\0&0&1&-1\end{pmatrix}$；(6) $\begin{pmatrix}1&-2&4&-8\\0&1&-2&4\\0&0&1&-2\\0&0&0&1\end{pmatrix}$；

(7) $\begin{pmatrix}1&0&0&\cdots&0&0\\-a&1&0&\cdots&0&0\\0&-a&1&\cdots&0&0\\\vdots&\vdots&\vdots&&\vdots&\vdots\\0&0&0&\cdots&1&0\\0&0&0&\cdots&-a&1\end{pmatrix}$.

*19. $a\neq 1$ 且 $a\neq\frac{1}{1-n}$ 时，$\boldsymbol{A}$ 可逆；令 $b=(n-1)a+1$，$\boldsymbol{A}^{-1}=\frac{1}{b(1-a)}\begin{pmatrix} b-a & -a & -a & \cdots & -a \\ -a & b-a & -a & \cdots & -a \\ -a & -a & b-a & \cdots & -a \\ \vdots & \vdots & \vdots & & \vdots \\ -a & -a & -a & \cdots & b-a \end{pmatrix}$.

20. (1) 10^{16}，$\begin{pmatrix} 5^4 & 0 & 0 & 0 \\ 0 & 5^4 & 0 & 0 \\ 0 & 0 & 2^4 & 0 \\ 0 & 0 & 2^6 & 2^4 \end{pmatrix}$；(2) $\begin{pmatrix} \frac{1}{5} & 0 & 0 \\ 0 & -2 & 1 \\ 0 & \frac{3}{2} & -\frac{1}{2} \end{pmatrix}$，$\begin{pmatrix} 1 & -2 & 0 & 0 \\ -2 & 5 & 0 & 0 \\ 0 & 0 & 2 & -3 \\ 0 & 0 & -5 & 8 \end{pmatrix}$；

(3) $\begin{pmatrix} 1 & -1 & 1 & 0 \\ -1 & 1 & 1 & 1 \\ 1 & -1 & 5 & 3 \\ -1 & 1 & 9 & 6 \end{pmatrix}$，3.

*21. (1) $\begin{pmatrix} 0 & 0 & 2 & 1 & 1 \\ 0 & 0 & 5 & 3 & 2 \\ 0 & 0 & -4 & -2 & -1 \\ \frac{1}{2} & \frac{1}{2} & 0 & 0 & 0 \\ -\frac{1}{8} & \frac{1}{8} & 0 & 0 & 0 \end{pmatrix}$；(2) $\begin{pmatrix} 0 & 0 & 0 & \cdots & 0 & \frac{1}{a_n} \\ \frac{1}{a_1} & 0 & 0 & \cdots & 0 & 0 \\ 0 & \frac{1}{a_2} & 0 & \cdots & 0 & 0 \\ \vdots & \vdots & \vdots & & \vdots & \vdots \\ 0 & 0 & 0 & \cdots & \frac{1}{a_{n-1}} & 0 \end{pmatrix}$

*22. (1) $\begin{pmatrix} 1 & 0 & 0 & 0 \\ -\frac{1}{2} & \frac{1}{2} & 0 & 0 \\ -\frac{1}{2} & -\frac{1}{6} & \frac{1}{3} & 0 \\ \frac{1}{8} & -\frac{5}{24} & -\frac{1}{12} & \frac{1}{4} \end{pmatrix}$；(2) $\begin{pmatrix} 1 & 0 & 0 & 0 \\ 1 & 1 & 0 & 0 \\ 1 & 1 & 1 & 0 \\ 1 & 1 & 1 & 1 \end{pmatrix}$；

(3) $\begin{pmatrix} \frac{1}{2} & -\frac{1}{4} & -\frac{5}{8} & -\frac{5}{16} \\ 0 & \frac{1}{2} & -\frac{1}{4} & -\frac{5}{8} \\ 0 & 0 & \frac{1}{2} & -\frac{1}{4} \\ 0 & 0 & 0 & \frac{1}{2} \end{pmatrix}$；(4) $\begin{pmatrix} -1 & 2 & 5 & -5 \\ 1 & -1 & -4 & 3 \\ 0 & 0 & 2 & -1 \\ 0 & 0 & -1 & 1 \end{pmatrix}$.

23. (1) $\begin{pmatrix} \frac{4}{3} & 2 \\ -\frac{10}{3} & 1 \\ -\frac{5}{3} & 1 \end{pmatrix}$;(2) $\begin{pmatrix} 0 & 2 & -1 \\ 1 & 5 & -3 \\ 1 & -4 & 3 \end{pmatrix}$;(3) $\begin{pmatrix} 17 & 48 & -94 \\ -17 & -47 & 93 \end{pmatrix}$.

24. $\begin{pmatrix} 0 & 4 & 3 \\ -1 & 6 & 3 \\ 1 & -6 & -3 \end{pmatrix}$.

25. $\begin{pmatrix} 2 & 0 & 1 \\ 0 & 3 & 0 \\ 1 & 0 & 2 \end{pmatrix}$.

26. $\begin{pmatrix} 2 & 0 & 0 \\ 0 & -4 & 0 \\ 0 & 0 & 2 \end{pmatrix}$.

*33. 记矩阵为 $\boldsymbol{A}$.

(1) $|\boldsymbol{A}|=4-10=-6 \pmod 6 \equiv 0 \pmod 6$,$(6,0)\neq 1$,无逆元,因此不可逆;

(2) $|\boldsymbol{A}|=-6 \pmod 5=4 \pmod 5$,$(5,4)=1$,有逆元,且 $|\boldsymbol{A}|^{-1} \pmod 5=4$,

$$\boldsymbol{A}^{-1} \pmod 5=|\boldsymbol{A}|^{-1} \pmod 5\,\boldsymbol{A}^* \pmod 5=4\begin{pmatrix} 0 & 3 & -2 \\ 6 & -3 & 0 \\ -6 & 0 & 0 \end{pmatrix} \pmod 5=\begin{pmatrix} 0 & 2 & 2 \\ 4 & 3 & 0 \\ 1 & 0 & 0 \end{pmatrix} \pmod 5;$$

(3) $|\boldsymbol{A}|=-15 \pmod{25}=10 \pmod{25}$,$(25,10)\neq 1$,无逆元,因此不可逆.

*34. 证法一:设 $\boldsymbol{A},\boldsymbol{B},\boldsymbol{C},\boldsymbol{D}$ 中的第 i 行第 j 列的元素分别为 $a_{ij},b_{ij},c_{ij},d_{ij}$,可知 $a_{ij}\equiv b_{ij} \pmod m$,$c_{ij}\equiv d_{ij} \pmod m$,显然有

$$xa_{ij}+yc_{ij}\equiv xb_{ij}+yd_{ij} \pmod m,$$

其中 $xa_{ij}+yc_{ij}$ 和 $xb_{ij}+yd_{ij}$ 分别为 $x\boldsymbol{A}+y\boldsymbol{C}$ 和 $x\boldsymbol{B}+y\boldsymbol{D}$ 的元素,故 $x\boldsymbol{A}+y\boldsymbol{C}$ 和 $x\boldsymbol{B}+y\boldsymbol{D}$ 关于模 m 同余.

证法二:设 $\boldsymbol{A},\boldsymbol{B},\boldsymbol{C},\boldsymbol{D}$ 中的第 i 行第 j 列的元素分别为 $a_{ij},b_{ij},c_{ij},d_{ij}$,由 $\boldsymbol{A}$ 和 $\boldsymbol{B}$ 关于模 m 同余,$\boldsymbol{C}$ 和 $\boldsymbol{D}$ 关于模 m 同余可知,存在 k_{ij},k'_{ij} 使得 $a_{ij}=b_{ij}+mk_{ij}$, $c_{ij}=d_{ij}+mk'_{ij}$,因此有

$$xa_{ij}+yc_{ij}=xb_{ij}+yd_{ij}+m(xk_{ij}+yk'_{ij})\equiv xb_{ij}+yd_{ij} \pmod m,$$

其中 $xa_{ij}+yc_{ij}$ 和 $xb_{ij}+yd_{ij}$ 分别为 $x\boldsymbol{A}+y\boldsymbol{C}$ 和 $x\boldsymbol{B}+y\boldsymbol{D}$ 的元素,故 $x\boldsymbol{A}+y\boldsymbol{C}$ 和 $x\boldsymbol{B}+y\boldsymbol{D}$ 关于模 m 同余.

*35. (1) $m=math$ 的每个字母对应的数字为 12,0,19,7,将其表示为 2 个 2×1 的矩阵 $\begin{pmatrix} 12 \\ 0 \end{pmatrix}$,$\begin{pmatrix} 19 \\ 7 \end{pmatrix}$,得到明文矩阵 $\boldsymbol{M}=\begin{pmatrix} 12 & 19 \\ 0 & 7 \end{pmatrix}$,由 $\boldsymbol{C}=\boldsymbol{K}\boldsymbol{M} \pmod{26}$ 得到密文

$$C=KM(\text{mod }26)=\begin{pmatrix}1&2\\8&3\end{pmatrix}\begin{pmatrix}12&19\\0&7\end{pmatrix}(\text{mod }26)=\begin{pmatrix}12&33\\96&173\end{pmatrix}(\text{mod }26)$$

$$=\begin{pmatrix}12&7\\18&17\end{pmatrix}(\text{mod }26),$$

密文对应的数字为 12,18,7,17,密文为 $mshr$.

(2) $m=algebra$ 的每个字母对应的数字为 0,11,6,4,1,17,0,将其表示为 2 个 4×1 的矩阵 $\begin{pmatrix}0\\11\\6\\4\end{pmatrix}$, $\begin{pmatrix}1\\17\\0\\0\end{pmatrix}$(不足 4 维向量则用 0 补齐),得到明文矩阵 $M=\begin{pmatrix}12&19\\0&7\end{pmatrix}$, 由 $C=KM(\text{mod }26)$得到密文

$$C=KM(\text{mod }26)=\begin{pmatrix}1&10&7&10\\2&9&10&2\\7&8&3&9\\8&6&9&1\end{pmatrix}\begin{pmatrix}0&1\\11&17\\6&0\\4&0\end{pmatrix}(\text{mod }26)$$

$$=\begin{pmatrix}192&171\\167&155\\142&143\\124&110\end{pmatrix}(\text{mod }26)=\begin{pmatrix}10&15\\11&25\\12&13\\20&6\end{pmatrix}(\text{mod }26),$$

密文对应的数字为 10,11,12,20,15,25,13,密文为 $klmupzn$.

(3) 密文 $c=ikm$ 对应的数字向量为 $C=\begin{pmatrix}8&12\\10&0\end{pmatrix}$,由 $K=\begin{pmatrix}5&2\\6&9\end{pmatrix}$知:$K^{-1}=\begin{pmatrix}5&22\\14&23\end{pmatrix}$,因此,明文数字矩阵为

$$M=\begin{pmatrix}5&22\\14&23\end{pmatrix}C=\begin{pmatrix}5&22\\14&23\end{pmatrix}\begin{pmatrix}8&12\\10&0\end{pmatrix}=\begin{pmatrix}260&60\\342&168\end{pmatrix}(\text{mod }26)=\begin{pmatrix}0&8\\4&12\end{pmatrix}(\text{mod }26),$$

对应的明文为 aes.

(4) 密文 $c=uir$ 对应的数字向量为 $C=\begin{pmatrix}20\\8\\17\end{pmatrix}$,由 $K=\begin{pmatrix}2&5&0\\4&1&5\\9&4&2\end{pmatrix}$知:$K^{-1}=\begin{pmatrix}10&20&15\\17&18&20\\25&17&10\end{pmatrix}$,因此,明文数字矩阵为

$$M=\begin{pmatrix}10&20&15\\17&18&20\\25&17&10\end{pmatrix}C=\begin{pmatrix}10&6&15\\17&8&20\\25&17&10\end{pmatrix}\begin{pmatrix}20\\8\\17\end{pmatrix}=\begin{pmatrix}615\\824\\806\end{pmatrix}(\text{mod }26)=\begin{pmatrix}17\\18\\0\end{pmatrix}(\text{mod }26),$$

对应的明文为 rsa.

*36. (1) 唯密文攻击

可以尝试对希尔密码进行唯密文攻击，但它可能并不总是成功的，这取决于密钥大小和已知密文的可用性.

(i) 确定密钥矩阵大小：如果密钥矩阵的大小已知(例如，2×2 或 3×3)，则可以显著简化攻击. 但是，如果大小未知，则可能需要尝试不同的矩阵大小.

(ii) 计算一致性指数：一致性指数衡量从密文中随机选择的两个字母相同的概率. 通过计算不同密钥长度的该值，可以确定密文中是否存在重复模式，从中可能求出密钥矩阵的大小.

(iii) 假设密钥矩阵：根据密钥矩阵大小，假设一个随机密钥矩阵来启动攻击.

(iv) 解密部分密文：使用假定的密钥矩阵解密部分密文. 分析生成的明文中的模式、有意义的单词或常见语言特征，这可以帮助判断假设的密钥矩阵是否正确.

(v) 评估密钥的正确性：如果假设的密钥矩阵产生合理的明文，那么它可能是正确的密钥. 如果没有，则尝试另一个密钥矩阵并重复解密过程.

可以看出，唯密文攻击的成功在很大程度上取决于密文的长度、密钥矩阵的大小以及已知明文-密文对的可用性. 如果密文太短或密钥矩阵很大，则攻击难度会成倍增加. 如果使用得当，具有大密钥矩阵的希尔密码可以安全地抵御唯密文攻击.

(2) 已知明文攻击

(i) 收集已知明文-密文对：每对应该由明文消息及其相应的密文组成，拥有的配对越多，成功推导密钥的机会就越大.

(ii) 确定密钥矩阵大小：根据收集的明文-密文对，推测可能的密钥大小 n.

(iii) 求解密钥矩阵：对于密钥矩阵大小为 $n\times n$(其中 n 是密钥大小)的希尔密码，每个明文-密文对涉及 n 个方程. 这些方程将涉及密钥矩阵元素. 使用线性代数技术来求解方程组并找到密钥矩阵，如高斯消去或矩阵求逆.

(iv) 检查有效性：获得密钥矩阵后，通过加密/解密其他明文并将结果与已知密文进行比较来验证其正确性. 如果密钥矩阵是正确的，它应该为给定的明文生成与已知明文-密文消息对相同的密文.

如果有了密钥矩阵，就可以解密使用相同密钥加密的任何其他密文，也可以使用密钥矩阵的逆来执行解密. 因此可以看出，当密钥矩阵不够大时，希尔密码就容易受到已知明文攻击. 为了提高希尔密码对已知明文攻击的安全性，密钥矩阵应选择为足够大(例如，根据字母表的大小，至少 3×3 或更大)，并且密钥应保密. 此外，使用较大的字母表(例如，扩展的 ASCII 或 Unicode)也会增加攻击的复杂性.

在实践中，希尔密码不像 AES(高级加密标准)等现代对称加密算法那样安全，而是作为一种历史密码，希尔密码主要用于小规模的学术或教育目的，而不是需要强大安全性的实际应用.

(3) 选择明文攻击

相较于已知明文攻击，敌手可以选定明文消息，从而得到任意生成明文-密文消息对，因此可以根据这一性质快速确定密钥矩阵的大小，设计容易计算的明文-密文消息对，按照(2)中步骤快速求出密钥矩阵. 因此希尔密码不能抵抗选择明文攻击.

需要注意的是，选择明文攻击的成功取决于是否有足够数量的选择明文-密文对以及设置和控制加密过程的能力.在实际场景中,实现这些条件通常很有挑战性,这使得选择明文攻击不太常见于破坏加密方案.密码学家设计的加密算法能够抵御选择明文攻击和其他已知的攻击,建议使用已建立的加密标准和协议来确保安全.

(4) 选择密文攻击

敌手在此攻击中,除可以加密任何消息,还可以解密任何密文,因此,敌手可以利用解密能力,结合(3)中的步骤进行攻击,因此希尔密码不能抵御选择密文攻击.

习 题 2

1. (1) $(-7,-5,-16,-18)$;(2) 5;(3) 相关;(4) $a=2b$;(5) $\boldsymbol{\alpha}_1,\boldsymbol{\alpha}_2,\boldsymbol{\alpha}_3$ 或 $\boldsymbol{\alpha}_1,\boldsymbol{\alpha}_2,\boldsymbol{\alpha}_4$;(6) 3;
   (7) 无关,无关;(8) $2l_1-l_2+3l_3=0$;(9) 3;(10) $(1,1,-1)$.
2. (1) C;(2) D;(3) A;(4) C;(5) C;(6) C;(7) C;(8) C;(9) C;(10) B.
3. (1) 如:$\boldsymbol{\alpha}_1=(1,1,0),\boldsymbol{\alpha}_2=(1,0,0),\boldsymbol{\alpha}_3=(2,0,0)$;
   (2) 如:$\boldsymbol{\alpha}_1=(1,0,0),\boldsymbol{\alpha}_2=(0,1,0),\boldsymbol{\alpha}_3=(0,0,1)$,
   $\boldsymbol{\beta}_1=(-1,0,0),\boldsymbol{\beta}_2=(0,-1,0),\boldsymbol{\beta}_3=(0,0,-1)$;
   (3) 如:$\boldsymbol{\alpha}_1=\boldsymbol{\beta}_1=(1,0,0),\boldsymbol{\alpha}_2=\boldsymbol{\beta}_2=(0,1,0)$,
   $\boldsymbol{\alpha}_3=(0,0,1),\boldsymbol{\beta}_3=(1,1,0)$;
   (4) 如:$\boldsymbol{\alpha}_1=(1,0,0,0),\boldsymbol{\alpha}_2=(0,1,0,0),\boldsymbol{\alpha}_3=(0,1,0,0)$,
   $\boldsymbol{\beta}_1=(0,0,1,0),\boldsymbol{\beta}_2=(0,0,0,1),\boldsymbol{\beta}_3=(0,0,2,1)$.
4. (1) 相关;(2) 无关;(3) 无关;(4) 无关;(5) 相关;(6) 相关;(7) 无关;(8) 相关.
5. $t\neq-3$.
6. $\lambda=0$ 或 4.
11. 5.
15. m.
19. (1) $r(\boldsymbol{\alpha}_1,\boldsymbol{\alpha}_2,\boldsymbol{\alpha}_3)=3$,极大无关组为 $\boldsymbol{\alpha}_1,\boldsymbol{\alpha}_2,\boldsymbol{\alpha}_3$;
   (2) $r(\boldsymbol{\alpha}_1,\boldsymbol{\alpha}_2,\boldsymbol{\alpha}_3,\boldsymbol{\alpha}_4)=3$,极大无关组为 $\boldsymbol{\alpha}_1,\boldsymbol{\alpha}_2,\boldsymbol{\alpha}_3$ 或 $\boldsymbol{\alpha}_1,\boldsymbol{\alpha}_2,\boldsymbol{\alpha}_4$ 或 $\boldsymbol{\alpha}_1,\boldsymbol{\alpha}_3,\boldsymbol{\alpha}_4$ 或 $\boldsymbol{\alpha}_2,\boldsymbol{\alpha}_3,\boldsymbol{\alpha}_4$;
   (3) $r(\boldsymbol{\alpha}_1,\boldsymbol{\alpha}_2,\boldsymbol{\alpha}_3,\boldsymbol{\alpha}_4)=2$,极大无关组为 $\boldsymbol{\alpha}_1,\boldsymbol{\alpha}_3$ 或 $\boldsymbol{\alpha}_1,\boldsymbol{\alpha}_4$ 或 $\boldsymbol{\alpha}_2,\boldsymbol{\alpha}_3$ 或 $\boldsymbol{\alpha}_2,\boldsymbol{\alpha}_4$;
   (4) $r(\boldsymbol{\alpha}_1,\boldsymbol{\alpha}_2,\boldsymbol{\alpha}_3,\boldsymbol{\alpha}_4)=2$,极大无关组为 $\boldsymbol{\alpha}_1,\boldsymbol{\alpha}_2$ 或 $\boldsymbol{\alpha}_1,\boldsymbol{\alpha}_3$ 或 $\boldsymbol{\alpha}_1,\boldsymbol{\alpha}_4$;
   (5) $r(\boldsymbol{\alpha}_1,\boldsymbol{\alpha}_2,\boldsymbol{\alpha}_3)=2$,极大无关组为 $\boldsymbol{\alpha}_1,\boldsymbol{\alpha}_2$ 或 $\boldsymbol{\alpha}_1,\boldsymbol{\alpha}_3$;
   (6) $r(\boldsymbol{\alpha}_1,\boldsymbol{\alpha}_2,\boldsymbol{\alpha}_3,\boldsymbol{\alpha}_4)=4$,极大无关组为 $\boldsymbol{\alpha}_1,\boldsymbol{\alpha}_2,\boldsymbol{\alpha}_3,\boldsymbol{\alpha}_4$.
20. $\|\boldsymbol{\alpha}_1\|=\sqrt{7},\|\boldsymbol{\alpha}_2\|=\sqrt{15},\|\boldsymbol{\alpha}_3\|=\sqrt{10}$;
   $(\boldsymbol{\alpha}_1,\boldsymbol{\alpha}_2)=6,(\boldsymbol{\alpha}_1,\boldsymbol{\alpha}_3)=1,(\boldsymbol{\alpha}_2,\boldsymbol{\alpha}_3)=-9$;
   $(\widehat{\boldsymbol{\alpha}_1,\boldsymbol{\alpha}_2})=\arccos\dfrac{6}{\sqrt{105}},(\widehat{\boldsymbol{\alpha}_1,\boldsymbol{\alpha}_3})=\arccos\dfrac{1}{\sqrt{70}},(\widehat{\boldsymbol{\alpha}_2,\boldsymbol{\alpha}_3})=\arccos\dfrac{-9}{5\sqrt{6}}$.
21. V_1 是向量空间,V_2 不是向量空间.
22. $n-2,(1,-1,0,\cdots,0),(0,0,1,-1,0,\cdots,0),(0,0,0,0,1,\cdots,0),\cdots,(0,0,\cdots,1)$.
23. $\boldsymbol{\beta}_1=2\boldsymbol{\alpha}_1+3\boldsymbol{\alpha}_2-\boldsymbol{\alpha}_3,\boldsymbol{\beta}_2=3\boldsymbol{\alpha}_1-3\boldsymbol{\alpha}_2-2\boldsymbol{\alpha}_3$.

24. $\left(1,\frac{1}{2},-\frac{1}{2}\right)$.

26. $\boldsymbol{\alpha}_3=k(1,0,-1)$($k$ 为任意常数).

27. $a=-1,\boldsymbol{\alpha}_1,\boldsymbol{\alpha}_2$.

28. (1) $\boldsymbol{\beta}_1=(1,1,1),\boldsymbol{\beta}_2=(-1,0,1),\boldsymbol{\beta}_3=\left(\frac{1}{3},-\frac{2}{3},\frac{1}{3}\right)$;

(2) $\boldsymbol{\beta}_1=(1,0,-1,1),\boldsymbol{\beta}_2=\left(\frac{1}{3},-1,\frac{2}{3},\frac{1}{3}\right),\boldsymbol{\beta}_3=\left(-\frac{1}{5},\frac{3}{5},\frac{3}{5},\frac{4}{5}\right)$.

29. $\boldsymbol{\beta}_1=\left(\frac{1}{\sqrt{2}},\frac{1}{\sqrt{2}},0,0\right),\boldsymbol{\beta}_2=\left(0,0,\frac{1}{\sqrt{2}},\frac{1}{\sqrt{2}}\right),\boldsymbol{\beta}_3=\left(\frac{1}{2},-\frac{1}{2},\frac{1}{2},-\frac{1}{2}\right),\boldsymbol{\beta}_4=\left(\frac{1}{2},-\frac{1}{2},-\frac{1}{2},\frac{1}{2}\right)$.

30. (1) 不是正交矩阵; (2) 是正交矩阵; (3) 是正交矩阵; (4) 是正交矩阵.

33. V 的维数是 3.

$\boldsymbol{\beta}_1=\left(\frac{1}{\sqrt{3}},\frac{1}{\sqrt{3}},0,-\frac{1}{\sqrt{3}}\right)$, $\boldsymbol{\beta}_2=\left(\frac{2}{\sqrt{15}},-\frac{1}{\sqrt{15}},\frac{3}{\sqrt{15}},\frac{1}{\sqrt{15}}\right)$,

$\boldsymbol{\beta}_3=\left(-\frac{2}{\sqrt{10}},\frac{1}{\sqrt{10}},\frac{2}{\sqrt{10}},-\frac{1}{\sqrt{10}}\right)$.

习 题 3

1. (1) 3;(2) $\lambda\neq1$ 且 $\lambda\neq-3$;(3) $k(1,1,\cdots,1)^{\mathrm{T}},k\in\mathbf{R}$;

(4) $(1,-2,0,0)^{\mathrm{T}},(0,-3,1,0)^{\mathrm{T}},(0,5,0,1)^{\mathrm{T}}$;(5) $<n$;(6) $\frac{1}{1-n}$;

(7) $(1,2,0,1)^{\mathrm{T}}+k(0,4,-1,1)^{\mathrm{T}},k\in\mathbf{R}$;(8) $r(\boldsymbol{A})=r(\boldsymbol{A}\mid\boldsymbol{b})$;(9) $\lambda=1,1$;(10) 0.

2. (1) A;(2) C;(3) C;(4) A;(5) D;(6) B;(7) A;(8) B;(9) B;(10) B.

3. (1) 基础解系为 $\boldsymbol{\xi}=(1,-1,1)^{\mathrm{T}}$,通解为 $k\boldsymbol{\xi},k\in\mathbf{R}$;

(2) 基础解系为 $\boldsymbol{\xi}_1=\left(-\frac{2}{3},1,0\right)^{\mathrm{T}},\boldsymbol{\xi}_2=\left(-\frac{1}{3},0,1\right)^{\mathrm{T}}$,通解为 $k_1\boldsymbol{\xi}_1+k_2\boldsymbol{\xi}_2,k_1,k_2\in\mathbf{R}$;

(3) 基础解系为 $\boldsymbol{\xi}=(0,-1,1)^{\mathrm{T}}$,通解为 $k\boldsymbol{\xi},k\in\mathbf{R}$;

(4) 基础解系为 $\boldsymbol{\xi}=(-1,0,1)^{\mathrm{T}}$,通解为 $k\boldsymbol{\xi},k\in\mathbf{R}$;

(5) 基础解系为 $\boldsymbol{\xi}=(1,1,0,0)^{\mathrm{T}}$,通解为 $k\boldsymbol{\xi},k\in\mathbf{R}$;

(6) 只有零解,无基础解系;

(7) 基础解系为 $\boldsymbol{\xi}_1=(-1,0,-1,0,1)^{\mathrm{T}},\boldsymbol{\xi}_2=(1,-1,0,0,0)^{\mathrm{T}}$,通解为 $k_1\boldsymbol{\xi}_1+k_2\boldsymbol{\xi}_2,k_1,k_2\in\mathbf{R}$;

(8) 基础解系为 $\boldsymbol{\xi}_1=(1,-2,1,0,0)^{\mathrm{T}},\boldsymbol{\xi}_2=(1,-2,0,1,0)^{\mathrm{T}},\boldsymbol{\xi}_3=(5,-6,0,0,1)^{\mathrm{T}}$,通解为 $k_1\boldsymbol{\xi}_1+k_2\boldsymbol{\xi}_2+k_3\boldsymbol{\xi}_3,k_1,k_2,k_3\in\mathbf{R}$.

4. 基为 $\boldsymbol{\xi}_1=(5,1,-3,0)^{\mathrm{T}},\boldsymbol{\xi}_2=(4,5,0,3)^{\mathrm{T}}$,维数为 2.

5. $t_1^s+(-1)^{1+s}t_2^s\neq0$.

6. $a=\frac{8}{3},\boldsymbol{X}=k(7,-3,1)^{\mathrm{T}},k\in\mathbf{R}$.

7. $a=1,b=1$ 时,$\boldsymbol{X}=k_1(-5,3,1,0)^{\mathrm{T}}+k_2(-1,0,0,1)^{\mathrm{T}},k_1,k_2\in\mathbf{R}$;

$a=4,b=1$ 时，$\boldsymbol{X}=k_3(-2,0,1,0)^{\mathrm{T}}+k_4(-1,0,0,1)^{\mathrm{T}},k_3,k_4\in\mathbf{R}$.

8. n.

9. (1) $\left(\frac{1}{2},\frac{1}{2},\frac{1}{2}\right)^{\mathrm{T}}$；

(2) $(1,1,0)^{\mathrm{T}}+k(-1,-1,1)^{\mathrm{T}},k\in\mathbf{R}$；

(3) $(-1,1,0)^{\mathrm{T}}+k(0,-1,1)^{\mathrm{T}},k\in\mathbf{R}$；

(4) $\left(\frac{3}{2},1,-\frac{1}{2},0\right)^{\mathrm{T}}+k\left(-\frac{5}{2},-1,\frac{3}{2},1\right)^{\mathrm{T}},k\in\mathbf{R}$；

(5) $(-3,3,1,0,0)^{\mathrm{T}}+k_1(1,-1,-1,1,0)^{\mathrm{T}}+k_2(-3,1,-1,0,1)^{\mathrm{T}},k_1,k_2\in\mathbf{R}$；

(6) $(0,0,1,0,0)^{\mathrm{T}}+k_1(-1,1,0,0,0)^{\mathrm{T}}+k_2(0,0,-1,1,0)^{\mathrm{T}}+k_3\left(\frac{3}{2},0,-\frac{5}{2},0,1\right)^{\mathrm{T}},k_1,k_2,k_3\in\mathbf{R}$.

10. $\lambda\neq 4$ 且 $\lambda\neq -1$ 时，方程组有惟一解；$\lambda=-1$ 时，无解；$\lambda=4$ 时，方程组有无穷多解，通解为 $k(-3,-1,1)^{\mathrm{T}}+(0,4,0)^{\mathrm{T}}$.

11. $\lambda=1,\boldsymbol{\xi}=(-1,2,1)^{\mathrm{T}}$，特解为 $\boldsymbol{\eta}^*=(1,-1,0)^{\mathrm{T}}$，通解为 $k\boldsymbol{\xi}+\boldsymbol{\eta}^*$.

12. $a=1,\boldsymbol{\xi}_1=(-1,1,-1,1,0)^{\mathrm{T}},\boldsymbol{\xi}_2=(-2,1,0,0,1)^{\mathrm{T}},\boldsymbol{\eta}^*=(1,-1,1,0,0)^{\mathrm{T}}$，通解为 $k_1\boldsymbol{\xi}_1+k_2\boldsymbol{\xi}_2+\boldsymbol{\eta}^*$.

13. $(1,0,\cdots,0)^{\mathrm{T}}$.

14. 当 a,b,c 互不相等时有惟一解：$x_1=abc,x_2=-(ab+bc+ac),x_3=a+b+c$；当 a,b,c 中有两个相等时，有无穷多个解，一般解中有一个自由未知量；当 a,b,c 都相等时，有无穷多个解，一般解中有两个自由未知量.

15. $a=1,b=1$ 时，$\boldsymbol{X}=(1,0,0)^{\mathrm{T}}+k_1(-1,1,0)^{\mathrm{T}}+k_2(-1,0,1)^{\mathrm{T}},k_1,k_2\in\mathbf{R}$；

$a=-2,b=-2$ 时，$\boldsymbol{X}=(1,0,0)^{\mathrm{T}}+k_3(1,1,1)^{\mathrm{T}},k_3\in\mathbf{R}$.

16. $(1,1,0)^{\mathrm{T}}+k(1,-1,-1)^{\mathrm{T}},k\in\mathbf{R}$.

17. (1) 当 $a\neq 0$ 或 $b-a\neq 2$ 时，方程组无解，$\boldsymbol{\beta}$ 不能用 $\boldsymbol{\alpha}_1,\boldsymbol{\alpha}_2,\boldsymbol{\alpha}_3$ 线性表示.

当 $a=0$ 且 $b=2$ 时，方程组有解，从而 $\boldsymbol{\beta}$ 可由 $\boldsymbol{\alpha}_1,\boldsymbol{\alpha}_2,\boldsymbol{\alpha}_3$ 线性表示，$\boldsymbol{\beta}=(-2+k)\boldsymbol{\alpha}_1+(3-2k)\boldsymbol{\alpha}_2+k\boldsymbol{\alpha}_3$，$k$ 为任意常数；

(2) ① $a\neq -4$ 时，$\boldsymbol{\beta}$ 可由 $\boldsymbol{\alpha}_1,\boldsymbol{\alpha}_2,\boldsymbol{\alpha}_3$ 惟一线性表示；

② $a=-4$ 且 $c-3b+1\neq 0$ 时，$\boldsymbol{\beta}$ 不能由 $\boldsymbol{\alpha}_1,\boldsymbol{\alpha}_2,\boldsymbol{\alpha}_3$ 线性表示；

③ $a=-4$ 且 $c-3b+1=0$ 时，$\boldsymbol{\beta}$ 能由 $\boldsymbol{\alpha}_1,\boldsymbol{\alpha}_2,\boldsymbol{\alpha}_3$ 线性表示，但表示式不惟一，一般表示式为 $\boldsymbol{\beta}=k\boldsymbol{\alpha}_1-(b+1+2k)\boldsymbol{\alpha}_2+(1+2b)\boldsymbol{\alpha}_3$，$k$ 为任意常数.

习　题　4

1. (1) 1(n 重)，$k_1\boldsymbol{e}_1+k_2\boldsymbol{e}_2+\cdots+k_n\boldsymbol{e}_n,k_1,k_2,\cdots,k_n$ 不全为 0；(2) $\pm\sqrt{2}$；(3) 4,2,5,−8；(4) 4；(5) 2；(6) $x=-2$；(7) $x=2,y=-2$；(8) $\frac{1}{\lambda},\boldsymbol{\beta}$；(9) $\begin{pmatrix}0&&\\&-1&\\&&2\end{pmatrix}$；(10) $a=5,b=6$.

2. (1) B;(2) D;(3) D;(4) A;(5) A;(6) C;(7) B;(8) A;(9) D;(10) A.

3. $a=0,b=-2,c=2,\lambda=4$.

4. $\boldsymbol{A}$ 的特征值全为 0;$\boldsymbol{\alpha}_1=(-b_2,1,0,\cdots,0)^{\mathrm{T}},\cdots,\boldsymbol{\alpha}_{n-1}=(-b_n,0,\cdots,0,1)^{\mathrm{T}}$,$\boldsymbol{A}$ 的属于 0 的全部特征向量为 $k_1\boldsymbol{\alpha}_1+k_2\boldsymbol{\alpha}_2+\cdots+k_{n-1}\boldsymbol{\alpha}_{n-1}$,$k_1,k_2,\cdots,k_{n-1}$ 不全为 0.

5. -1 或 3.

6. $\lambda_1=a_{11}+a_{22}+\cdots+a_{nn},\lambda_2=\lambda_3=\cdots=\lambda_n=0$.

7. (1) $\lambda_1=1,\lambda_2=-1,\lambda_3=2,\boldsymbol{\alpha}_1=(1,0,0)^{\mathrm{T}},\boldsymbol{\alpha}_2=(4,3,-4)^{\mathrm{T}},\boldsymbol{\alpha}_3=(2,0,1)^{\mathrm{T}}$;

(2) $\lambda_1=8,\lambda_2=\lambda_3=-1,\boldsymbol{\alpha}_1=(2,1,2)^{\mathrm{T}},\boldsymbol{\alpha}_2=(1,0,-1)^{\mathrm{T}},\boldsymbol{\alpha}_3=(1,-2,0)^{\mathrm{T}}$;

(3) $\lambda_1=1,\lambda_2=\lambda_3=3,\boldsymbol{\alpha}_1=(3,1,-3)^{\mathrm{T}},\boldsymbol{\alpha}_2=(1,1,-1)^{\mathrm{T}}$;

(4) $\lambda_1=\lambda_2=\lambda_3=-1,\boldsymbol{\alpha}=(1,1,-1)^{\mathrm{T}}$.

8. $c=3;\lambda_1=0,\lambda_2=4,\lambda_3=9$.

9. $\boldsymbol{A}=\dfrac{1}{3}\begin{pmatrix}-1&0&2\\0&1&2\\2&2&0\end{pmatrix}$.

10. (1) $-4,-6,-12$,是,因为 $\boldsymbol{B}$ 有 3 个互异特征值;

(2) $|\boldsymbol{B}|=-288,|\boldsymbol{A}-5\boldsymbol{E}|=-72$.

11. (1) 能; (2) 能; (3) 不能; (4) 能.

12. (1) $\boldsymbol{\Lambda}=\begin{pmatrix}-1&&\\&-2&\\&&-3\end{pmatrix},\boldsymbol{P}=\begin{pmatrix}1&1&1\\-1&-2&-3\\1&4&9\end{pmatrix}$;

(2) $\boldsymbol{\Lambda}=\begin{pmatrix}8&&\\&-1&\\&&-1\end{pmatrix},\boldsymbol{P}=\begin{pmatrix}2&1&1\\1&0&-2\\2&-1&0\end{pmatrix}$;

(3) $\boldsymbol{\Lambda}=\begin{pmatrix}2&&&\\&1&&\\&&-1&\\&&&9\end{pmatrix},\boldsymbol{P}=\begin{pmatrix}1&0&-2&8\\0&1&-6&35\\0&0&3&0\\0&0&0&28\end{pmatrix}$.

13. (1) $a=0,b=1$;(2) $\boldsymbol{P}=\begin{pmatrix}1&-1&\frac{1}{3}\\0&1&1\\0&1&-1\end{pmatrix}$.

14. $\boldsymbol{E}$.

15. (1) $\boldsymbol{\Lambda}=\begin{pmatrix}0&&\\&1&\\&&3\end{pmatrix}$, $\boldsymbol{Q}=\begin{pmatrix}\frac{1}{\sqrt{3}}&\frac{1}{\sqrt{2}}&\frac{1}{\sqrt{6}}\\\frac{1}{\sqrt{3}}&-\frac{1}{\sqrt{2}}&\frac{1}{\sqrt{6}}\\-\frac{1}{\sqrt{3}}&0&\frac{2}{\sqrt{6}}\end{pmatrix}$;

(2) $\boldsymbol{\Lambda}=\begin{pmatrix}2 & & \\ & 2 & \\ & & -7\end{pmatrix}$, $\boldsymbol{Q}=\begin{pmatrix}\frac{2}{\sqrt{5}} & \frac{2}{3\sqrt{5}} & \frac{1}{3} \\ -\frac{1}{\sqrt{5}} & \frac{4}{3\sqrt{5}} & \frac{2}{3} \\ 0 & \frac{5}{3\sqrt{5}} & -\frac{2}{3}\end{pmatrix}$;

(3) $\boldsymbol{\Lambda}=\begin{pmatrix}3 & & & \\ & 3 & & \\ & & 5 & \\ & & & 1\end{pmatrix}$, $\boldsymbol{Q}=\begin{pmatrix}\frac{1}{\sqrt{2}} & 0 & \frac{1}{2} & \frac{1}{2} \\ 0 & \frac{1}{\sqrt{2}} & \frac{1}{2} & -\frac{1}{2} \\ \frac{1}{\sqrt{2}} & 0 & -\frac{1}{2} & -\frac{1}{2} \\ 0 & \frac{1}{\sqrt{2}} & -\frac{1}{2} & \frac{1}{2}\end{pmatrix}$.

16. (1) $a=-2, b=1$; (2) $\boldsymbol{Q}=\begin{pmatrix}\frac{1}{\sqrt{6}} & \frac{1}{\sqrt{3}} & \frac{1}{\sqrt{2}} \\ -\frac{2}{\sqrt{6}} & \frac{1}{\sqrt{3}} & 0 \\ \frac{1}{\sqrt{6}} & \frac{1}{\sqrt{3}} & -\frac{1}{\sqrt{2}}\end{pmatrix}$.

17. $\boldsymbol{A}^n=\frac{1}{12}\begin{pmatrix}(-2)^{n+2}+8 & (-2)^{n+3}+8 & 0 \\ -(-2)^{n+2}+4 & -(-2)^{n+3}+4 & 0 \\ 3\cdot 2^n[1+(-1)^{n-1}] & 6\cdot 2^n[(-1)^n-1] & 3\cdot 2^{n+2}\end{pmatrix}$.

18. (1) $k(1,0,1)^{\mathrm{T}}, k\neq 0, k\in\mathbf{R}$; (2) $\begin{pmatrix}2 & 0 & 1 \\ 0 & 1 & 0 \\ 1 & 0 & 2\end{pmatrix}$.

19. $\boldsymbol{A}=\begin{pmatrix}0.7 & 0.2 \\ 0.3 & 0.8\end{pmatrix}$, $\boldsymbol{x}=\begin{pmatrix}80 \\ 20\end{pmatrix}$, $\boldsymbol{P}^{-1}\boldsymbol{AP}=\begin{pmatrix}1 & \\ & \frac{1}{2}\end{pmatrix}$, $\boldsymbol{P}=\begin{pmatrix}2 & 1 \\ 3 & -1\end{pmatrix}$.

5 年后人口分布由 $\boldsymbol{A}^5\boldsymbol{X}$ 给出，甲城 41.25 万，乙城 58.75 万；很长一段时间后人口分布由 $\lim\limits_{n\to\infty}\boldsymbol{A}^n\boldsymbol{X}$ 给出，甲城 40 万，乙城 60 万.

20. (1) $\begin{pmatrix}x_{n+1} \\ y_{n+1}\end{pmatrix}=\begin{pmatrix}\frac{9}{10} & \frac{2}{5} \\ \frac{1}{10} & \frac{3}{5}\end{pmatrix}\begin{pmatrix}x_n \\ y_n\end{pmatrix}$;

(2) $\lambda_1=1, \lambda_2=\frac{1}{2}$;

(3) 当$\begin{pmatrix}x_1\\y_1\end{pmatrix}=\begin{pmatrix}\frac{1}{2}\\\frac{1}{2}\end{pmatrix}$时，$\begin{pmatrix}x_{n+1}\\y_{n+1}\end{pmatrix}=\boldsymbol{A}^n\begin{pmatrix}\frac{1}{2}\\\frac{1}{2}\end{pmatrix}=\frac{1}{10}\begin{pmatrix}8-3\cdot\left(\frac{1}{2}\right)^n\\2+3\cdot\left(\frac{1}{2}\right)^n\end{pmatrix}$.

21. $\begin{pmatrix}\frac{\mathrm{d}x}{\mathrm{d}t}\\\frac{\mathrm{d}y}{\mathrm{d}t}\end{pmatrix}=\begin{pmatrix}-1&1\\1&-1\end{pmatrix}\begin{pmatrix}x\\y\end{pmatrix}=\boldsymbol{AU}$.

$\boldsymbol{A}$ 的特征值为 $0,-2$，对应的特征向量为$(1,1)^{\mathrm{T}}$及$(1,-1)^{\mathrm{T}}$；通解为 $c_1\begin{pmatrix}1\\1\end{pmatrix}+c_2\mathrm{e}^{-2t}\begin{pmatrix}1\\-1\end{pmatrix}$，满足初值条件的特解为 $2\begin{pmatrix}1\\1\end{pmatrix}+\mathrm{e}^{-2t}\begin{pmatrix}1\\-1\end{pmatrix}$，即 $x(t)=2+\mathrm{e}^{-2t}$，$y(t)=2-\mathrm{e}^{-2t}$.

习　题　5

1. (1) $x_1^2+2x_2^2+3x_3^2+4x_1x_2+8x_1x_3-2x_2x_3$；(2) $t=8$；(3) 1；(4) $\boldsymbol{X}=\boldsymbol{A}^{-1}\boldsymbol{Y}$；(5) $a=3,b=1$；(6) n；(7) $-\frac{4}{5}<t<0$；(8) 零解；(9) 2；(10) $t<-1$.

2. (1) C；(2) A；(3) D；(4) D；(5) D；(6) A；(7) C；(8) D；(9) B；(10) B.

3. (1) $f(x_1,x_2,x_3)=(x_1,x_2,x_3)\begin{pmatrix}a_1^2&a_1a_2&a_1a_3\\a_2a_1&a_2^2&a_2a_3\\a_3a_1&a_3a_2&a_3^2\end{pmatrix}\begin{pmatrix}x_1\\x_2\\x_3\end{pmatrix}$，$r=1$；

(2) $f(x_1,x_2,x_3,x_4)=(x_1,x_2,x_3,x_4)\begin{pmatrix}1&\frac{1}{2}&-1&0\\\frac{1}{2}&3&\frac{3}{2}&0\\-1&\frac{3}{2}&-1&\frac{1}{2}\\0&0&\frac{1}{2}&0\end{pmatrix}\begin{pmatrix}x_1\\x_2\\x_3\\x_4\end{pmatrix}$，$r=4$；

(3) $f=(x_1,x_2,x_3)\begin{pmatrix}1&1&2\\1&2&1\\2&1&0\end{pmatrix}\begin{pmatrix}x_1\\x_2\\x_3\end{pmatrix}$，$r=3$；

(4) $f=(x_1,x_2,x_3)\begin{pmatrix}2&1&1\\1&2&-1\\1&-1&2\end{pmatrix}\begin{pmatrix}x_1\\x_2\\x_3\end{pmatrix}$，$r=2$.

4. (1) 取$\begin{pmatrix}x_1\\x_2\\x_3\end{pmatrix}=\begin{pmatrix}0&1&0\\\frac{1}{\sqrt{2}}&0&\frac{1}{\sqrt{2}}\\-\frac{1}{\sqrt{2}}&0&\frac{1}{\sqrt{2}}\end{pmatrix}\begin{pmatrix}y_1\\y_2\\y_3\end{pmatrix}$，得 $f=y_1^2+2y_2^2+5y_3^2$；

(2) 取 $\begin{pmatrix} x_1 \\ x_2 \\ x_3 \end{pmatrix} = \begin{pmatrix} \frac{1}{\sqrt{2}} & \frac{1}{\sqrt{6}} & \frac{1}{\sqrt{3}} \\ -\frac{1}{\sqrt{2}} & \frac{1}{\sqrt{6}} & \frac{1}{\sqrt{3}} \\ 0 & -\frac{2}{\sqrt{6}} & \frac{1}{\sqrt{3}} \end{pmatrix} \begin{pmatrix} y_1 \\ y_2 \\ y_3 \end{pmatrix}$,得 $f=-y_1^2-y_2^2+2y_3^2$.

(3) 取 $\begin{pmatrix} x_1 \\ x_2 \\ x_3 \end{pmatrix} = \begin{pmatrix} 0 & \frac{1}{\sqrt{2}} & -\frac{1}{\sqrt{2}} \\ 0 & \frac{1}{\sqrt{2}} & \frac{1}{\sqrt{2}} \\ 1 & 0 & 0 \end{pmatrix} \begin{pmatrix} y_1 \\ y_2 \\ y_3 \end{pmatrix}$,得 $f=-y_1^2+2y_3^2$;

(4) 取 $\begin{pmatrix} x_1 \\ x_2 \\ x_3 \end{pmatrix} = \begin{pmatrix} \frac{1}{3} & \frac{2}{3} & -\frac{2}{3} \\ -\frac{2}{3} & -\frac{1}{3} & -\frac{2}{3} \\ -\frac{2}{3} & \frac{2}{3} & \frac{1}{3} \end{pmatrix} \begin{pmatrix} y_1 \\ y_2 \\ y_3 \end{pmatrix}$,得 $f=-9y_1^2+9y_2^2+18y_3^2$.

5. (1) $\boldsymbol{X} = \begin{pmatrix} 1 & 1 & -\frac{3}{4} \\ 0 & 1 & -\frac{3}{4} \\ 0 & 0 & 1 \end{pmatrix} \begin{pmatrix} y_1 \\ y_2 \\ y_3 \end{pmatrix}$, $f=y_1^2-4y_2^2+\frac{9}{4}y_3^2$;

(2) $\boldsymbol{X} = \begin{pmatrix} 1 & 1 & -\frac{1}{2} \\ 1 & -1 & \frac{1}{2} \\ 0 & 0 & 1 \end{pmatrix} \begin{pmatrix} z_1 \\ z_2 \\ z_3 \end{pmatrix}$, $f=-4z_1^2+4z_2^2-z_3^2$;

(3) $\boldsymbol{X} = \begin{pmatrix} 1 & -1 & 2 \\ 0 & 1 & -1 \\ 0 & 0 & 1 \end{pmatrix} \begin{pmatrix} y_1 \\ y_2 \\ y_3 \end{pmatrix}$, $f=y_1^2+y_2^2-2y_3^2$;

(4) $\boldsymbol{X} = \begin{pmatrix} 1 & 0 & -2 \\ 0 & 1 & -2 \\ 0 & 0 & 1 \end{pmatrix} \begin{pmatrix} y_1 \\ y_2 \\ y_3 \end{pmatrix}$, $f=y_1^2+y_2^2-2y_3^2$.

7. (1) 正定;(2) 不定;(3) 准正定;(4) 不定.

8. (1) 当 $-\sqrt{2}<t<\sqrt{2}$ 时,f 正定;(2) 当 $t>\frac{4}{5}$ 时,f 正定.

9. $k=1$, $\boldsymbol{Q} = \begin{pmatrix} -\frac{1}{\sqrt{6}} & \frac{1}{\sqrt{3}} & \frac{1}{\sqrt{2}} \\ \frac{1}{\sqrt{6}} & -\frac{1}{\sqrt{3}} & \frac{1}{\sqrt{2}} \\ \frac{2}{\sqrt{6}} & \frac{1}{\sqrt{3}} & 0 \end{pmatrix}$.

10. $a_1a_2\cdots a_n\neq(-1)^n$.

12. (1) $f=y_1^2+y_2^2-y_3^2$;(2) $f=y_1^2-y_2^2-y_3^2$;(3) $f=y_1^2+y_2^2-y_3^2$;(4) $f=y_1^2+y_2^2-y_3^2$.

13. (1) $\begin{pmatrix}x\\y\\z\end{pmatrix}=\frac{1}{3}\begin{pmatrix}-2&2&1\\-1&-2&2\\2&1&2\end{pmatrix}\begin{pmatrix}x_1\\y_1\\z_1\end{pmatrix}$,化为 $x_1^2+4y_1^2-2z_1^2=1$,为单叶双曲面;

(2) 先取$\begin{pmatrix}x\\y\\z\end{pmatrix}=\frac{1}{3}\begin{pmatrix}2&1&-2\\1&2&2\\2&-2&1\end{pmatrix}\begin{pmatrix}x_1\\y_1\\z_1\end{pmatrix}$,化为 $y_1^2-z_1^2+2x_1+2y_1=1$.

再取 $x_1=\frac{\xi}{2}+1,y_1=\eta-1,z_1=\zeta$,化为 $\xi+y^2-\zeta^2=0$ 或 $\xi=\zeta^2-\eta^2$,为双曲抛物面(鞍形面).

附录一　线性代数在数学建模中的应用

数学建模是利用数学工具解决实际问题的重要手段，需要丰富的知识、经验和各方面的能力. 线性代数中的很多概念、方法，在数学建模中也屡次出现，充当了重要的工具. 当然，解决数学模型的问题往往需要多种数学工具的结合使用，单纯一门数学是很难解决较复杂模型的. 在这里，我们仅举一简单模型——简单迁移模型，帮助读者了解一下线性代数在数学建模中的应用.

某地区对城乡人口流动作年度调查，发现人口有一个稳定的从农村向城镇流动的趋势：

(1) 每年农村居民的 2.5% 移居城镇；

(2) 每年城镇居民的 1% 移居农村.

假定城乡总人口数保持不变，现在总人口的 60% 住在城镇，并且人口流动的这种趋势保持不变，那么一年以后住在城镇的人口所占比例为多少？两年以后呢？十年以后呢？最终比例又为多少？

解　设 $x_1^{(0)}$, $x_2^{(0)}$ 分别表示现在城镇与农村人口所占比例，即 $x_1^{(0)}=0.6$, $x_2^{(0)}=0.4$，又设 $x_1^{(n)}$ 与 $x_2^{(n)}$ 分别表示 n 年以后的对应比例. 假定人口总数为 N(由假设 N 为常数)，一年以后城乡人口分别为

$$x_1^{(1)}N=0.99x_1^{(0)}N+0.025x_2^{(0)}N,$$

$$x_2^{(1)}N=0.01x_1^{(0)}N+0.975x_2^{(0)}N.$$

由此求得

$$x_1^{(1)}=0.604,\quad x_2^{(1)}=0.396.$$

即一年后人口总数的 60.4% 住在城镇.

用矩阵方程写出来为

$$\begin{pmatrix}0.99 & 0.025\\ 0.01 & 0.975\end{pmatrix}\begin{pmatrix}x_1^{(0)}\\ x_2^{(0)}\end{pmatrix}=\begin{pmatrix}x_1^{(1)}\\ x_2^{(1)}\end{pmatrix},$$

系数矩阵 $\boldsymbol{A}$ 描述了从现在到一年以后的转变，又因假定人口流动这一趋势持续下去，所以矩阵 $\boldsymbol{A}$ 同样描述了 n 年以后到 $n+1$ 年的转变，即

$$\begin{pmatrix}0.99 & 0.025\\ 0.01 & 0.975\end{pmatrix}\begin{pmatrix}x_1^{(n)}\\ x_2^{(n)}\end{pmatrix}=\begin{pmatrix}x_1^{(n+1)}\\ x_2^{(n+1)}\end{pmatrix}.$$

令 $\boldsymbol{X}^{(n)}=(x_1^{(n)},x_2^{(n)})^{\mathrm{T}}$，$\boldsymbol{X}^{(0)}=(x_1^{(0)},x_2^{(0)})^{\mathrm{T}}$，则有

$$\boldsymbol{X}^{(n)}=\boldsymbol{A}^n\boldsymbol{X}^{(0)}.$$

矩阵 $\boldsymbol{A}^n$ 描述了从现在到 n 年以后的转变.

为求出人口的变化，只需求 $\boldsymbol{A}^n$.

由于 $\boldsymbol{A}$ 的特征值为 $\lambda_1=1$，$\lambda_2=0.965$，对应的特征向量为 $\boldsymbol{\alpha}_1=\left(\frac{5}{2},1\right)^{\mathrm{T}}$，$\boldsymbol{\alpha}_2=(-1,1)^{\mathrm{T}}$，故有

$$\begin{aligned}\boldsymbol{A}&=\begin{pmatrix}\frac{5}{2} & -1\\ 1 & 1\end{pmatrix}\begin{pmatrix}1 & 0\\ 0 & 0.965\end{pmatrix}\begin{pmatrix}\frac{5}{2} & -1\\ 1 & 1\end{pmatrix}^{-1}\\ &=\begin{pmatrix}\frac{5}{2} & -1\\ 1 & 1\end{pmatrix}\begin{pmatrix}1 & 0\\ 0 & 0.965\end{pmatrix}\begin{bmatrix}\frac{2}{7} & \frac{2}{7}\\ -\frac{2}{7} & \frac{5}{7}\end{bmatrix},\\ \boldsymbol{A}^n&=\begin{pmatrix}\frac{5}{2} & -1\\ 1 & 1\end{pmatrix}\begin{pmatrix}1 & 0\\ 0 & 0.965\end{pmatrix}^n\begin{bmatrix}\frac{2}{7} & \frac{2}{7}\\ -\frac{2}{7} & \frac{5}{7}\end{bmatrix}\\ &=\frac{1}{7}\begin{pmatrix}5+2\cdot 0.965^n & 5-5\cdot 0.965^n\\ 2-2\cdot 0.965^n & 2+5\cdot 0.965^n\end{pmatrix}.\end{aligned}$$

取 $n=2$，有

$$\boldsymbol{A}^2=\frac{1}{7}\begin{pmatrix}6.862\,45 & 0.343\,875\\ 0.137\,55 & 6.656\,125\end{pmatrix},\quad \boldsymbol{X}^{(2)}=\boldsymbol{A}^2\boldsymbol{X}^{(0)},$$

由此得 $x_1^{(2)}=\frac{1}{7}(6.862\,45x_1^{(0)}+0.343\,875x_2^{(0)})=0.607\,86$. 即两年后人口总数的 60.786%住在城镇.

又因为

$$\lim_{n\to\infty}\boldsymbol{A}^n=\frac{1}{7}\begin{pmatrix}5 & 5\\ 2 & 2\end{pmatrix},$$

于是

$$\lim_{n\to\infty}\boldsymbol{X}^n=\lim_{n\to\infty}\boldsymbol{A}^n\boldsymbol{X}^{(0)}=\frac{1}{7}\begin{pmatrix}5&5\\2&2\end{pmatrix}\begin{pmatrix}x_1^{(0)}\\x_2^{(0)}\end{pmatrix}=\begin{pmatrix}\frac{5}{7}\\\frac{2}{7}\end{pmatrix}\quad(\text{注意到 } x_1^{(0)}+x_2^{(0)}=1).$$

故最终人口的$\frac{5}{7}$住在城镇，$\frac{2}{7}$住在农村.

值得注意的是，这一结果与 $x_1^{(0)}$，$x_2^{(0)}$ 无关，所以不管最初人口分布如何，最终城乡居民将按 5∶2 的比例分布. 这个最终分布是城乡之间的平衡状态.

附录二 阅读材料

矩阵计算在深度学习中的应用

特征向量中心性

网络搜索引擎的 PageRank 算法

郑重声明

读者意见反馈

为收集对教材的意见建议，进一步完善教材编写并做好服务工作，读者可将对本教材的意见建议通过如下渠道反馈至我社。

咨询电话　400-810-0598

反馈邮箱　hepsci@pub.hep.cn

通信地址　北京市朝阳区惠新东街4号富盛大厦1座

高等教育出版社理科事业部

邮政编码　100029

防伪查询说明

用户购书后刮开封底防伪涂层，使用手机微信等软件扫描二维码，会跳转至防伪查询网页，获得所购图书详细信息。

防伪客服电话　(010)58582300